NUTRITION and FOOD for HEALTH

현대인의 식생활과 건강

제4개정판

한정순 · 김석지 · 김태순 · 송은주

(주)지구문화
JIGU CULTURE Co.Ltd

머리말

인류는 생존을 위해 끊임없이 먹을거리를 찾아 이동하고 정착하고 전쟁을 하였으며, 그로 인하여 과학기술이 발달했다 해도 과언이 아닙니다. 인간에게 먹을거리는 곧 건강을 의미하며, 보다 나은 삶을 영위할 수 있게 해 주는 수단입니다.

아직도 세계 곳곳에서는 생존을 위한 최소한의 식량이 없어 굶주림과 질병으로 죽어가는 사람들이 수없이 많습니다. 그러나 한편으로는 영양과잉으로 인한 비만과 각종 대사질환으로 건강하지 못한 삶을 사는 사람들도 많이 있습니다.

인간의 질병은 유전적인 질환 이외에는 대체로 잘못된 식생활과 식습관 및 생활습관에 기인합니다. 이로 인해 생기는 각종 질환에는 영양소 부족으로 인한 결핍증과 영양과다, 활동부족에 의한 비만 · 당뇨 · 고혈압 · 동맥경화 · 고지혈증 · 암 · 골격계질환 · 통풍 등의 각종 대사질환이 있습니다. 최근에는 환경호르몬이나 농약 등 간접 요인들도 음식을 통해 흡수되어 체내 대사에 바람직하지 못한 영향을 주어 건강을 위협하고 있습니다.

또한 의학과 과학기술의 발달로 과거에 비해 평균수명이 크게 늘어나 노령인구가 급증함에 따라 중 · 노년기 삶의 질이 중요한 관심사가 되었습니다. 질병없이 노화를 늦추어 건강하게 삶을 영위하는 것은 인간의 가장 큰 소망이며 행복입니다. 이는 균형잡힌 영양섭취를 통해 이루어질 수 있습니다.

따라서 건강을 위해서는 영양소가 골고루 함유된 음식섭취를 통해 올바른 식생활을 하고 좋은 생활습관을 갖는 것이 필요합니다. 이것이 바로 건강유지를 위한 질병 예방과 치료의 기본입니다.

이에 본 식생활과 건강의 1부는 건강과 식생활, 식품과 영양, 영양섭취기준과 식생활, 2부는 비만과 대사질환의 예방과 관리, 운동과 건강, 기능성 식품, 피부와 모발건강을 위한 식생활 등에 대한 내용으로 이루어져 있습니다.

부록은 2020년 한국인 영양소 섭취기준, 식품교환표 등으로 전공자뿐만 아니라 건강에 관심있는 일반인들도 활용할 수 있게 구성하였습니다.

현대사회에서 요구되는 건강한 삶을 영위하기 위한 식생활에 대한 내용이 건강에 관심을 가지고 있는 모든 분들이 건강을 유지하는데 도움이 되면 좋겠습니다.

이 책이 나오기까지 오랜시간 많은 도움을 주신 (주)지구문화/메디시언과 제게 늘 영감을 주며 좋은 내용의 책을 쓰게 자극을 주는 교수님들과 사랑하는 가족에게 진심으로 고마운 마음 전합니다.

임인년 만추에

저자 대표 한정순

차 례

Contents

Contents

Part I

건강한 식생활과 영양

Chapter 1
건강과 식생활

세계보건기구(WHO)는 "건강이란 병이 없거나 허약함이 없는 것만이 아니라 신체적·정신적·사회적으로 완전히 양호한 상태를 말한다."라고 정의하고 있다.

1 건강과 식생활

식생활이 건강에 미치는 영향은 매우 크다. 잘못된 식생활에 의해 바람직하지 못한 생활습관이 만들어지며, 이로 인해 비만이나 암·동맥경화증·이상지질혈증·당뇨병·고혈압 등의 대사질환 혹은 영양 불균형이 올 수 있다. 그러므로 바른 식생활 습관과 균형잡힌 영양은 질병예방과 건강유지에 큰 도움이 된다.

건강한 식생활을 위해서는 다음과 같은 FEED 원칙이 필요하다.

F	Food	연령에 맞는 적절한 식사
E	Energy and Weight Control	연령과 성별에 맞는 체중관리와 에너지 섭취
E	Exercise	개개인에게 맞는 적합한 운동
D	Diversity of Diet	다양한 식품과 음식 섭취

(1) 식생활에 영향을 미치는 요인

식생활은 여러 요인에 의해 영향을 받는다.

① 생리적 요인

체내 기능을 수행하는 데 영양소가 필요하면 나타나는 생리적인 현상으로 혈당이 떨어지면 뇌의 시상하부에 신호를 보내 배고픔을 느끼고, 짠 음식을 먹었거나 땀을 많이 흘렸을 때는 갈증을 느끼며 물을 찾는다.

② 심리적 요구

음식은 심리적 보상 수단이며, 스트레스 등을 해결하는 데 이용되기도 한다. 불안, 초조, 화가 났을 때, 스트레스를 받을 때 먹는 것으로 해결하거나 음식을 거부하는 경우 영양소 과다 섭취 또는 불균형을 가져올 수 있다.

③ 사회적 요구

사회생활, 공동체생활에서 먹는 것이 관례가 되어 기쁨을 나누거나 슬픔을 함께 하면서 음식을 먹는다.

(2) 식습관에 영향을 미치는 요인

식사란 문화 속에서 제도화된 생활양식으로, 개인의 생리적·심리적 욕구를 만족시킨다. 우리는 태내에서부터 음식을 식사 양식에 따라 섭취한다.

식사의 형태가 관습화된 것이 식습관이다. 식습관은 음식의 종류와 섭취량, 원료처리, 조리방법, 식사에 이용되는 조리기구, 식사방법 등에 의해 형성되어 자손대대로 내려온 한 나라의 식분화이다.

어려서부터 형성된 식습관은 성인이 되어서도 바꾸기 어려우므로 좋은 식습관으로 건강한 생활을 하도록 가정과 학교에서 교육하여야 한다. 이러한 식습관에 영향을 미치는 요인들에는 여러 가지가 있다.

① 사회 · 경제적 환경

부모가 영양과 건강에 관심이 있는 사람일수록 좋은 식습관과 영양 상태를 보인다고 한다. 음주나 흡연은 식습관 형성에 바람직하지 못한 영향을 미친다. 사회·경제적·교육 수준이 낮을수록 균형잡힌 식사를 통한 영양섭취가 어렵다.

② 가공식품과 외식산업의 발달

오늘날 우리 식생활은 가공식품과 외식산업의 발달, 각종 편이식품, 간편식품 등의 섭취 증가로 크게 변화되고 있다. 어렸을 때부터 전통 한국음식보다 열량과 지방, 탄수화물 등의 함량이 많은 음식에 익숙해지고 이를 좋아하게 됨으로써 식습관도 변화하고 있다.

특히 외식은 건강이나 영양의 측면이 아닌 소비자의 입맛에 맞추어 인기나 간편성, 경제성에 치중되어 있어 장기간 섭취하면 식습관 변화뿐만 아니라 영양 불균형을 초래할 수 있다. 이러한 식사경향을 건전한 식생활 방향으로 유도하기 위해 한국인을 위한 식사지침과 바른 생활습관을 위한 지침을 제시하고 있다.

2 한국인을 위한 식생활지침

건강은 식사, 활동, 휴식이 매일의 생활에서 꾸준히 조화를 이룰 때 얻어진다.

(1) 한국인의 건강을 위한 식사지침

① 다양한 식품을 골고루 먹는다.
② 정상체중을 유지하고 운동을 꾸준히 한다.
③ 식사는 즐겁게 한다.
④ 지방은 총 열량의 20% 이하로 섭취한다.
⑤ 채소와 과일, 우유와 유제품을 가능한 한 매일 먹도록 한다.
⑥ 짜게 먹지 않는다.
⑦ 치아 건강을 유지한다.
⑧ 술, 담배, 카페인 음료 등을 절제한다.
⑨ 식생활 및 일상생활의 균형을 이룬다.

(2) 국민건강생활지침

① 청결을 유지한다.

② 음식은 싱겁고 가볍게 골고루 먹는다.

③ 예방접종과 건강진단을 때맞추어 받는다.

④ 과음하지 말고 담배를 피우지 않는다.

⑤ 규칙적인 운동으로 신체의 활력을 유지한다.

⑥ 일하며 보람을 찾고, 즐거운 마음으로 생활한다.

⑦ 공공질서를 지키고 안전사고를 예방한다.

⑧ 아껴 쓰고 적게 버려 건강한 환경을 만들도록 한다.

Chapter 2 사람에게 필요한 식품과 영양소

1 식품과 영양소

(1) 식 품

인간의 생명을 유지하고 성장·발달에 도움을 주며 건강을 유지하는 데 필수적인 영양소를 제공해 주는 물질이 식품(food)이다.

식품은 한 가지 이상의 영양소를 가지고 있으며, 위생적이고 안전하며 기호성을 가지는 물질로 식품 자체의 맛과 향, 물성, 가치를 이용하여 생으로 섭취하거나 조리과정을 거쳐 음식물로 섭취한다.

(2) 영 양

세계보건기구(WHO)에서 영양이란 생명체가 생명의 유지, 성장, 발육, 조직의 정상적 기능, 에너지의 생성을 위해 음식물(diet)을 이용하는 과정이라고 하였다. 즉, 유기체가 필요한 물질을 외부로부터 섭취해서 소화하고 흡수하여 영양소가 몸 안에서 이용되는 데 관련되는 과정의 모든 것을 말한다.

(3) 우리 몸에 필요한 영양소

외부로부터 섭취하는 식품 성분 중 생명체의 성장, 발달 및 유지에 필수적인 물질로 탄수화물, 단백질, 지질, 무기질, 비타민 및 물을 말한다. 식이섬유도 중요한 영양소이다.

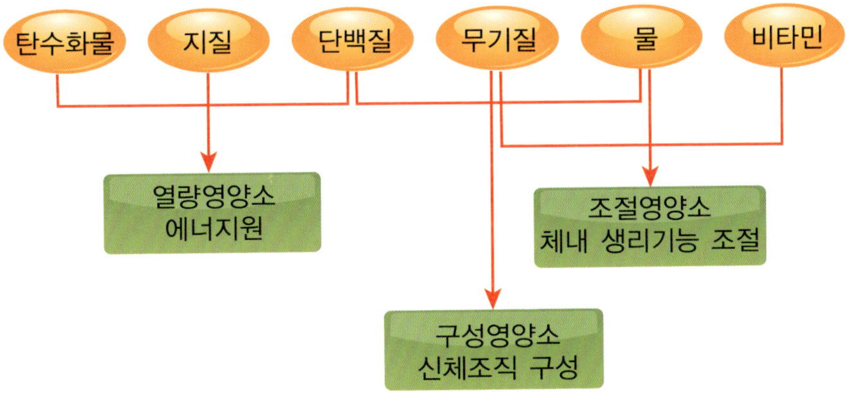

그림 2-1 체내 영양소의 역할

2 탄수화물(carbohydrates)

1. 탄수화물의 정의

자연계에 가장 많이 존재하는 유기화합물로 지질, 단백질과 함께 에너지 영양소이며, 탄소, 수소, 산소로 이루어져 있다. 식물은 광합성을 통해 포도당을 합성하여 전분과 섬유소 형태로 저장하며, 동물은 식물로부터 탄수화물을 제공받는다.

2. 탄수화물의 종류

(1) 단당류

모든 탄수화물의 기본이 되며, 더 이상 가수분해되지 않는다.

① **포도당**(glucose) : 에너지 급원이자 체내 당대사의 중심물질이며 녹말, 맥아당 등의 최종 가수분해산물이다. 혈액 중에는 혈당으로 존재한다.

② **과 당**(fructose) : 벌꿀, 과즙에 있는 천연당으로 단당류 중 당도가 가장 높다.

③ **갈락토오스**(galactose) : 유당을 구성하며 유즙에 주로 있다. 당지질과 당단백의 성분이다.

(2) 이당류 : 2분자의 단당류가 결합된 형태

① **맥아당**(maltose) : 2개의 포도당으로 구성되어 있으며, 전분이 가수분해되어 만들어진다.

② **서 당**(sucrose) : 포도당과 과당으로 이루어져 있다.

③ **유 당**(lactose) : 포도당과 갈락토오스로 구성되어 있으며, 동물의 유즙에 들어 있다. 유당분해 효소가 부족하면 소화가 잘 안 된다.

(3) 올리고당류(소당류)

3~10개의 단당류로 구성되어 있으며, 당단백질이나 당지질의 구성성분이다. 인체에는 소화시키는 효소가 없어 위장관에서 소화되지는 않으나 대장에서 박테리아에 의해 발효된다.

① **라피노스**(raffinose) : 갈락토오스－포도당－과당으로 구성되어 있다. 콩류 등에 많이 있다.

② **스타키오스**(stachyose) : 갈락토오스－갈락토오스－포도당－과당으로 구성되어 있다. 콩류 등에 많다.

(4) 다당류

① **전 분**(starch)

식물에 있는 저장물질로 포도당이 중합하여 형성되며, 직선상의 아밀로오스와 가지를 친 아밀로펙틴이 있다.

② **덱스트린**(dextrin)

전분을 산, 효소, 열로 가수분해할 때 생성되는 분해생성물이다.

③ **글리코겐**(glycogen)

동물의 저장 다당류로 아밀로펙틴과 구조가 유사하지만 분해효소가 작용할 수 있는 기회가 많아 빨리 분해되기 때문에 근육에 에너지를 신속하게 공급한다. 간과 근육에 저장되어 있다. 간 글리코겐은 포도당으로 분해되어 혈액으로 직접 방출되며 혈당을 조절할 수 있다.

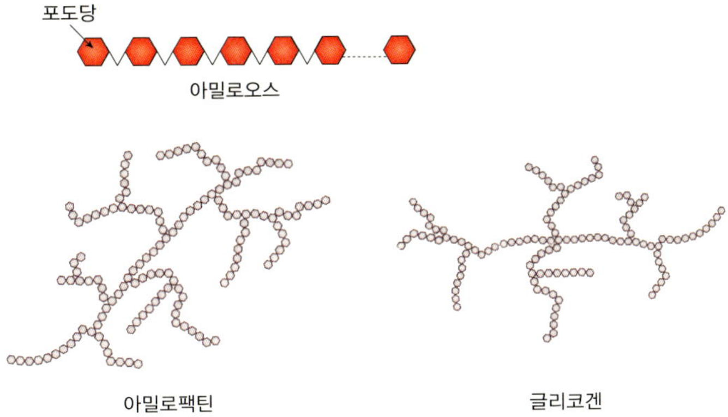

그림 2-2 전분과 글리코겐 구조

(5) 식이섬유(dietary fiber)

① 셀룰로오스(cellulose)

인체 내 소화효소가 없어 에너지원으로 이용되지는 않으나 장운동을 원활히 하여 배변을 촉진한다.

② 헤미셀룰로오스(hemicellulose)

인체 내 소화효소가 없어 소화되지 않으나 연동운동을 촉진하여 배변을 원활하게 한다.

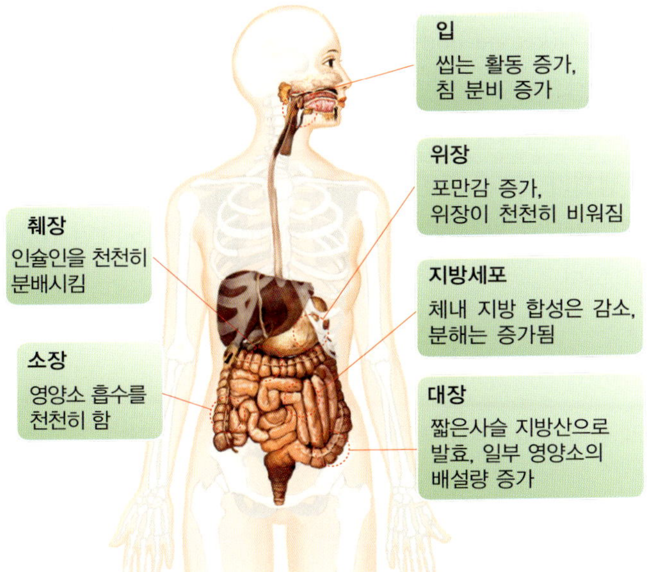

그림 2-3 식이섬유소의 체내에서의 역할

③ 펙 틴(pectin)

수용성 식이섬유로 포도당 흡수를 지연시키고 콜레스테롤의 흡수를 억제할 수 있으며, 변비 예방에도 효과적이다. 과일 · 채소류에 많다.

3. 탄수화물의 기능

(1) 에너지 급원

탄수화물은 1g당 4kcal의 에너지를 공급하는데 특히 뇌, 적혈구, 신경세포는 포도당만을 에너지원으로 이용하므로 이들 세포의 기능 유지를 위해서도 탄수화물의 섭취는 꼭 필요하다.

(2) 단백질 절약작용

식사에서 적절한 열량공급을 받지 못하면, 체조직의 구성과 보수에 사용하여야 할 단백질이 열량원으로 사용된다. 그러므로 당질을 충분히 섭취하면 단백질을 절약할 수 있다.

(3) 지질 대사의 조절

당질 섭취가 부족하게 되면 체지방이 에너지원으로 이용되는데 이때 지방산이 불완전 연소하여 아세톤, 아세토아세트산, β-하이드록시부티르산 등의 산물질인 케톤체(ketone body)가 생성되어 혈액이 산성으로 기울어지는 케톤증(ketosis)을 일으킨다.

케톤증이 되면 머리가 아프고 쉽게 피로하며, 식욕이 떨어지고 숨 쉴 때마다 아세톤 냄새가 난다. 또한 케톤체를 배설하기 위해 소변량이 많아져 탈수되기 쉽다. 그러므로 케톤증 예방을 위해서라도 적어도 1일 100g 이상의 당질 섭취가 필요하다.

(4) 혈당 유지

정상인의 혈당은 0.1%로 거의 일정하게 유지되고 있다.

(5) 감미 제공

단맛을 제공하며 감미도는 설탕의 단맛을 100으로 하였을 때, 과당 170, 전화당 130, 포도당 74, 맥아당 33, 유당 16이다.

(6) 섬유소의 공급

셀룰로오스, 펙틴 등을 공급한다. 장운동을 원활하게 하며 콜레스테롤 등의 흡수를 억제하여 동맥경화증, 이상지질혈증 등을 예방한다.

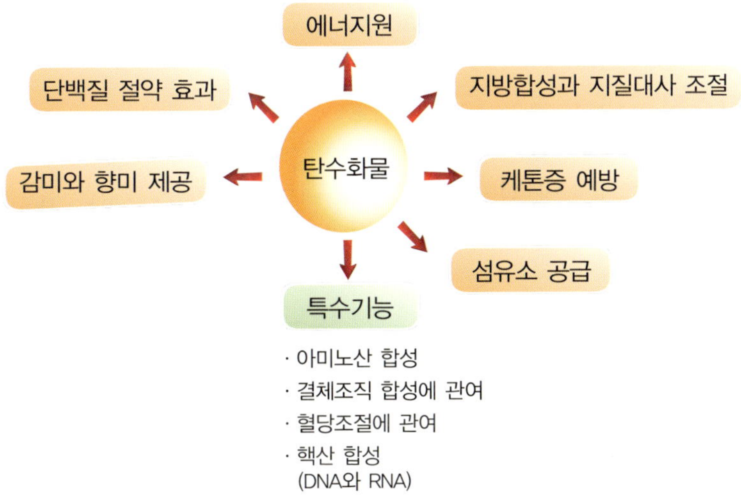

그림 2-4 탄수화물의 기능

(7) 특수기능

포도당으로부터 핵산합성에 필요한 리보오스, 지방산과 스테로이드 합성에 필요한 물질을 생성한다.

4. 탄수화물의 소화

탄수화물을 체내에 흡수되기 쉬운 형태로 변화시키는 것을 소화(digestion)라고 한다. 단당류 이외의 탄수화물은 그 자체로는 흡수되지 못하므로 다당류, 이당류는 단당류로 가수분해된다. 식이섬유는 체내에 소화효소가 없어 소화되지 않은 채 장내에 남아서 중요한 생리기능을 한다.

표 2-1 탄수화물의 소화

소화기관	효 소	분비기관	작 용
입	타액 아밀라아제	타액선	전분 → 덱스트린
위	없음		타액 아밀라아제의 활성이 저하된다. 연동운동 → chyme(유미즙) 형성
소장	췌장 아밀라아제	췌장	덱스트린 → 맥아당
	말타아제(maltase)	소장벽	맥아당 → 포도당 + 포도당
	수크라아제(sucrase)	소장벽	서당 → 포도당 + 과당
	락타아제(lactase)	소장벽	유당 → 포도당 + 갈락토오스

5. 탄수화물의 흡수

소화된 영양소가 소장 점막의 상피세포 내로 들어가는 과정을 흡수(absorption)라고 한다. 당질의 흡수 형태는 단당류(포도당, 과당, 갈락토오스)이며 흡수율은 98%이다.

당질의 흡수 속도는 포도당의 흡수속도를 100으로 볼 때, 갈락토오스 110, 과당 43, 만노오스 19, 자일로오스 15이다.

6. 혈당의 조절

혈당의 급원은 식사로 섭취한 전분이 가수분해되어 생성된 포도당, 간의 글리코겐이 분해되어 생성된 포도당, 당신생을 통해 만들어진 포도당 등이다. 공복 시 정상 혈당농도는 70~100mg/dL, 고혈당은 공복 시 혈당 140~150mg/dL 이상, 저혈당은 공복 시 혈당이 40mg/dL 이하를 말한다.

정맥혈당 농도가 170mg/dL 이상이면 소변으로 당이 배설된다. 혈당을 정상으로 유지하기 위해서 췌장 호르몬인 인슐린과 글루카곤이 길항적으로 작용한다.

식후 혈액 중의 혈당이 높아지면 췌장 랑게르한스섬의 β-세포에서 인슐린이 분비되어 혈당을 낮추며, 혈당이 낮을 때는 췌장의 α-세포에서 글루카곤이 분비되어 혈당을 높인다. 이 밖에도 성장호르몬과 노르에피네프린, 코티졸, 에피네프린 등이 혈당조절에 관여한다.

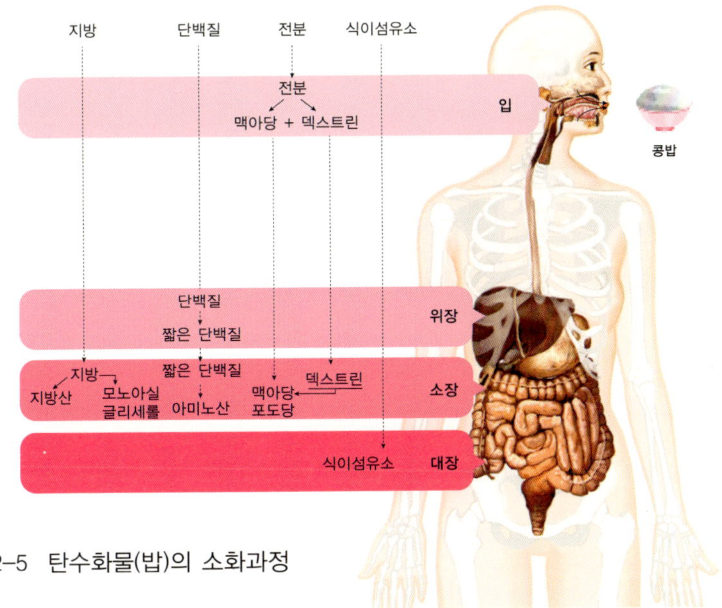

그림 2-5 탄수화물(밥)의 소화과정

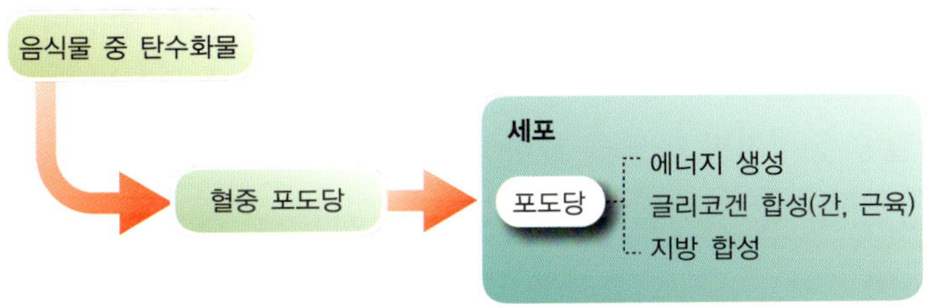

그림 2-6 혈중 포도당의 대사

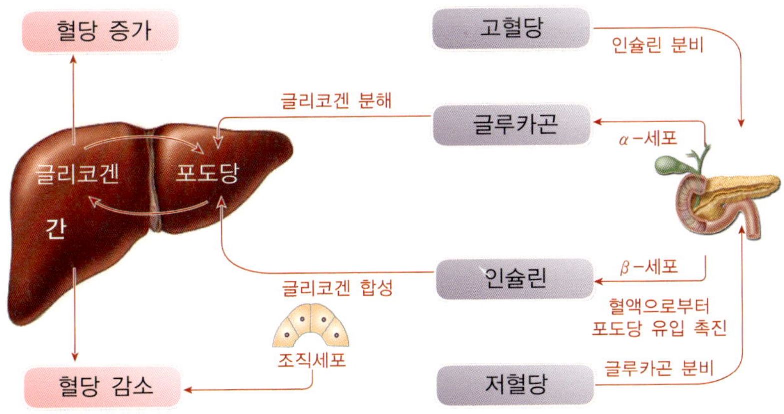

그림 2-7 혈당의 조절 기전

표 2-2 혈당조절 호르몬

호 르 몬	분비기관	작용기관	작 용			
			혈 당	글리코겐	포도당 산화	당신생
인슐린	췌장	간, 근육 피하조직	↓ 저하	↑ 합성	↑ 촉진	↓ 억제
글루카곤	췌장	간	↑ 상승	↓ 분해	↓ 억제	↑ 촉진
에피네프린	부신수질	간, 근육	↑ 상승	↓ 분해		↑ 촉진
노르에피네프린	부신수질	간, 근육	↑ 상승	↓ 분해		↑ 촉진
성장호르몬	뇌하수체 전엽	간, 근육 피하조직	↑ 상승	근육으로 당 유입 억제, 지방의 이동과 사용 증가		

7. 탄수화물과 건강

① **이상지질혈증과 비만** : 정제된 당질 식품이나 설탕, 설탕이 다량 함유된 식품 등을 많이 섭취하면, 소비되고 남은 당이 중성지방으로 합성되어 혈중 중성지방 농도를 올려 이상지질혈증의 원인이 되고 지방조직에 저장 지방으로 축적되어 비만이 될 수 있다.

② **당뇨병** : 당뇨병은 인슐린이 부족하거나 효율적으로 이용되지 않아 고혈당과 당뇨가 나타나는 만성 대사질환으로 정제된 당의 과잉 섭취로 인한 체중 과다와 비만으로 인해 발생하는 경우가 많다.

③ **유당불내증**(lactose intolerance) : 선천적으로 유당 분해효소인 락타아제가 결핍되어, 우유나 유제품이 소화되지 않아 복부 경련 및 배에 가스가 차서 불편한 증상 등을 유발하는 것으로 동양인에게 많다.

④ **충치와 설탕의 과잉섭취** : 설탕이 함유된 식품을 과잉섭취하면 입 안에서 박테리아에 의해 발효되면서 생기는 산이 치아의 에나멜층을 녹여 충치가 된다. 캐러멜, 사탕, 초콜릿 등은 당이 많으면서 치아에 끈적끈적하게 달라붙어 박테리아에게 당을 제공해 충치를 유발한다. 그러나 섬유소가 많은 식품은 씹는 동안 치아에 붙어 있는 당을 제거해 충치를 예방해 준다.

8. 식이섬유소(dietary fiber)

사람의 체내 소화효소에 의해 가수분해되지 않는 다당류를 말한다.

(1) 식이섬유소의 종류

① 불용성 식이섬유

셀룰로오스, 헤미셀룰로오스, 리그닌, 키틴 등이 있으며, 물에 녹지 않고 대장내에서 박테리아에 의해서도 분해되지 않고 배설되므로 장 내용물의 장내 통과시간을 단축하여 배변을 용이하게 한다. 밀, 보리, 현미 등 잡곡과 채소류에 있다.

② 수용성 식이섬유

물에 쉽게 녹거나 팽윤되어 겔을 형성해 소장 내에서 당이나 콜레스테롤의 흡수를 방해하고 대장 내의 박테리아에 의해 발효되어 사슬이 짧은 지방산이나 가스를 생성한다. 과일류(감귤, 사과), 두류, 해조류 등에 있다. 예로 고구마와 오이 한 개에는 식이섬유소가 2.2g 들어있으나, 정제된 백미로 만든 쌀밥은 1공기에 0.4g으로 함유량이 낮다.

(2) 식이섬유소의 생리기능

포만감이 있어 비만인에게는 체중조절 효과가 있다. 정장작용, 대장암 예방, 혈중 콜레스테롤의 저하작용을 하며, 포도당의 흡수를 억제하여 혈당이 급격하게 상승하는 것을 막아 당뇨병을 예방할 수 있고, 치료에도 도움이 된다. 그러나 영양소의 흡수를 방해하며, 복부 팽만감(불편함) 등을 유발할 수 있다.

(3) 영양섭취 기준

성인 30~49세 남자는 25g, 여자는 20g을 충분섭취량으로 정해 권장하고 있다.

3 지 질(lipid)

1. 지질의 정의

물에 녹지 않고 유기용매에 녹는 화합물이다. 탄수화물과 같이 탄소, 수소, 산소로 구성되어 있으나, 배열과 조성이 달라 당질과는 전혀 다른 성질을 나타낸다. 당질, 단백질과 같이 열량 영양소이며, 에너지 효율이 높다.

2. 지질의 구조

글리세롤에 지방산이 3개 결합되어 있으면 트리글리세라이드(중성지방, TG)라고 한다.

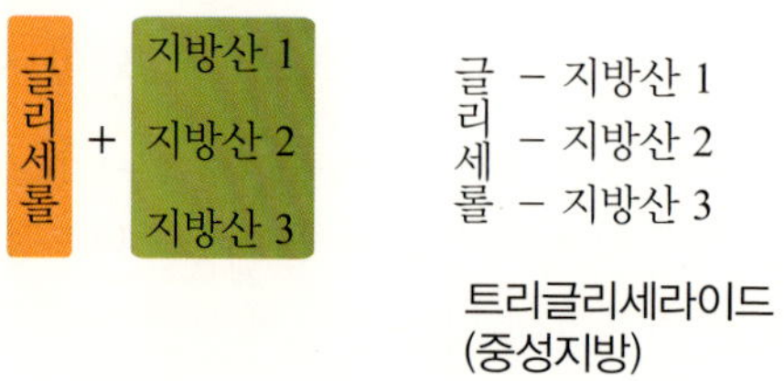

그림 2-8 지질의 구조

3. 지질의 종류

(1) 단순지질

지방산과 알코올의 에스테르 결합으로 이루어져 있으며, 중성지방과 왁스가 있다.

(2) 복합지질

단순지질에 다른 성분이 결합된 것으로 인지질, 당지질, 지단백질이 있다.

(3) 유도지질

콜레스테롤은 가장 일반적인 스테롤이며, 동물성 식품에만 존재하고, 뇌, 신경조직, 간 등에 많이 들어 있다.

체내에서 호르몬(성 호르몬, 부신피질 호르몬), 담즙산, 비타민 D 등의 전구체이다.

4. 지방산의 구조 및 분류

(1) 지방산의 구조

지방산은 탄소원자가 길게 연결된 구조로 한쪽 끝에 카르복실기(−COOH)를, 다른 한쪽 끝에는 메틸기($-CH_3$)를 가지고 있다.

(2) 지방산의 분류

① 탄소 수에 의한 분류

탄소의 수는 4~22개까지 다양하며 탄소 수가 적은 짧은 사슬 지방산일수록 부분적으로 물에 녹을 수 있는 경향이 크다. 예로 우유에 들어있는 짧은사슬 지방산은 물에 녹기 쉽다.

② 포화 정도에 따른 분류

지방산을 구성하는 탄소를 서로 연결시키는 방법에는 단일결합과 이중결합이 있다.

포화지방산은 지방산을 구성하는 모든 탄소가 단일결합으로 연결되어 있으며, 불포화지방산은 지방산을 구성하는 탄소간에 이중결합으로 연결되어 있는 부위가 하나 이상 존재한다. 포화지방산은 물에 녹기 어렵고 융점이 높다. 천연유지 중 팔미트산(palmitic acid)과 스테아르산(stearic acid)에 많다.

불포화지방산은 탄소 수가 같은 포화지방산에 비해 융점이 낮아 소화가 잘 된다. 불포화지방산을 비교적 많이 함유할수록 상온에서 액체 상태이다.

단일 불포화지방산(monounsaturated fatty acid, MUFA)은 이중결합이 한 개인 올레산이 대표적이다. 다가 불포화지방산(polyunsaturated fatty acid, PUFA)은 이중결합이 두 개 이상 있는 지방산으로 불안정하여 공기 중에서 쉽게 산화된다.

③ 오메가 지방산

지방산의 마지막인 메틸기에서 가장 가까운 이중결합을 이루는 탄소의 위치에 따라 오메가 3(ω−3, n−3), 오메가 6(ω−6, n−6), 오메가 9(ω−9, n−9) 지방산으로 분류한다.

ⓐ ω−3 지방산 : 메틸기로부터 세 번째 탄소에서 처음 이중결합이 나타나는 불포화지방산으로 α리놀렌산[linolenic acid(C18:3)], EPA(C20:5 eicosapentaenoic acid), DHA(C22:6 docosahexaenoic acid)가 있으며 EPA와DHA는 등푸른 생선에 많이 함유되어 있다.

ⓑ ω−6 지방산 : 메틸기로부터 6번째 탄소와 7번째 탄소에서 처음 이중결합이 나타나는 불포화지방산으로 리놀레산[linoleic acid(C18:2)], 아라키돈산[arachidonic acid(C20:4)]이 있다. 콩기름, 옥수수기름 등에는 리놀렌산이, 육류에는 아라키돈산이 많으며 리놀레산으로부터 합성될 수 있다.

ⓒ ω−9 지방산 : 올레산[oleic acid(C18:1)]이 대표적이며 올리브유, 카놀라유에 많이 있다.

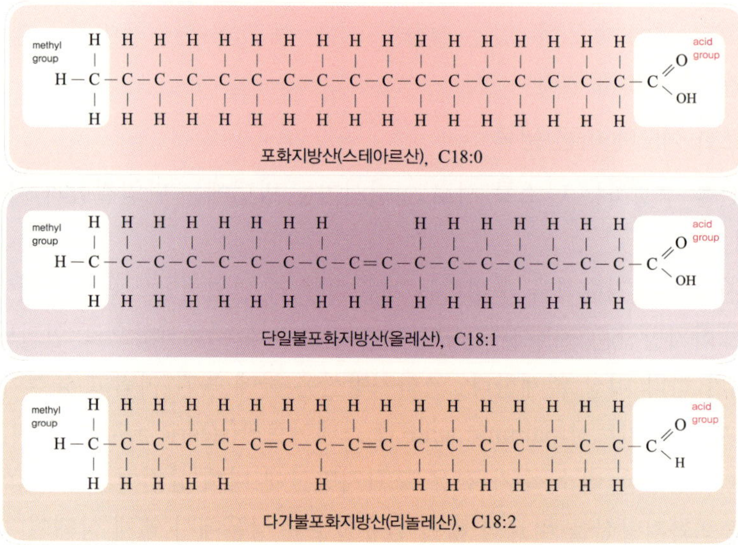

그림 2-9 오메가 지방산의 구조

④ 필수지방산(essential fatty acid, EFA)

체내에서 합성되지 않거나 불충분하게 합성되어 반드시 식사로 매일 일정량을 섭취해야 하는 지방산으로 신체의 성장과 생리기능을 정상으로 수행하기 위해 필요하다. 리놀레산과 레놀렌산, 아라키돈산이 있으며, 리놀레산으로부터는 아라키돈산이, 리놀렌산으로부터는 EPA와 DHA가 만들어진다.

필수지방산은 세포막과 혈청 지단백질의 구성 성분이며 혈청 콜레스테롤의 감소, 성장 촉진, 피부병 예방, 지방간 예방 등의 기능을 한다. 부족하면 피부염, 성장 불량, 지방간 등의 증세를 보인다.

표 2-3 필수지방산의 기능 및 급원

필수지방산	기 능	급 원
리놀레산(linoleic acid ; LA) (C18:2개의 이중결합)	항피부병 인자, 성장 인자	일반 식물성유(종실유)
α-리놀렌산(linolenic acid ; LNA) (C18:3개의 이중결합)	성장 인자	들기름, 콩기름
아라키돈산(arachidonic acid ; AA) (C20:4개의 이중결합)	항피부병 인자	육류

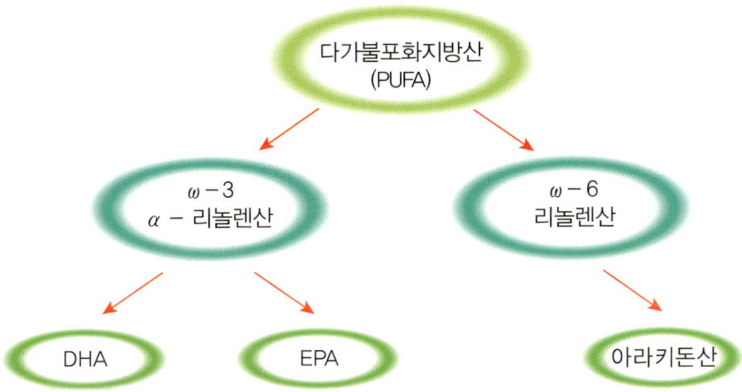

그림 2-10 필수지방산으로부터 DHA · EPA · 아라키돈산의 합성

5. 지질의 생리기능

① 고에너지원으로 1g당 9kcal를 낸다.

② 필수지방산인 리놀레산, 리놀렌산 등을 공급하며, 지용성 비타민 A, D, E, K의 흡수를 촉진한다.

③ 세포막, 신경 보호막의 구성 성분이다.

④ 열을 차단하는 단열효과가 있어 체온을 유지해주며 생체기관을 보호한다.

⑤ 식품에 맛과 향을 제공한다.

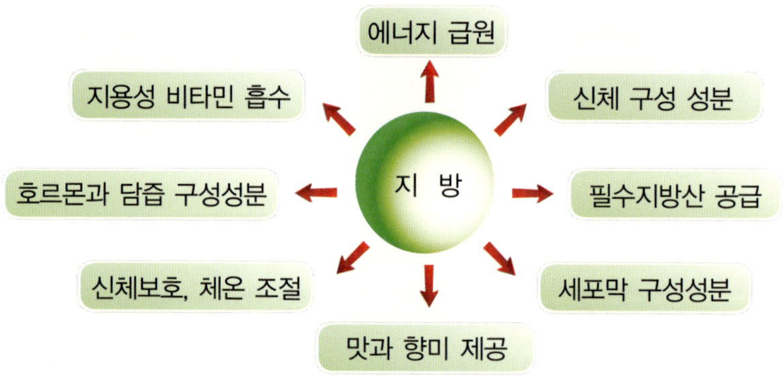

그림 2-11 지방의 기능

6. 지질의 소화와 흡수

(1) 중성지방의 소화와 흡수

식품 중의 중성지방은 위에서 소량의 리파아제와 혼합되지만 지방 소화의 대부분은 소장에서 담즙과 리파아제에 의해 일어난다. 담즙은 간에서 합성되며 담낭에 농축·저장되었다가 지방 식품을 섭취하면 소장으로 분비된다.

담즙은 콜레스테롤, 레시틴, 그리고 유화제로 작용하는 담즙산을 함유한다. 담즙산은 중성지방을 소화효소의 작용을 받기 쉽도록 작은 지방구로 나누어 표면적을 넓혀주는 유화작용을 한다.

췌장에서 분비되는 리파아제는 중성지방을 지방산과 글리세롤로 분해하며, 이들은 소장 점막세포로 흡수되어 킬로미크론(chylomicron)을 합성하며 림프를 통해 혈액으로 운반된 후 간으로 이동된다. 담즙은 흡수되지 않고 소장관에 남아 있다가 회장에서 재흡수된다.

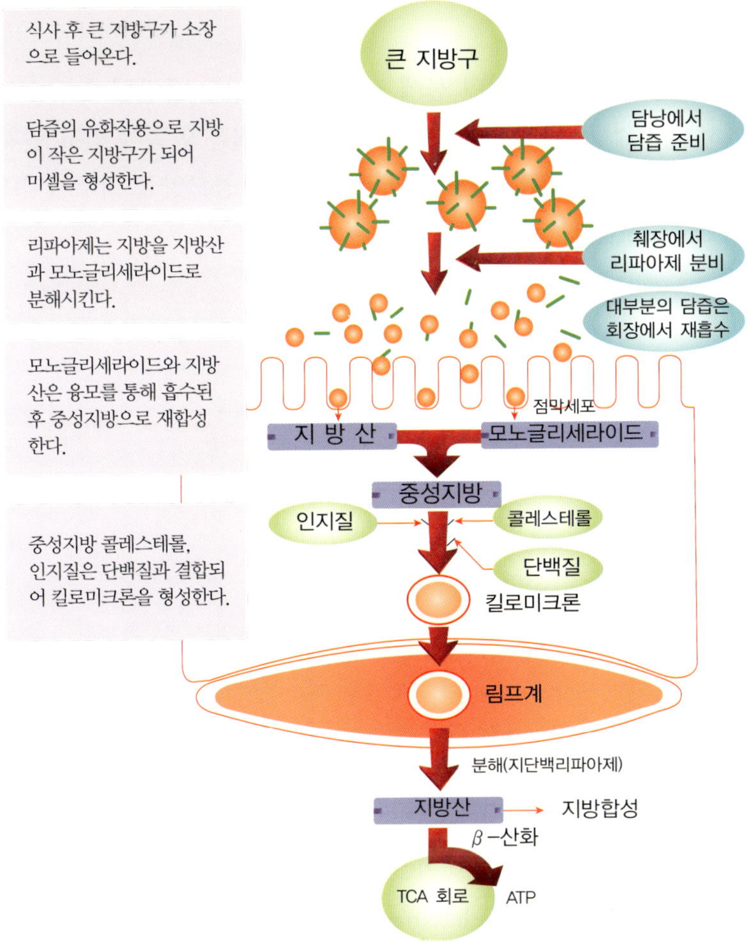

그림 2-12 지질의 소화 · 흡수 및 대사

(2) 콜레스테롤의 소화와 흡수

콜레스테롤 에스터(cholesterol ester ; CE)는 췌장효소인 콜레스테롤 에스터라아제에 의해 유리형 콜레스테롤이 되고, 이것은 담즙산염과 미셀을 형성하여 흡수된다. 흡수율은 20~40%이며, 흡수 후에 CE로 재합성한 후 킬로미크론을 형성한다.

(3) 인지질의 소화와 흡수

레시틴, 세팔린 등의 인지질은 췌장 리파아제, 포스포리파아제에 의해 가수분해되어 소장점막을 통과한 후 인지질로 재합성되어 킬로미크론을 형성한다.

7. 지질의 운반

지질이 혈액 내에서 운반되려면 물에 잘 섞일 수 있는 운반체가 필요하다. 지단백질에서 중성지방, 콜레스테롤 같은 비극성 물질은 안쪽에 있고 인지질, 단백질 같은 극성 물질은 바깥 부분을 둘러싸고 있는 공모양을 이루어 수용성인 혈액 내에서 자유롭게 이동한다.

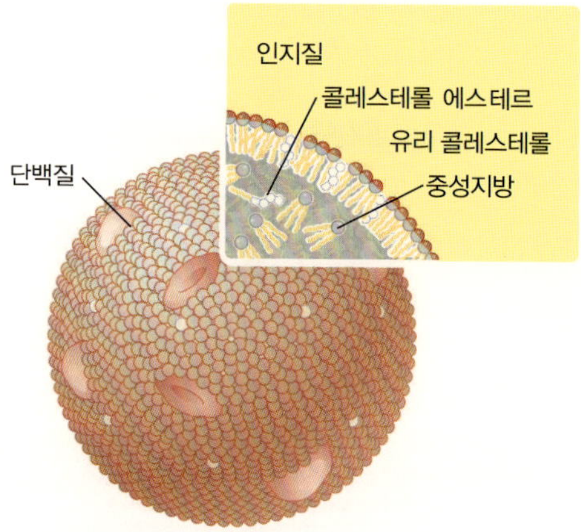

그림 2-13 지단백질의 구조

지방을 운반하는 물질을 지단백이라고 하며, 밀도에 따라 킬로미크론(chylomicron), 초저밀도 지단백(very low density lipoprotein), 저밀도 지단백(low density liporotein), 고밀도 지단백(high density lipoprotein)이 있다.

표 2-4 혈청 지단백질의 종류 및 기능

종 류	주된 구성성분	생성장소	기 능
킬로미크론 (Chylomicron)	중성지방 (Triglyceride, TG)	소장	식이성 TG를 운반하며, TG가 풍부하여 밀도가 가장 낮다. 공복상태에서는 존재하지 않으며 생성 후 분해속도가 빠르다.
초저밀도지단백 (VLDL)	중성지방(TG)	간	간에서 합성되는 중성지질을 조직으로 운반한다.
저밀도지단백 (LDL)	콜레스테롤 에스터 (cholesterol ester, CE)	혈액	VLDL의 최종 분해산물로 CE가 가장 많은 지단백으로 CE를 조직으로 운반한다. 동맥경화의 원인이 되는 물질이다.
고밀도지단백 (HDL)	단백질	간	조직에서 간으로 콜레스테롤을 운반하여 제거하는 항동맥경화성 지단백이다.

8. 지질의 대사

(1) 중성지방의 대사

① 지방 분해(lipolysis)

공복 시 지방조직이나 간 등에 저장된 중성지방이 글리세롤과 지방산으로 분해되면 지방산의 산화가 미토콘드리아에서 진행된다.

② 지방 합성(lipogenesis)

과잉섭취된 여분의 열량은 피하, 복강, 장기 주변 등의 지방조직에 중성지방 형태로 저장된다. 지방 합성은 주로 세포질에서 이루어진다.

(2) 콜레스테롤 대사

① 콜레스테롤의 합성

아세틸 CoA에서 메발론산(mevalonic acid), 스쿠알렌(squalene)을 거쳐 콜레스테롤이 되며, 간에서 1.5~2.0g이 생성된다.

② 콜레스테롤의 분해

콜레스테롤은 스테로이드 호르몬과 비타민 D 합성에 일부 사용되고 나머지는 배설을 위해 HDL을 통해 간으로 돌아간다. 간에서 담즙을 형성하여 매일 장으로 배출된다. 배출된 담즙은 대부분 문맥으로 흡수되어 간으로 들어가고, 필요할 때 다시 담즙으로 재배출되는 장간 순환(enterohepatic circulation)을 한다.

(3) 지단백질의 대사

① chylomicron : 식사로 지방을 섭취한 후 생성되며 혈액에서 근육과 조직으로 중성지방을 전달하고 작아지면 간으로 들어가 중성지방과 콜레스테롤로 분해된다.

② VLDL : 간에서는 에너지원이나 글리코겐 합성에 이용하고 남은 여분의 포도당으로부터 중성지방을 합성하고 포화지방산으로부터는 콜레스테롤을 합성하고 식사 성 콜레스테롤이나 인지질 등과 함께 VLDL로 혈중으로 방출되어 간 이외의 지방조직이나 근육에 중성지방을 제공하고, LDL로 전환된다.

③ LDL : 콜레스테롤 함량이 많은 LDL은 말초조직의 세포막 수용체와 결합하여 간과 말초조직으로 콜레스테롤을 운반한다.
④ HDL : 사용하고 남은 과잉의 콜레스테롤을 말초조직으로부터 간으로 운반하여 처리한다.

(4) 케톤체의 생성

당질 섭취가 부족할 때, 기아나 단식 상태가 될 때, 당뇨병으로 당질 대사가 원활히 일어나지 않아 저장된 지방이 산화될 때 케톤체가 생성된다. 케톤체에는 아세토아세트산, 아세톤, β-히드록시부티릭산 등이 있다. 케톤증(ketosis, 산독증)은 혈액 내 케톤체의 농도가 정상 이상인 상태이다.

9. 지질과 건강

(1) 비 만

지방조직이 과잉으로 침착하여 표준체중의 20% 이상 초과한 경우를 말한다. 심장질환, 동맥경화, 당뇨병 등 대사증후군의 원인이 된다.

(2) 지방간(fatty liver)

간에 중성지방이 축적된 것으로 포화지방산이나 콜레스테롤 및 알코올, 단순당의 과잉 섭취, 필수지방산의 결핍, 콜린, 이노시톨, 메티오닌, 레시틴, 베타인 등의 항지방간 인자(lipotropic factor) 등이 부족하면 발생한다.

(3) 관상심장병과 동맥경화증

① **동맥경화증** : 동맥의 내벽에 죽종이라는 지질과 결합조직, 평활근 세포, 대식세포로 구성된 물질이 침착되면서 혈관벽이 굳어지고 탄력성이 없어진 것을 말한다.
② **관상심장병** : 동맥경화증의 합병증으로 발병하며 혈액응고물이 심장근에 분포된 관상동맥이나 뇌로 나가는 혈관을 막으면 심장마비나 뇌졸중이 된다. 고콜레스테롤혈증, 흡연, 고혈압이 중요한 위험인자이다.

(4) 이상지질혈증(hyperlipidemia)

① 혈청 중 콜레스테롤이나 중성지방이 정상 이상으로 증가한 상태를 말한다.

표 2-5 혈청 중 콜레스테롤과 중성지방의 수치

(단위 : mg/dL)

종 류	정 상	경계선	위험수준
콜레스테롤	< 200	200 ~ 239	> 240
LDL	< 130	130 ~ 159	> 160
HDL	> 40	35 ~ 40	< 35
중성지방	< 150	150 ~ 199	> 200
치료지침		영양관리	영양관리, 약물치료

② 이상지질혈증 영양관리

<table>
<tr><th>영양관리</th><th colspan="2">원 리</th></tr>
<tr><td>총 열량 섭취 감소</td><td colspan="2">비만이면 체중을 감소시켜야 한다.</td></tr>
<tr><td>지질 섭취량 감소</td><td colspan="2">총 열량 섭취량의 20% 이하로 제한한다.</td></tr>
<tr><td>식이콜레스테롤 섭취 조절</td><td colspan="2">성인은 300mg 이하/일로 섭취한다.
식이 콜레스테롤 섭취 증가 시 동맥경화증 위험이 증가한다.</td></tr>
<tr><td rowspan="2">식이지방산의 종류</td><td colspan="2">포화지방산의 섭취를 억제한다.</td></tr>
<tr><td colspan="2">단일 불포화지방산 섭취를 증가시켜 LDL 산화를 억제한다.</td></tr>
<tr><td rowspan="2">식이지방산의 종류</td><td>PUFA</td><td>혈중 콜레스테롤을 감소시키고 혈전 생성을 억제하기 위해 ω-3계 지방산의 섭취를 증가시킨다.
심혈관계 질환 예방에 효과적이다.</td></tr>
<tr><td colspan="2">P:M:S 비율을 1:1:1로 권장한다.</td></tr>
<tr><td>식이섬유소 섭취</td><td colspan="2">혈중 콜레스테롤 농도를 감소시키는 펙틴, 검, 카라기난 등 가용성 섬유소를 많이 섭취한다.</td></tr>
</table>

(5) 암

지질 섭취량이 증가할수록, 특히 동물성 지방 섭취, 포화지방산, n-6계 지방산이 증가할수록 암 유병률이 증가하며, 트랜스지방산의 과잉 섭취도 암 발생 원인이 된다. 포화지방을 과잉으로 오래 섭취하게 되면 대장암, 유방암 발생의 원인이 된다. 식이에서 n-3계 지방산이 증가할수록 암 발생을 억제한다고 알려져 있다.

10. 권장섭취량

지질은 1일 섭취에너지의 20%를 초과하지 않도록 한다. 다가 불포화지방산과 포화지방산의 섭취비율은 P/S=1~2:1, P/M/S=1:1:1의 비율로 섭취하는 것이 바람직하다. 고도 불포화지방산인 n−6/n−3의 비율은 4~10:1로 섭취할 것을 권하고 있다.

11. 지질의 급원식품

버터나 식용유 등과 같이 눈에 보이는 지방과 육류의 살코기 지방이나 유지방 등의 눈에 보이지 않는 지방이 있다.

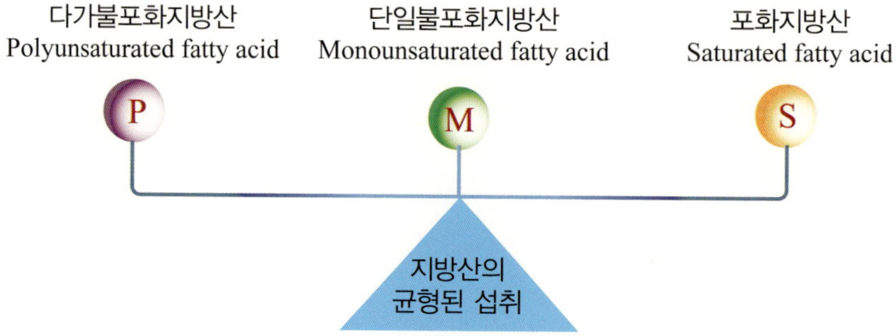

그림 2-14 지방산의 균형 섭취

12. 지질 대용식품

(1) 필요성 및 이용

우리나라뿐만 아니라 전 세계적으로 심혈관계 질환으로 인한 사망률이 증가하고 있어, 에너지는 적으면서 지질의 맛을 제공하는 지질 대용식품의 이용이 증가하고 있다. 주로 가공식품에 이용되고 있다.

(2) 종 류

① 심플리스(Simplesse)

물과 우유 단백질을 2:1의 비율로 섞어서 만든 것으로 마요네즈와 유사한 맛과 질감이 있다. 지질의 약 1/7 정도의 에너지를 제공한다.

예를 들면 심플리스 3g(물 2g+단백질 1g)은 4kcal이나 지질 3g은 27kcal에 해당한다. 열에 약하므로 고온 조리에는 사용할 수 없다. 아이스크림, 샐러드유의 제조에 적합하다.

② 올레스트라(Olestra)

설탕과 기름을 섞어서 만든 제품이다. 조리할 때 첨가하면 지방과 같은 물리적 특성을 제공하나 체내에서 소화되지 않으므로 에너지를 제공하지 않는다.

고온에 강하므로 튀김과 같은 고온조리에 이용한다. 지용성 비타민의 흡수를 저해하므로 첨가식품에는 지용성 비타민의 강화가 필요하다.

4 단백질(protein)

단백질은 생명유지에 필수적인 영양소이며 생리기능을 조절한다. 당질이나 지질과는 달리 탄소, 수소, 산소 외에 질소를 함유하는 질소화합물로 아미노산이란 기본단위의 분자가 펩티드 결합으로 이루어진 고분자화합물이다.

1. 아미노산(amino acid)

(1) 구 조

α-탄소에 카르복실기와 아미노기가 결합된 구조이다. 단백질을 구성하는 아미노산은 20여 종으로, 모두 L형에 속하며, α-아미노산이다.

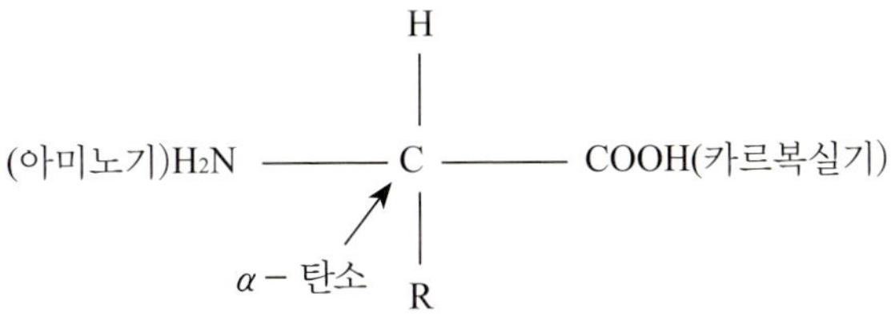

그림 2-15 아미노산의 구조

(2) 종 류

① **필수아미노산**(essential amino acid)

인체에서 합성할 수 없어 반드시 식품으로부터 섭취해야 하는 아미노산으로 이 중 한 종류가 결핍되거나 부족하면 성장이 정지되고 음(−)의 질소평형이 된다.

성인에게 필요한 필수아미노산은 리신, 루이신, 이소루이신, 메티오닌, 트레오닌, 트립토판, 발린, 페닐알라닌, 히스티딘이며, 어린이는 9가지 아미노산 외에 아르기닌이 추가적으로 필요하다.

② **비필수아미노산**(nonessential amino acid)

체내에서 합성할 수 있는 아미노산으로 알라닌, 글리신, 세린, 티로신, 아르기닌, 시스테인, 글루탐산, 프롤린, 아스파르트산, 아스파라긴, 글루타민이 있다.

2. 단백질의 분류

(1) 구성 성분에 따른 분류

① **단순단백질** : 가수분해하면 아미노산으로만 구성되어 있다.
② **복합단백질** : 단순단백질에 비단백 물질이 결합되어 있다.

표 2-6 복합단백질의 종류와 예

종류	비 아미노산 부분	예
지단백질	지질	킬로미크론, VLDL, LDL, HDL
당단백질	탄수화물	뮤신, 점액단백질
금속단백질	금속	페리틴(철 저장단백질)
헴단백질	헴	헤모글로빈

(2) 형태에 의한 분류

① **구상단백질** : 구형을 이룬 단백질로 혈청 알부민, 락토알부민(유즙), 미오겐(근육) 등이 있다.

② 섬유상단백질 : 섬유모양의 구조를 가진 단백질로 콜라겐(연골), 케라틴(머리카락, 손톱), 미오신(근육), 엘라스틴, 피브린 등이 있다.

(3) 필수아미노산의 조성과 양에 의한 분류

① 완전단백질(complete protein)

필수아미노산의 종류와 양을 충분히 함유하여 정상적인 성장을 돕고, 체중을 증가시키며 생리기능을 돕는 단백질이다. 생물가가 높은 양질의 단백질로 젤라틴을 제외한 모든 동물성 단백질을 말한다. 우유, 달걀, 콩 등에 들어있는 단백질이 완전단백질이다.

② 부분적 불완전단백질(partially incomplete protein)

필수아미노산의 종류는 충분하나 한 종류가 양적으로 부족한 제한아미노산이다. 성장을 돕지는 못하나 생명을 유지시킬 수 있는 단백질이다. 밀의 글리아딘(gliadin), 보리의 호르데인(hordein) 등이 있다.

③ 불완전단백질(incomplete protein)

필수아미노산 중 한 가지가 완전히 결여되어 있어 성장이 지연되고, 체중이 감소되며, 생명에 지장을 초래한다. 생물가가 낮은 단백질로 젤라틴(gelatin), 옥수수의 제인(zein) 등이 있다.

3. 단백질의 기능

(1) 새로운 조직의 합성과 보수

단백질은 체내 여러 장기, 뼈, 근육, 피부나 머리카락을 구성한다. 성장기(성장), 임신기(태아의 성장), 수유기(유즙 생성), 수술이나 출혈시(세포의 회복)에 단백질이 필요하다.

(2) 혈장 단백질 구성

혈장 단백질인 알부민, 글로불린, 피브리노겐의 구성성분이다.

(3) 효소 및 호르몬의 형성

효소는 체내에서 단백질로부터 합성되어 체내 반응을 촉매한다.

인슐린과 글루카곤은 단백질이고, 부신수질호르몬인 에피네프린, 노르에피네프린, 갑상선호르몬 등은 티로신으로부터 합성된다. 세로토닌(트립토판이 전구체), 카테콜라민(티로신이 전구체) 같은 신경전달물질도 형성한다.

(4) 항체 형성

바이러스, 박테리아 등의 유해물질이 체내에 침입하면 생체는 자기방어를 위해 이물질인 항원에 선택적으로 결합하는 물질인 항체(antibody)를 형성한다.

항체는 분자량이 10~100만 정도의 단백질이다. 단백질은 질병에 대한 저항력을 제공하며 식이로 섭취하는 단백질이 충분하지 못하면 면역체계의 세포가 부족하거나 작용하는 기능이 떨어지게 된다. 글루탐산, 시스테인, 글리신으로 구성된 글루타티온은 체내의 유해한 과산화 물질을 제거해 방어기능을 한다.

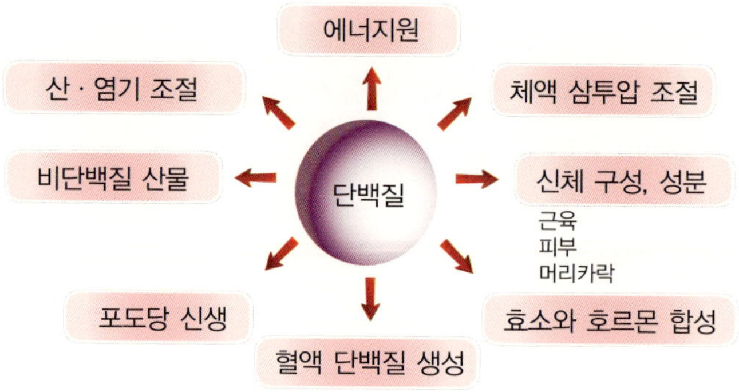

그림 2-16 단백질의 기능

(5) 삼투압 조절 (수분평형)

단백질은 혈액 내에서 교질삼투압을 형성하여 조직의 삼투압과 수분 평형을 조절한다. 혈장 단백질 농도가 감소하면 혈액의 교질삼투압이 감소되어 조직의 수분이 혈관 내로 이동하지 못하고, 조직에 축적되어 부종(edema)이 생긴다. 단백질을 보충하면 조직 내에 있던 수분이 다시 혈장으로 이동하여 부종이 사라진다.

(6) 산 · 염기조절 (pH조절)

단백질은 분자 내에 양(+)이온과 음(−)이온을 가지는 양성물질로, 산·알칼리 평형에 관여하여 체액의 정상산도(pH 7.4)를 유지시키는 완충제로 작용한다.

(7) 포도당 신생 기능

당질 섭취가 부족한 경우 간에서 아미노산으로부터 포도당을 생성하여 혈당을 유지하고 적혈구나 신경조직에 필요한 에너지를 공급한다.

(8) 에너지원

단백질은 1g당 4kcal의 에너지를 발생한다. 당질이나 지질 섭취량이 부족하면 단백질이 분해되어 에너지를 공급한다. 생체는 에너지 보급이 우선이므로 당질과 지질이 충분해야만 단백질이 본래의 중요한 역할(구성 영양소)을 할 수 있다.

4. 단백질의 소화와 흡수 및 대사

(1) 단백질의 소화

단백질의 소화는 위벽세포에서 가스트린이 분비되면서 시작된다. 가스트린은 위에서 위산, 펩시노겐 등을 분비하게 한다. 위산은 펩시노겐을 펩신으로 전환시켜 단백질을 작은 분자인 폴리펩티드로 분해시킨다.

폴리펩티드가 십이지장에 도달하면 췌장에서 분비되는 트립신과 키모트립신에 의해 더 작은 폴리펩티드와 디펩티드로 분해된다. 이어 카르복시펩티다아제(carboxypeptidase), 소장에서 분비되는 아미노펩티다아제(aminopeptidase)와 디펩티다아제(dipeptidase)에 의해 아미노산으로 분해된다.

표 2-7 단백질의 소화효소와 작용

기관	효소			소화작용
	활성형	활성촉진	전구체(불활성형)	
입	없음			기계적 소화
위	펩신 레닌[rennin(유아)]	염산(HCl)	펩시노겐	단백질 → 펩톤 카제인 → 파라카제인
췌장	트립신	엔테로키나아제	트립시노겐	단백질 → 펩티드
	키모트립신	트립신	키모트립시노겐	단백질 → 작은 펩티드, 다이펩티드
	카르복시펩티다아제	트립신	프로카르복시 펩티다아제	폴리펩티드 → 아미노산, 다이펩티드
소장	아미노펩티다아제 다이펩티다아제			폴리펩티드 → 아미노산, 다이펩티드 다이펩티드 → 아미노산

(2) 단백질과 아미노산의 흡수 및 대사

대부분은 아미노산까지 분해되지만 간혹 완전히 분해되지 않은 저분자 펩티드도 소장 점막세포에 흡수된다. 흡수된 아미노산은 모세혈관을 통해 문맥을 거쳐 간으로 운반된다. 단백질의 평균흡수율은 92%이다.

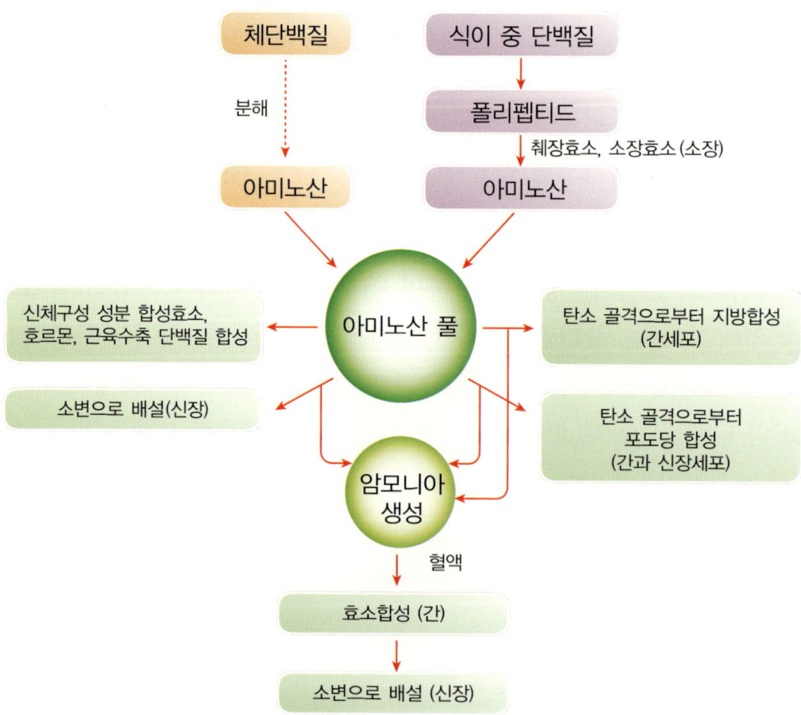

그림 2-17 단백질의 대사

① 아미노산 풀(amino acid pool)

식품으로부터 소화·흡수되어 온 아미노산과 체 단백질 분해로 생성된 아미노산, 체내에서 합성된 아미노산의 양으로 아미노산 풀의 크기는 식이섭취량, 체내 함량 등에 의해 결정된다.

아미노산 풀의 크기가 지나치게 클 경우는 과잉의 아미노산들이 에너지, 포도당, 지방합성에 사용된다. 단백질 섭취의 부족으로 아미노산 풀이 감소하면 부족한 아미노산은 세포 내 단백질을 분해하여 사용한다.

② 동적 평형 상태

단백질의 합성과 분해가 지속적으로 일어나는 것으로, 하루에 섭취하는 단백질량과 체외로 배설되는 양이 같다.

③ 단백질의 전환율 및 전환

단백질이 합성과 분해를 반복하면서 동적인 평형상태를 유지하는 과정을 단백질의 전환이라 한다. 체내에서는 하루에 약 250~300g의 단백질이 합성되고 분해된다.

실제 합성·분해되는 단백질 양의 약 5/6 정도는 단백질 분해 후 재이용되므로, 매일 공급되어야 하는 단백질 필요량은 하루에 합성·분해되는 단백질량의 1/6 정도이다.

5. 단백질의 상호보충 효과(complementary effect of protein)

질이 낮은 단백질에 부족한 아미노산을 보충하거나 그 아미노산을 함유하는 단백질식품과 함께 섭취함으로써 부족된 필수아미노산을 보충하여 단백질의 질을 향상시킨다.

[예] 쌀(lysine, threonine 부족) + 콩(쌀의 제한아미노산 풍부)
밀(lysine, tryptophan 부족) + 우유(밀의 제한아미노산 풍부)

표 2-8 식물성 식품의 부족한 아미노산

식 품	부족한 아미노산	부족한 아미노산 보충을 위한 좋은 식물성 급원
두류	메티오닌	곡식류, 견과류
곡식류	리신, 트레오닌	두류
견과류	리신	두류
채소, 옥수수	메티오닌, 트립토판, 리신	곡식류, 견과류, 두류

6. 단백질 권장량

(1) 질소평형 (nitrogen balance)

신체가 단백질 고유의 기능을 수행하기 위해서는 충분한 양의 단백질이 매일 공급되어 섭취량과 손실량이 같은 질소평형을 이루어야 한다. 성장기나 임신기에는 양의 질소평형이 이루어져야 하며, 아프거나 굶게 되어 단백질을 통한 질소섭취가 부족하면 음의 평형을 나타낸다. 질소는 소변(70~75%)과 대변(20%)으로 배설되고 소량이 피부 등을 통해 손실된다.

표 2-9 질소평형

조 건	측 정	의 의
질소평형	질소 섭취량 = 질소 배설량	조직의 유지와 보수
양의 질소평형	질소 섭취량 > 질소 배설량	성장, 임신, 질병의 회복기, 운동 훈련 시
음의 질소평형	질소 섭취량 < 질소 배설량	신체의 소모, 체중감소, 기아, 질병, 수술, 화상 등

(2) 단백질 필요량에 영향을 미치는 요인

① **체 격** : 근육이 많을수록 근육유지를 위해 단백질 필요량이 증가한다.

② **연 령** : 성장기 어린이나 청소년기에 필요량이 증가한다.

③ **신체의 건강상태** : 질병, 감염병, 수술을 할 경우 새로운 조직의 합성을 위해서 필요량이 증가한다.

④ **식이 중 열량식품 공급** : 탄수화물, 지방공급이 부족할 경우 열량원으로 쓰이기 위해 필요량이 증가한다.

⑤ **단백질의 질** : 식물성 단백질이 동물성 단백질보다 생물가가 낮아 더 많이 섭취해야 한다.

(3) 단백질 권장섭취기준

한국인 영양섭취 기준에서는 성인 남자 55g, 성인 여자 45g을 권장하고 있다.

7. 단백질과 건강

(1) 단백질-에너지 영양불량(protein and energy malnutrition, PEM)

단백질과 열량이 부족한 식사는 성장을 저해하고 면역력을 저하시켜 질병에 걸리기 쉽게 만든다.

① **콰시오커**(kwashiorkor) : 극도로 단백질이 부족한 상태에서 나타나는 결핍증으로 혈액 단백질 농도 저하로 복부에 복수가 차며 머리색이 변하고 지방간 등 여러 증상이 나타난다.

② **마라스무스**(marasmus) : 에너지와 단백질이 모두 부족한 기아상태에서 나타나는 결핍증으로 피하지방이 감소하여 극도로 마르게 되나 부종은 나타나지 않는다.

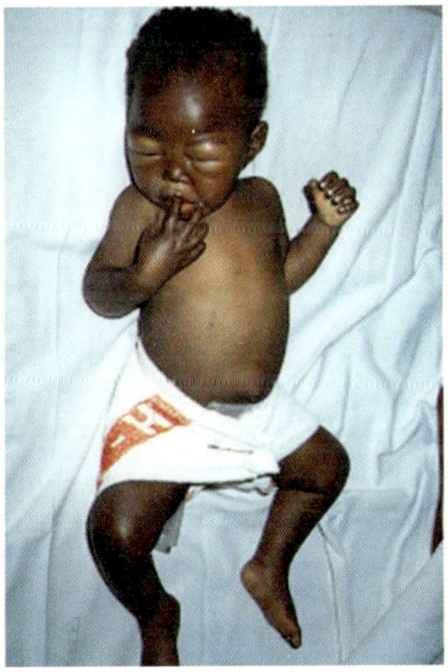

콰시오커

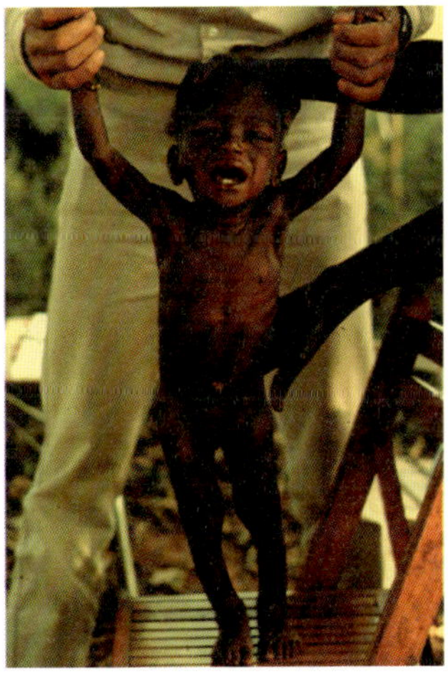

마라스무스

그림 2-18 단백질 결핍증

표 2-10 단백질 결핍증

특 징	콰시오커	마라스무스
발생시기	12~48개월(이유 후 어린이나 5세 이하의 급성장기 어린이)	6~18개월(이유기와 유아기)
체중	저체중	극저체중
외모	둥근 얼굴(moon face), 근육약화, 체지방 정상, 지방간, 간 비대, 피부염, 머리털 변색, 부종	근육쇠퇴, 체지방 감소, 피부, 모발, 간 기능 정상, 부종 없음
신경계	무감각, 냉담, 의욕상실	신경질적, 잘 놀람

(2) 단백질 과잉 섭취의 문제점

대사 항진, 체중 증가, 혈압 상승, 피로, 골다공증, 요독증, 간성 혼수를 유발할 수 있다.

8. 단백질의 급원

어육류, 난류, 유제품 등의 동물성 식품, 콩류나 견과류의 식물성 식품 등에 풍부하다.

5 비타민(vitamin)

비타민은 열량영양소처럼 에너지를 생성하지는 않는 체내 대사조절에 관여하여 미량이지만 생명유지와 성장을 위해 꼭 필요한 영양소이다. 이러한 비타민은 체내에서 합성되지 않거나 필요한 만큼 합성되지 않으므로 식사를 통해 반드시 공급되어야 한다.

비타민 전구체(provitamin)는 생리적으로 활성이 있는 비타민과 화학적인 구조가 유사하지만 체내에 흡수되어야 비로소 활성화되는 물질이다.

베타카로틴(β-carotene)은 비타민 A 전구체로 소장점막에서 레티놀(retinol)로 전환되며, 7-디하이드로콜레스테롤(dehydrocholesterol)은 자외선 조사에 의해 비타민 D_3로, 에르고스테롤(ergosterol)은 체내에서 비타민 D_2로 전환되는 비타민 D의 전구체이다.

트립토판(tryptophan)은 간에서 니아신(niacin)으로 전환된다. 항비타민(antivitamins, antagonist)은 비타민과 화학적 구조와 성질이 매우 유사하나 정상적인 신체의 생리작용을 저해한다.

예를 들어 천연 항비타민제인 디쿠마롤(dicumarol)은 비타민 K의 작용을 억제하며, 아비딘(avidin)은 비오틴(biotin)의 작용을, 인공합성제제 데옥시피리독신(deoxypyridoxine)은 비타민 B_6의 작용을 저해한다.

1. 지용성 비타민

탄소, 수소, 산소로 구성되어 있고 유기용매에 녹는다. 소화를 위해 담즙이 필요하며 흡수와 운반을 위해서는 지단백질인 카일로미크론이 필요하다. 지질과 함께 림프관으로 흡수되며, 여분의 양은 체내에 저장(간, 지방조직)되고 결핍증은 서서히 나타난다. 필요량을 매일 공급할 필요는 없으며 전구체가 존재한다.

(1) 비타민 A

비타민 A는 레티놀(retinol), 레티날(retinal) 및 레티노익산(retinoic acid)의 세 가지 형태가 있다.

① 비타민 A의 생리기능

비타민 A는 시각과 점막을 정상으로 유지하며 질병을 예방하고 성장·발달을 도와준다. 또한 피부나 머리카락, 뼈, 잇몸 등을 건강한 상태로 유지시킨다.

동물성 식품에 함유된 비타민 A는 레티놀이라 하며 그대로 비타민 A로서 흡수된다. 식물성 식품에 함유된 카로틴은 체내에서 비타민 A로 전환되어 비타민 A의 효능을 나타낸다.

베타카로틴은 암의 예방과 치료에 도움이 된다. 특히, 폐암에 대한 예방작용이 있는 것으로 알려져 있다. 또한 바이러스 등에 의한 감염을 막고 호흡기 계통의 병 감염에 대해 저항력을 강하게 한다.

② 비타민 A 함유식품 및 권장량

식물성 식품에 함유된 비타민 A는 지용성 용매로 조리하는 것이 흡수율도 높아진다. 한국인 영양섭취기준에서는 하루 성인 남자 750μgRE, 여자는 650μgRE를 권장하고 있다.

표 2-11 식품 중의 비타민 A 함량

식품명	μgRE/100g	식품명	μgRE/100g
쇠간(날것)	9,472	케 일	303
김	3,750	미나리	250
당근주스	2,575	상추(양상추)	365
깻 잎	1,553	미역(생것)	233
당 근	1,257	녹 차	98
고춧잎	764	토마토	90
무청(삶은 것)	733	달걀(노른자)	80
부추(재래종, 생것)	516	풋고추	52
시금치	477	배추(봄동)	155
쑥 갓	458	오렌지	13
메추리알(생것)	562	오렌지주스	12
쑥	374	귤	5

자료 : 식품영양소 함량자료집, 한국영양학회, 2009

③ 결핍증

안구건조증, 야맹증, 비톳점 등이 있고 심한 경우 실명할 수도 있다. 피부가 거칠어지거나 입술이 갈라지며 손톱도 물러진다. 점막이 약해져 감기에 걸리기 쉽고 감염증에 걸리기 쉽다.

④ 과잉증

피로감, 구토증, 수면장애, 식욕부진, 시력약화, 간기능 장애, 골격강도 감소, 피부가 거칠어지는 등의 증세가 나타난다.

시력과 Vitamin A

check point

망막에는 원추세포와 간상세포가 있다. 원추세포는 밝은 곳에서 강한 빛에 흥분되어 명암이나 형태시각, 색채감각을 일으킨다. 간상세포는 어두운 곳에서 작용하여 명암과 형태시각만을 일으킨다.

간상세포 속에는 로돕신(rhodopsin, visual purple)이라 하는 홍자색의 감광물질이 있는데, 이것은 옵신(opsin)이란 단백질과 비타민 A(retinol)가 산화되어 알데히드(aldehyde)체로 된 시스 레티날(cis-retinal)이 결합한 것이다.

로돕신이 빛을 받으면 분해되어 옵신과 시스 레티날이 된다. 이때 에너지가 방출되어 시신경을 흥분시켜 대뇌에서 시각을 일으킨다. 빛이 망막에 닿을 때마다 시스 레티날이 트렌스 레티날로 전환되면서 신경자극이 뇌로 전달된다.

비타민 A가 부족하면 옵신과 결합해 로돕신이 되어야 하는데 트랜스 레티날 일부는 레티노익산으로 바뀌어 로돕신을 형성할 수 없으므로 시력을 유지하려면 레티날이 여유있게 제공되어야 한다. 즉, 로돕신을 재형성할 레티날이 부족하면 야간의 시력이 떨어져 야맹증이 된다.

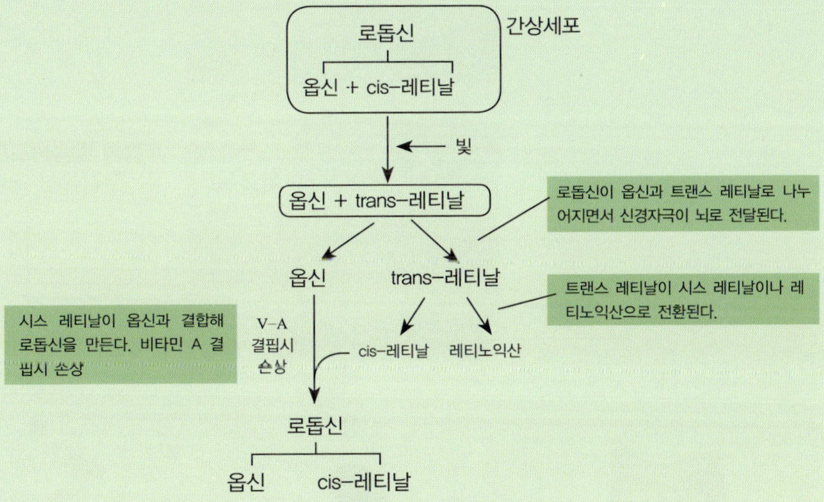

(2) 비타민 D

비타민 D는 칼시페롤(calciferol)이라 하며 항구루병인자이다. 체내에서 콜레스테롤로부터 만들어지며 식물성 급원의 비타민 D_2(에르고칼시페롤, ergocalciferol)와 비타민 D_3(콜레칼시페롤 cholecalciferol)가 있다.

체내에서 합성되는 비타민 D_3는 7-디하이드로콜레스테롤이 햇빛에 노출될 때 피부에서 합성된다. 비타민 D는 간에 가장 많이 저장되고 피부, 폐, 비장, 뇌, 뼈 등에도 저장된다.

① 생리기능

칼슘과 인의 흡수를 촉진시키며 조직 중의 인산을 칼슘과 결합시켜 뼈에 침착시킨다. 치아 건강에 필수적이며 성장기 어린이의 치아와 뼈 형성을 도와준다. 혈액 중의 칼슘 농도를 일정하게 유지해준다.

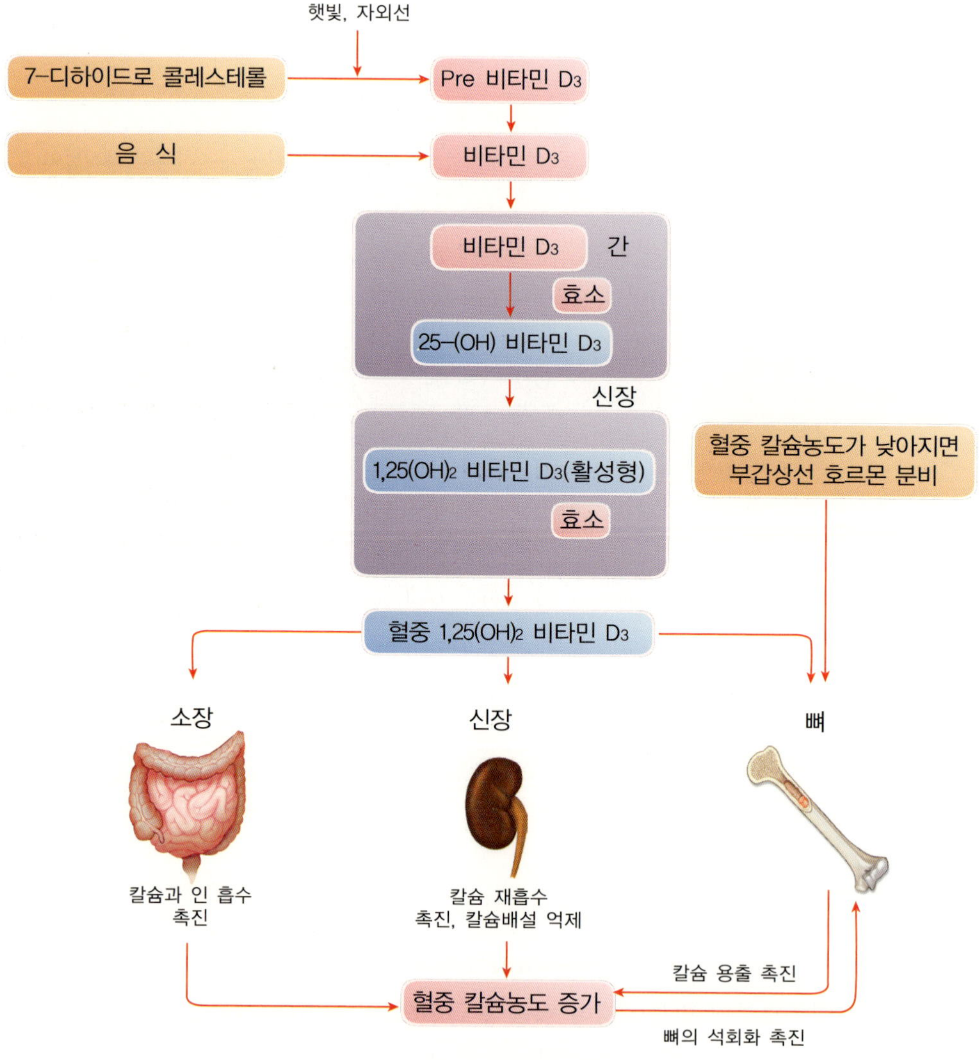

그림 2-19 비타민 D와 혈중 칼슘대사

② 흡 수

식품을 통해 섭취된 비타민 D는 약 80% 정도가 흡수된다. 흡수되기 위해서는 담즙산이 필요하며 소장의 공장에서 흡수된다. 소장 점막으로 흡수된 비타민 D는 중성지방이나 콜레스테롤처럼 킬로미크론의 형태로 림프계를 거쳐 간으로 운반된다. 피부에서 7-디하이드로콜레스테롤은 자외선에 의해 프로(pro)비타민 D_3가 된 후 간에서 식사로부터 섭취된 비타민 D와 합쳐져 25-(OH)-비타민 D_3가 되어 순환계로 들어간다.

혈장에서 25-(OH)-비타민 D_3는 신장으로 이동된 후 혈액 칼슘농도의 변화에 반응하여 1,25-$(OH)_2$-비타민 D_3로 활성화되며 활성화된 비타민 D_3는 체내에서 이용된 후 담즙의 형태로 배설되고 소량은 소변을 통해 배설된다.

③ 대 사

비타민 D는 혈중 칼슘농도 조절에 관여하여 칼슘 항상성을 유지한다. 혈액의 칼슘농도가 감소하면 부갑상선 호르몬이 분비되어 신장에서 활성형 비타민 D_3로의 전환을 촉진한다.

활성형 비타민 D_3는 소장 점막세포에서 칼슘과 인의 흡수를 촉진시켜 칼슘 결합 단백질을 비롯해 칼슘의 흡수에 필요한 단백질을 합성하고 세포막의 유동성을 증가시켜 칼슘과 인이 쉽게 세포막을 통과할 수 있게 한다. 또한 뼈의 성장과 탈석회화에 관여하여 혈장농도를 유지한다. 신장에서 칼슘의 배설을 감소시켜 혈중의 칼슘농도를 증가시킨다.

④ 결핍증

비타민 D가 결핍되면 어린이는 구루병, 어른은 골다공증과 골연화증이 발생한다.

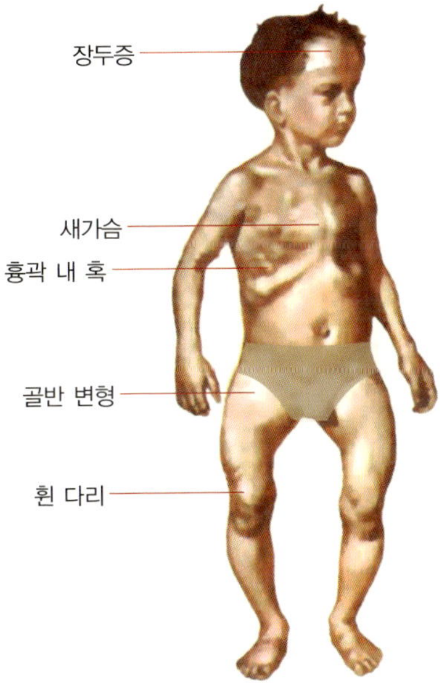

그림 2-20 비타민 D 결핍증

⑤ 과잉증

과량의 비타민 D 보충제를 장기간 복용하면 혈액과 소변의 칼슘 농도가 증가하고, 심장·근육 등의 연조직에 칼슘이 침착되고 혈관에도 부착되어 혈관 경화를 일으키며, 신장에 석회화가 일어나 신장결석을 유발시킬 수 있다.

⑥ 급원식품

생선 간유, 표고버섯, 정어리, 고등어, 말린 생선, 난황 등이 있다.

(3) 비타민 E

비타민 E는 연황색의 점성 있는 기름으로 열에 안정하나 자외선에 의해 쉽게 파괴된다.

① 생리기능

비타민 E는 항산화제로 다가 불포화지방산(polyunsaturated fatty acid, PUFA)의 산화를 막는다. 인체 내 대사과정 동안 산소는 때로 자유라디칼(free radicals)이라고 하는 강력한 파괴력을 가진 중간 대사물이 된다. 자유라디칼들은 지질과산화(lipid peroxidation)에 의해 세포막에 있는 불포화지방산을 산화시킨다. 지질과산화는 연쇄반응이며 세포의 구조를 손상시키고 세포의 기능을 변화시킨다.

비타민 E는 이러한 세포막 지질과산화의 연쇄반응을 차단하여 세포막 손상을 막는다. 비타민 E는 적혈구 세포막 신경조직과 면역체계의 세포를 손상으로부터 보호한다. 세포막 표면에 있는 비타민 C는 산화된 비타민 E를 환원시켜 항산화기능을 복구시킨다.

② 흡수와 대사

비타민 E는 소장점막에서 흡수되며, 담즙을 필요로 하고 킬로미크론에 실려 림프관을 경유하여 일반 순환계로 들어간다. 혈중에서는 지단백에 의해 운반되며 주로 지방조직에 저장되고 소량이 간장과 근육조직에 저장된다.

부신(adrenal gland)과 뇌하수체(pituitary gland)도 상당량의 비타민 E를 포함한다. 비타민 E의 흡수는 비타민 A보다 덜 효율적이어서 섭취량의 50~80%가 혈류로 흡수된다. 섭취량이 증가할수록 흡수효율은 낮아진다. 비타민 E의 대사물들은 소변과 대변 중에 배설된다.

③ 결핍증

사람에게 비타민 E 결핍은 드물지만 장기간의 비타민 E 결핍은 신경조직과 적혈구 세포가 영향을 받는다. 그러나 미숙아의 경우 비타민 E의 저장량이 적고 지방 흡수가 잘 안되어 체내 비타민 E 수치가 낮아지면 적혈구 세포막에 비타민 E가 부족하여 용혈성 빈혈이 발생할 수 있다.

④ 과잉증

보충제로 비타민 E를 다량 복용하게 되면 비타민 K의 혈액응고 작용을 방해할 수 있고 혈액응고 방지 약물의 항응고 효과를 높여 출혈을 초래한다.

⑤ 권장량

한국인의 성인 남녀 권장섭취기준은 성인 남자는 하루 12mg α−TE (tocopherol equivalent)이며, 성인 여자는 10mg α−TE이다. 식물유나 생선유가 풍부한 식사를 하여 다량의 다가 불포화지방산을 섭취하는 사람들은 지질과산화를 방지하기 위해 보다 많은 비타민 E를 필요로 한다.

⑥ 급원식품

주요 급원식품은 식용유, 마가린, 전곡, 견과류, 종실류, 콩류, 진한 녹색 잎채소이며 육류, 닭고기, 생선, 달걀 등에도 적은 양이 함유되어 있다. 식물유 중 밀 배아유와 대두유는 특히 비타민 E가 풍부하다.

적혈구 용혈(erythrocyte hemolysis) check point

혈중 비타민 E 농도가 일정 수준 이하로 떨어지면 적혈구가 파괴되어 나오는 증세로 주로 임신 마지막 수 주 동안 모체로부터 영아에게 비타민 E 전달이 일어나기 전에 태어난 미숙아에게서 발견된다.

이는 적혈구 세포막에 있는 다가불포화지방산(PUFA)의 산화로 인한 세포막의 손상이 원인인 것으로 알려져 있다.

(4) 비타민 K

① 구조와 성질

비타민 K는 퀴논(quninone)류에 속하는 황색의 결정체 화합물이다.

자연계에는 비타민 K_1(phylloquinone)과 비타민 K_2(menaquinone)가 있으며, 비타민 K_1은 식물에서 합성되고 비타민 K_2는 미생물의 대사산물로 장내 박테리아에 의해 합성되며 비타민 K_1에 비해 75%의 활성을 가진다.

비타민 K_3(menadione)는 자연에 존재하지 않고 합성된 형태이다.

② 생리기능

비타민 K는 혈액응고에 관여하는 단백질인 프로트롬빈의 합성에 관여한다. 간에서 프로트롬빈은 비타민 K에 의해 활성화된 글루타민 카르복실화 효소의 작용으로 합성되어 혈액으로 방출된다. 이 불활성형의 프로트롬빈은 칼슘과 트롬보플라스틴에 의해 트롬빈으로 활성화되어 피브리노오겐이 피브린으로 전환되는 혈액응고 과정에 관여한다.

비타민 K는 또한 뼈 단백질의 합성에 참여한다. 비타민 K에 의존하는 단백질에는 뼈에서 합성되는 오스테오칼신이 있는데 비타민 K는 이의 형성과 분비를 촉진시켜 오스테오칼신과 칼슘이 결합하여 뼈를 형성하고 발달시키는데 관여한다. 또한 칼슘 결합 단백질의 합성에도 관여해 소장에서의 칼슘 흡수를 돕는다.

③ 흡수와 대사

킬로미크론은 비타민 K를 간으로 운반하고 간에서 초저밀도지단백(VLDL)과 결합하여 순환계로 들어간다. 비타민 K는 간에 짧은 시간 동안 저장되기는 하나 체내 저장량은 소량이다. 소량이 피부, 근육, 신장, 심장 등에 있으며 대사산물은 담즙과 소변으로 배설된다. 장내 박테리아에 의해 합성된 비타민 K_2가 사람의 중요 급원이다.

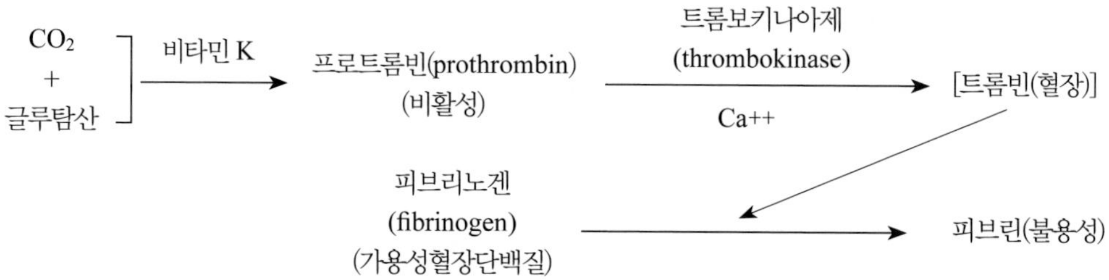

그림 2-21 혈액응고 과정

④ 결핍증

비타민 K는 정상적으로 장내 박테리아에 의해 생산되고 식품 중에 널리 분포하므로 결핍증은 흔하지 않다. 그러나 항생제를 지속적으로 사용하면 대장의 박테리아가 죽어 비타민 K를 생산하지 못해 결핍될 수 있다.

⑤ 독 성

비타민 K는 독성이 거의 없으나 합성된 비타민 K를 과량섭취할 때 발생한다. 중독 증세로는 적혈구 용혈, 황달 등이 있다. 디쿠마롤(dicumarol)과 쿠마딘(coumadin)과 같은 항응고제들은 응고과정을 느리게 함으로써 비타민 K와 길항작용이 있다.

비타민 K를 다량 복용하면 혈액 항응고제의 효과를 감소시키므로 항응고제를 복용하는 사람은 비타민 K가 풍부한 식품의 섭취를 조절해야 한다.

⑥ 권장량

비타민 K는 식품 중에 광범위하게 존재할 뿐 아니라 공장, 회장 부분에서 장내 박테리아에 의해 1일 요구량의 약 50%가 합성되어 공급되므로 정상적인 상태에서는 부족하지 않다. 한국인의 하루 충분섭취량은 성인 남자 75㎍, 성인 여자 65㎍이다.

⑦ 급원식품

일반적으로 녹색 잎채소 특히 푸른 완두, 브로콜리, 시금치와 양배추, 콜리플라워과에 속하는 채소류들이 좋은 급원이며 육류(특히 간)와 유제품, 과일, 곡물도 좋은 급원식품이다.

guide

비타민 K 결핍성 출혈(vitamin k deficiency bleeding, VKDB)

신생아는 무균상태로 대장의 박테리아가 거의 없어 비타민 K를 합성하지 못해 혈액응고가 되지 않는 비타민 K 결핍 출혈을 일으킬 수 있다.

표 2-12 각 식품들의 비타민 K 함유량(㎍/100g)

식품	함유량	식품	함유량
케 일	729	상 추	129
녹 차	712	캐비지	125
순무 잎	650	미나리	57
시금치	415	아스파라거스	57
브로콜리	200	통 밀	17
녹색콩	14	완두콩	19

표 2-13 지용성 비타민의 생리적 기능, 결핍증 및 과잉증

지용성 비타민	안정성	공급원	생리적 기능	결핍증	과잉증
비타민 A (retinol)	공기, 광선에 불안정	간, 버터, 난황, 당근	시각작용, 생식기능 상피조직 보호, 성장과 관련	야맹증, 각막 건조 · 연화증	피로, 권태, 두통
비타민 D (calciferol)	공기, 광선, 열에 안정	말린 생선, 버 섯, 청어, 연어, 달걀, 우유	뼈를 튼튼하게, 칼슘과 인의 체내 이용 도움	구루병 (유아, 어린이) 골연화증, 골다공증	혈액의 칼슘 농도 증가
비타민 E (tocopherol)		콩, 밀, 배아, 식물성유	항산화제, 적혈구보호, 이상지질혈증 예방	적혈구 용혈, 용혈성 빈혈, 신경파괴	흔하지 않음, 두통, 구역 질, 피로, 현기증
비타민 K		곡류, 콩기름, 푸른 채소	혈액응고에 필요, 간 기능 개선, 프로트롬빈 생성 도움	혈액응고 안됨	용혈성 빈혈, 황달

2. 수용성 비타민

탄소, 수소, 산소, 질소, 황, 코발트 등으로 구성되어 있으며, 조효소의 구성 성분이며 물에 녹고 당질, 아미노산과 함께 문맥으로 흡수되며 여분의 양은 배설된다. 결핍증이 빨리 나타나며 필요량은 매일 식품으로 섭취해야 한다. 전구체가 존재하지 않으나 니아신(niacin)은 예외이다.

(1) 비타민 C

비타민 C는 대부분의 포유동물의 체내에서 포도당으로부터 합성된다. 그러나 사람을 포함한 영장류 등은 굴로노락톤 산화효소가 없어 비타민 C를 합성하지 못하므로 식품을 통해 공급받아야 한다. 환원형인 아스코르브산과 산화형인 디하이드로아스코르브산이 비타민 C 활성을 지닌다.

비타민 C는 산성에서는 안정하나 수용액에서는 열, 알칼리에 의해 파괴된다. 또한 구리·철·금속이온에 의하여 산화가 촉진된다.

$$\alpha\text{-D-포도당} \longrightarrow \text{L-굴로노락톤} \xrightarrow[\text{(gulonolactone oxidase)}]{\text{굴로노락톤 산화효소}} \text{L-아스코르브산}$$

① 생리기능

비타민 C는 체내에서 항산화제로 작용하며 콜라겐 형성과 카르니틴, 신경전달물질 도파민, 세레토닌, 노르에피네프린의 합성, 철의 흡수, 면역기능, 상처회복 등의 기능에 관여한다.

비타민 C는 강한 환원력으로 세포 내에서 생성되는 대부분의 자유기를 제거한다. Fe^{3+}를 흡수되기 쉬운 Fe^{2+}형으로 전환시키는데 관여하며, 티로신(tyrosine)의 산화에 작용하여 피부의 갈변물질인 멜라닌(melanin) 색소의 합성을 억제한다.

백혈구(호중구, 림프구, 단핵구)에서 비타민 C는 항산화작용을 한다. 비타민 C 농도가 증가할수록 산화스트레스 손상에 대한 보호효과도 증가한다.

② 흡수 및 대사

비타민 C는 소장에서 흡수되며 흡수된 비타민 C는 부신피질, 뇌하수체, 수정체, 간, 폐, 췌장, 지라, 신장 등의 조직으로 운반된다.

③ 결핍증

비타민 C가 결핍되면 콜라겐 합성이 되지 않아 결합조직에 문제가 생겨 연골과 근육조직이 변형되기도 한다. 모세혈관이 약해져 멍이 쉽게 들고 골격형성이 잘 안되어 성장이 지연된다. 부족이 오래가면 괴혈병이 나타난다.

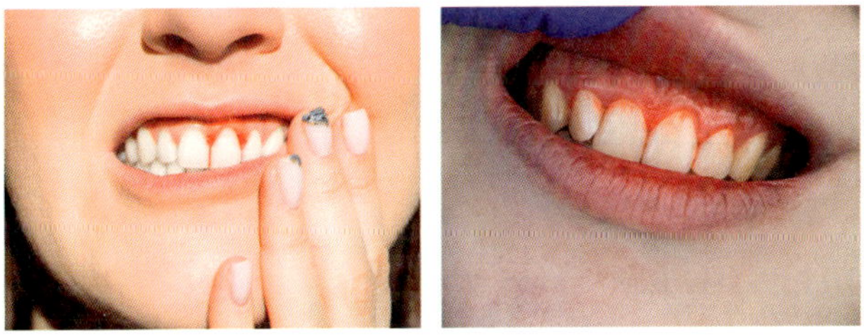

그림 2-22 비타민 C 결핍증

④ 권장량

비타민 C의 한국인 영양섭취 기준에서 정하는 권장량은 100mg/일이다.

⑤ 함유식품

감귤류, 고추, 녹황색 채소, 과실에 많고, 곡류나 두류에는 적지만 발아하면 많아진다.

(2) 비타민 B_1

① 생리기능

에너지 대사에 중요한 역할을 하는 비타민 B_1은 유리형 또는 인산 형태로 식물이나 동물조직에 존재한다. 티아민은 조효소의 구성성분으로 탄수화물 대사에 꼭 필요하며, 신경전달물질인 아세틸콜린의 합성을 도와주고 신경조직에 에너지를 공급하기 위해 필요하다.

② 흡수 및 대사

섭취된 티아민은 공장에서 흡수되며 흡수된 티아민은 혈장과 적혈구를 통해 각 조직으로 운반된다. 체내 필요량 이상은 소변을 통해 빠르게 배설된다.

③ 결핍증

비타민 B_1이 부족하면 당질의 대사가 진행되지 않아서 혈액, 뇌, 그 밖의 조직에 피루브산(pyruvic acid)과 젖산 등이 축적되어 여러 가지 장해를 일으킨다. 특히 잘 도정된 쌀을 주식으로 하는 한국, 일본, 중국 등이나 동남아시아 지역 주민에게서 많이 발생한다.

증상으로는 식욕감퇴, 허약, 권태, 우울증, 불면증, 체중감소, 근육 무긴장증, 혈압의 저하 등이 나타나며, 심해지면 신경장애인 다발성 신경염으로 인해 다리의 마비와 심장이 허약해진다.

때로는 흥분, 건망증, 정신 혼란의 증세를 일으키며, 소화기관의 근육활동 부족으로 변비가 생기기도 한다. 대표적인 결핍증은 각기병이다. 세포 수분축적으로 체조직, 특히 하반신에 부종이 생기는 것이 습성각기병(wet beriberi)이다.

건성각기병(dry beriberi)은 근육의 쇠약으로 근육이 위축되며, 하지의 신경반응이 둔해지고, 심하면 발목에 마비와 뒤틀림의 증상이 생기며 보행이 곤란해진다.

각기병 증세가 심해지면 심장이 비대해지고, 심장고동의 불규칙, 호흡곤란 등 증세가 악화되어 치료하지 않으면 사망하게 된다.

비타민 B_1은 알코올대사에도 관여하므로 음주량이 많은데 비해 다른 음식의 섭취가 부족할 때도 결핍현상이 일어난다. 심한 알코올 중독자는 티아민의 저장이 고갈되어 정신적 혼란과 기억상실, 팔과 다리의 협동적 조절이 잘 되지 않으며 안구가 불수의적으로 계속 움직이고 비틀거림 등의 증상이 나타나는 베르니케-코르사코프(wernicke-korsakoff syndrome) 증세가 나타난다.

④ 권장량

비타민 B_1은 에너지 섭취량에 비례하여 권장량이 증가한다. 에너지 섭취 1,000kcal당 0.5mg의 비타민 B_1이 권장되고 있다.

⑤ 급원식품

비타민 B_1은 돼지고기, 배아, 효모, 견과류 등에 많이 함유되어 있다.

지방의 비타민 B_1 절약작용 check point

비타민 B_1이 결핍된 사료로 쥐를 사육할 때, 지방의 투여량이 증가하면 비타민 B_1결핍 증상이 잘 나타나지 않는 것은 지방산의 β–산화에 비타민 B_1이 관계하지 않기 때문인데 이것을 지방의 비타민 B_1 절약작용이라 한다.

발열 시나 중노동 또는 임부, 수유부 등은 에너지대사가 왕성하기 때문에 당질 대신 지방에서 에너지를 얻으면 비타민 B_1을 절약할 수 있다.

(3) 비타민 B_2(riboflavin)

성장촉진인자로 오탄당인 리보오스(ribose)에 여러 개의 고리를 가지고 있는 구조가 결합되어 있다.

① 생리기능

리보플라빈은 두 가지 조효소 형태인 플라빈 모노 뉴클레오티드(flavin mononucleotide ; FMN)와 플라빈 아데닌 디뉴클레오티드(flavin adenine dinucleotide ; FAD)로 되어 있다.

체내에서 일어나는 산화, 환원반응의 조효소로 작용하여 포도당, 아미노산, 지방산이 에너지를 생산하도록 한다. 또한 리보플라빈은 트립토판을 니아신으로 전환시키는 과정에 관여한다. 글루타티온 과산화효소의 조효소로 체내 항산화작용에 관여하며 비타민 B_6와 엽산을 조효소 형태로 전환시키는데 관여한다.

② 흡수와 대사

식품 속의 리보플라빈은 FMN, FAD 형태로 단백질과 결합하여 존재한다. 위에서 위산에 의해 단백질과의 결합이 끊어지고 FAD, FMN은 소장의 윗부분에서 피로인산분해효소(pyrophosphatase)와 인산분해효소(phosphatase)에 의해 리보플라빈으로 전환된 후 흡수된다.

혈액 내 리보플라빈의 일부는 혈장알부민과 결합되어 운반되나 대부분은 면역글로불린과 결합되어 운반된다. 리보플라빈은 소량이 담즙과 땀을 통해 배설되고 대부분은 리보플라빈 형태로 소변을 통해 배설된다.

③ 결핍증

장기간 리보플라빈이 부족하게 되면 구각염, 지루성 피부염, 구내염, 인두염 등의 증상이 나타난다. 설염(glossitis)은 혀가 반들거리고 붉어지며, 쓰리고 아픈 증상이다.

④ 필요량

한국 성인의 리보플라빈 권장섭취량은 1.5mg/일, 1.2mg/일이다.

⑤ 급원식품

우유, 요구르트, 치즈, 육류, 달걀 등에 풍부하게 함유되어 있다. 리보플라빈은 자외선에 의해 파괴되기 쉬우므로 리보플라빈이 풍부한 식품인 우유, 유제품 등은 햇빛을 차단해서 보관한다.

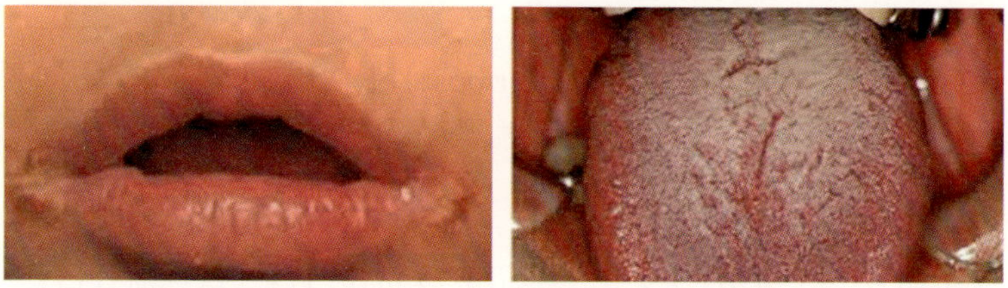

구순구각염　　설염

그림 2-23 비타민 B_2 결핍증

(4) 니아신(niacin)

니아신은 니코틴산(nicotinic acid), 니코틴아미드(nicotinamide)의 형태로 되어 있으며 무색의 결정체로서 물이나 알코올에 잘 녹는다.

항펠라그라 비타민으로도 불린다. 열, 광선, 알칼리, 공기 중에서 안정하다.

① 생리기능

니아신의 조효소 형태인 NAD와 NADP는 산화환원반응에 관여한다. 이들은 ATP를 생성하는 대사경로에 관여한다. NAD는 탄수화물의 해당작용과 TCA회로에서 수소나 전자의 수용체로 작용한다. NADH는 피루브산이 젖산으로 전환되는데 사용되며 전자전달계에서 전자수용체에 수소나 전자를 전달한다.

NADP는 탄수화물 대사 중의 하나인 오탄당 인산경로에 작용하여 리보오스를 합성한다. NADPH는 지방산과 콜레스테롤 합성반응에 관여한다. 니아신은 식품에서도 발견되지만 필수아미노산인 트립토판(tryptophan)에서 니아신으로 전환될 수도 있다. 1mg의 니아신은 60mg의 트립토판으로부터 생성된다.

② 흡수와 대사

니아신은 대부분 소장 상부에서 단순확산과 능동수송에 의해 흡수된다. 소량의 니아신을 섭취하면 Na^+ 펌프나 운반체의 도움을 받아 흡수되고, 다량의 니아신을 섭취하면 단순 확산에 의해 흡수된다.

③ 권장량

총 섭취열량에 기준을 두며 1,000kcal 당 약 6.6mg의 니아신이 권장된다.

④ 결핍증

니아신이 결핍되면 펠라그라(pellagra)라는 증상이 발생하는데 피부병, 설사와 정신질환의 증상을 나타내며 사망하게 된다.

⑤ 급원식품

니아신은 소고기, 돼지고기, 생선, 땅콩 등 콩류와 곡류에도 많다. 우유와 달걀은 트립토판이 풍부해 니아신의 좋은 급원이다.

(5) 비타민 B_6

비타민 B_6는 피리독신(pyridoxine), 피리독살(pyridoxal), 피리독사민(pyri-doxamine)으로 이루어져 있다.

① 생리기능

비타민 B_6는 간에서 인산이 결합하면 조효소 형태인 인산피리독살(pyridoxal phosphate ; PLP)이 되어 아미노산 대사에 관여한다.

비필수 아미노산의 합성, 트립토판(tryptophan)의 니아신(niacin)으로 전환, 세로토닌, 도파민 같은 신경전달물질의 합성, 헴 합성에도 관여한다. 글리코겐을 포도당으로 분해시킨다.

② 흡수와 대사

공장에서 흡수되며 간에서 인산피리독살(PLP)로 전환된다. 비타민 B_6는 주로 근육에 저장된다.

③ 결핍증

정상적으로 식사를 하면 생기지 않는다. 그러나 지속적으로 비타민 B_6가 결핍되면 구각염, 설염, 구내염, 입안 통증, 허약, 우울증, 빈혈 등이 나타난다.

④ 필요량

비타민 B_6의 권장섭취량은 하루 남자 1.5mg, 여자 1.4mg이다. 비타민 B_6 필요량은 단백질 섭취량에 근거를 두기 때문에 단백질 섭취량이 증가할수록 필요량도 증가한다. 보충제의 과잉섭취는 신경장애를 초래하므로 1일 100mg 이상의 과다 섭취는 하지 않는다.

⑤ 급원식품

비타민 B_6는 육류, 가금류, 어류, 배아, 전곡류, 현미와 달걀 등 단백질 식품과 대부분의 식품에 분포되어 있다. 비타민 B_6는 동물의 근육조직에 저장되며 동물성 식품이 식물성 식품보다 생체이용률이 높다.

(6) 엽산(folic acid, antianemic factor)

엽산은 물에 약간 녹고 산성용액에서 열을 가할 때 쉽게 파괴되며, 태양광선에 노출되거나 오랜 기간 저장 시 손상된다.

① 생리기능

엽산은 아미노산 대사와 상호 전환에 관여한다. 그 예로 호모시스테인을 메티오닌으로 전환시키는 과정에 관여하며, 여기에는 비타민 B_{12}도 필요하다.

핵산의 구성성분인 퓨린(purine)과 피리미딘(pyrimidine)의 합성에 필요하다. 엽산이 부족하면 적혈구 등 많은 세포가 미성숙하게 된다.

② 흡수와 대사

엽산은 소장에서 흡수되어 혈액으로 방출되며 간에 저장된다. 과잉의 엽산은 대부분 담즙으로 배설되며 장간 순환에 의해 재흡수되거나 대변으로 배설된다. 알코올은 엽산 흡수를 방해하며 엽산 배설을 증가시키고 장간 순환도 방해한다.

③ 결핍증

엽산이 결핍되면 혈청 엽산농도가 감소되며 혈장 호모시스테인 농도는 증가한다. 혈장 호모시스테인의 증가는 동맥손상으로 인한 심혈관계 질환의 위험요인이 되므로 식사에서 엽산이 부족하지 않도록 주의해야 한다.

임신기는 태아의 세포분열 속도가 증가하여 DNA 합성을 위한 엽산의 요구량이 크게 증가되는 시기이다. 임신기간 중 엽산이 부족하면 태아의 신경관손상(neural tube defects, NTD)의 위험성을 높인다.

태아가 신경관이 손상되면 척추가 완전히 발달하지 못하고 척수(spinal cord)주변이 유착되어 태어난 후에도 영구적으로 손상을 받아 잘 걸을 수 없고, 방광과 대장기능이 비정상적이어서 평생 여러 가지 문제들로 고생을 하게 된다.

엽산이 결핍되면 거대적아구성 빈혈(세포 크기만 크고 미성숙)이 발생한다. 이는 엽산이 부족하면 빠른 속도로 교체되어야 하는 적혈구 등의 세포들이 DNA를 합성할 수 없기 때문에 성숙한 적혈구로 분열되지 못하여 크기가 비정상적으로 크고 파괴되기 쉬운 거대적혈구가 된다.

④ 권장량

정상인의 성인 남녀의 경우 400㎍ DFE/일의 섭취를 권장한다.

⑤ 급원식품

짙은 녹색 채소, 육류, 내장, 효모, 굴, 정제되지 않은 곡류, 우유 등이 있다. 특히 오렌지 주스 200mL에는 100mg의 엽산이 함유되어 있으므로, 오렌지 주스를 마시면 비타민 C 뿐만 아니라 상당량의 엽산도 섭취된다. 비타민 C는 엽산이 산화로 인해 파괴되는 것을 보호한다.

(7) 판토텐산(pantothenic acid, vitamin B_5)

① 생리기능

판토텐산은 포도당, 아미노산, 지방산 대사에 관여하여 에너지를 생산한다. 또한 판토텐산은 콜레스테롤과 헴(heme), 인지질, 지방산, 담즙염, 스테로이드 호르몬 등을 합성하는데 필요하다.

② 흡 수

식품 중의 판토텐산은 공장에서 흡수된다.

③ 결핍증

판토텐산은 장내 세균에 의해 합성되므로 결핍증은 거의 없다.

④ 급원식품

대부분의 식품에 있으며 특히 육류, 생선류, 달걀, 땅콩, 전곡 등에 풍부하다.

(8) 비오틴(biotin, vatamin B_7)

항피부염 인자이며 비타민 H라고도 한다. 항 난백장해 인자(antiegg white injury factor)이다. 장내 박테리아에 의해 합성되나 체내 필요량을 충족시키지 못하기 때문에 식품으로 섭취해야 하는 필수 영양소이다.

① 생리기능

비오틴은 체내에서 탄수화물, 아미노산, 지방산 대사에 관여하는 카르복실화 반응의 조효소로 에너지 대사과정에 관여한다.

② 흡수 및 대사

비오틴은 대개 식품 중에 단백질과 결합되어 있으며 소화과정 중에 장내 단백질 분해효소에 의해 유리 비오틴이 되어 흡수된다. 유리 비오틴은 섭취량이 적으면 촉진확산, 섭취량이 많으면 단순확산에 의해 흡수된다. 대부분 소변을 통해서 배설, 미량만이 담즙을 통해 배설된다.

③ 결핍증

비오틴이 결핍되면 우울증, 식욕부진, 탈모, 피부염 등의 증상이 나타난다. 생후 1주~1년 사이의 영 · 유아에게 비오틴이 결핍되면 피부발진(skin rash), 탈모증(hair loss)으로 시작되어 신경손상, 성장 부진 등의 증상이 나타난다.

생난백을 과량으로 섭취하는 경우 생난백에 포함되어 있는 아비딘(avidin)이 비오틴과 결합하여 비오틴의 흡수를 방해하며 결핍증을 유발할 수 있다. 항경련제(primidone, carbamazepine)도 비오틴 흡수를 저해한다.

④ 급원식품

대부분 식품에 함유되어 있으며 간, 대두, 난황, 전곡, 두류, 견과류, 효모, 우유, 생선, 토마토, 해조류 등에 많이 들어 있다(그림 2-24 참조).

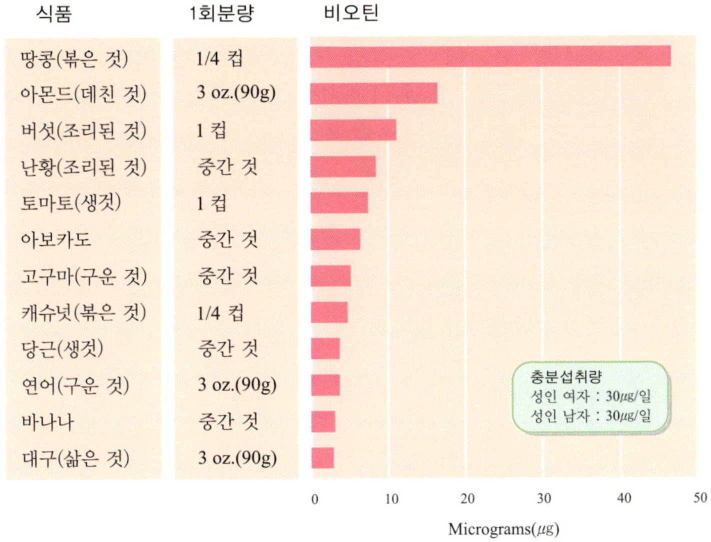

그림 2-24 비오틴의 주요 식품 급원

(9) 비타민 B_{12}(cobalamin)

비타민 B_{12}는 항악성 빈혈인자다.

① 생리기능

비타민 B_{12}는 호모시스테인으로부터 메티오닌을 합성하는 반응에 조효소로 작용하며 엽산 대사과정과 연관되어 있다. 엽산과 비타민 B_{12}가 있어야 메티오닌이 합성되므로 이 두 가지가 부족하면 호모시스테인이 축적되어 심혈관계 질환 발생 위험을 증가시킨다. 또한 비타민 B_{12}는 신경섬유의 절연체 역할을 하는 수초(myelin)를 유지시켜 준다.

② 흡수와 대사

식품 중의 비타민 B_{12}가 흡수되기 위해서는 내인자(intrinsic factor ; IF)가 필요하다. 내인자는 위벽 세포에서 분비되는 당단백질이다.

③ 결핍증

비타민 B_{12}는 동물성 식품에만 함유되어 있어 동물성 식품을 다양하게 섭취하면 식사로 인한 비타민 B_{12} 결핍증은 드물지만 유제품도 전혀 섭취하지 않는 엄격한 채식주의자, 회장 질환이 있거나 위나 회장을 절제한 경우에는 비타민 B_{12}의 결핍증이 나타난다.

④ 급원식품

해산물(대합, 굴)과 생선(연어, 정어리). 동물의 간 (소간 등)에 많이 포함되어 있으며 육류에도 많이 들어 있다.

(10) 비타민 유사물질

비타민은 체내에서 합성되지 않아 반드시 식품으로 섭취해야 하지만 비타민 유사물질은 대부분 체내에서 합성된다.

표 2-14 수용성 비타민의 생리적 기능, 결핍증 및 과잉증

수용성 비타민	안정성	공급원	생리적 기능	결핍증	과잉증
비타민 B_1 (thiamin)	열에 불안정 (조리시 손실 30%) 산성에 안정, 알칼리 불안정	곡류배아, 돼지고기, 콩	탄수화물 대사와 신경작용 도움	각기병	
비타민 B_2 (riboflavin)	열에 안정, 광선에 불안정	우유, 육류, 유제품	단백질 대사 도움, 성장촉진, 건강한 피부 유지	구순구각염, 설염	
비타민 B_3 (niacin)		생선, 두류, 알곡류	탄수화물,단백질, 지질대사 도움, 혈압강하	펠라그라	혈관확장, 가려움
비타민 B_6 (pyridoxin)	열에 안정, 광선에 불안정	곡류, 종자, 생선, 신장	아미노산 대사에서 보효소 작용, 입덧 예방	비듬, 구강염, 피부염	간질환, 말초신경 증세
비타민 B_{12} (cobalamin)		우유, 생선, 달걀, 육류	악성빈혈 예방, 철분과 엽산기능 도움	악성빈혈, 창백, 신경과민	
엽산 (folic acid)		푸른 채소, 내장, 땅콩	DNA합성과 적혈구 생성 도움, 심장 혈관 건강유지	거대적 아구성 빈혈, 입·혀 염증, 성장지연	
판토텐산 (pantothenic acid, 비타민 B_5)		곡류, 콩류, 닭고기	탄수화물, 단백질 지질대사를 도와 스트레스 해소 작용, 면역력 증진	피로, 위장증세	
비오틴 (Biotin, 비타민 B_7)			항피부염인자	신경염, 탈모	
비타민 C (ascorbic acid)	열, 광선에 불안정, 산성에서 안정	각종 과일과 채소	항산화제, 콜라겐 합성에 관여	괴혈병, 식욕부진, 피로	

① 콜 린(choline)

물에 쉽게 녹으며, 흡습성이 매우 강하다. 생체 내 콜린은 간에서 메티오닌으로부터 합성되며 비타민 B_6, B_{12} 및 엽산이 필요하다.

• 생리기능

혈관을 확장시켜 혈압을 낮추는 작용을 담당하는 아세틸콜린(acetylcholine)과 세포막 구성 성분인 레시틴(lecithin)을 만드는 재료가 된다. 콜린은 지방간, 간경변, 동맥경화를 예방하고, 이노시톨과 함께 작용하여 혈중 콜레스테롤 수치를 정상으로 유지시키는 데 도움을 준다. 알코올은 콜린 함량을 저하시킨다.

• 급원식품

콜린은 식물성 식품과 동물성 식품에 널리 분포되어 있으므로 식이를 통한 섭취량이 부족한 경우는 드물다.

② 카르니틴(carnitine)

• 생리기능

카르니틴은 간에서 리신과 메티오닌으로부터 합성되며 골격근이나 부고환에 많이 함유되어 있다. 지방산이 대사되어 에너지를 생성하기 위해서는 세포질에 있는 지방산이 미토콘드리아 안으로 운반되어야 하는데 이 과정에 카르니틴이 꼭 필요하다.

• 필요량

사람은 동물성 식품을 통해 카르니틴을 섭취하거나 체내에서 합성을 통해 필요량을 얻고 있다.

• 결핍증

결핍되면 지방간, 출혈성 신장괴사 등이 일어난다. 간 장애자의 경우 카르니틴 합성능력이 저하되므로 카르니틴 섭취량을 증가시켜야 한다.

• 급원식품

육류와 우유, 간, 효모 등이 주된 공급원이며 식물성 식품에는 거의 함유되어 있지 않다.

③ 이노시톨(inositol)

이노시톨은 체내에서 합성되어 세포질에 주로 이노시톨 3-인산 형태로 존재하며 일부는 세포막의 인지질 구성성분으로 존재한다.

• 생리기능

지방간과 동맥경화를 예방하고 뇌신경에 영양을 공급하여 신경세포에 의한 자극을 인지하고 전달하여 정상으로 유지시킨다. 탈모와 습진 예방에도 효과가 있다.

• 결핍증

이노시톨이 부족하면 콜레스테롤 침착, 혈전 형성 촉진 등이 일어난다.

• 급원식품

감귤류와 간, 땅콩, 양배추, 수박 등에 함유되어 있다.

④ 타우린(taurine)

타우린은 황함유 아미노산인 시스테인과 메티오닌으로부터 합성된다.

담즙산의 성분으로 근육과 신경조직, 혈소판 등에 많이 있다. 눈의 광수용기 기능, 혈구 내의 항산화 작용, 혈소판 응집, 인슐린 작용, 세포성장 및 분화 등에 관여한다.

⑤ 유비퀴논(Ubiquinone, CoQ ; Coenzyme Q10)

유비퀴논은 세포 내 미토콘드리아에서 합성되고 생물계에 널리 분포하고 있으며 세포 내 전자전달계의 산화환원반응에 관여하며 세포 내 호기성 대사에 관여한다. 영양소를 에너지로 전환시키는 데 필요한 효소의 보조 효소로 작용한다. 또한 강력한 항산화 작용으로 세포막을 보호한다. 육류의 간과 내장, 정어리와 고등어, 참치 등 등푸른 생선에 많이 함유되어 있다.

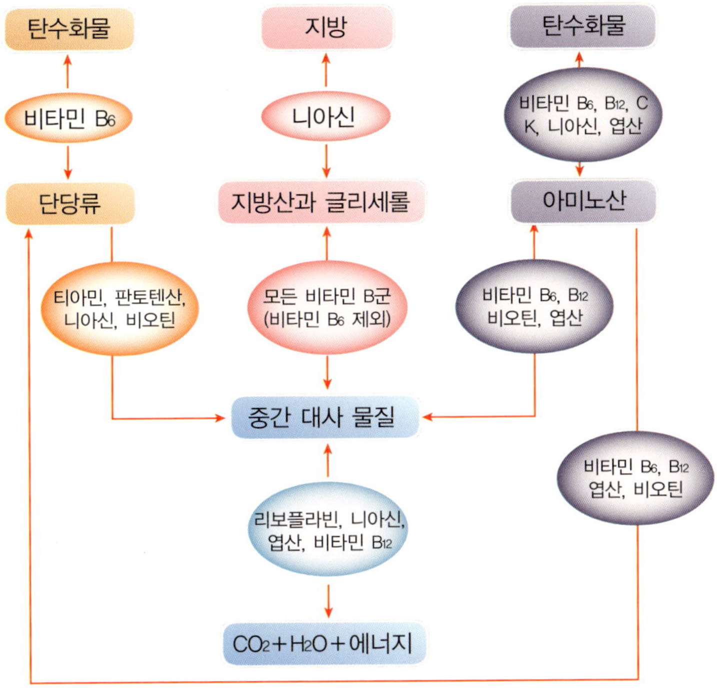

그림 2-25 영양소 대사와 비타민

6 무기질(mineral)

무기질은 체중의 4%를 차지하며, 인체구성 물질 중 탄소, 수소, 산소, 질소 이외의 물질로 회분이라고도 한다. 다량무기질(macromineral)은 1일 필요량이 100mg 이상, 혹은 체중의 0.005% 이상 존재하는 무기질을 말하며 Ca, Mg, P, S, Na, K, Cl 등이 있다. 미량무기질(micromineral)은 1일 필요량이 100mg 이하, 혹은 체중의 0.005% 이하 존재하는 무기질로 Fe, Cu, Mn, I, Co, Se, Zn, F, Mo 등이 있다.

무기질은 체내에서 경조직과 연조직을 구성하고 있으며 체내기능을 조절하는 호르몬, 효소 등의 구성요소이다. 체액의 삼투압 산 · 염기 평형, 심장박동 정상 유지, 혈액응고작용, 신경자극전달, 근육의 수축성 조절 등의 생리기능을 조절한다.

무기질에 의한 식품구분

check point

- 알칼리성 식품

  연소된 후 남는 무기질이 Na, K, Fe, Mg, Ca로, 물과 작용하여 체액을 알칼리화하는 식품으로 채소, 과일, 우유, 굴 등이 속한다.

- 산성 식품

  연소 후 남는 무기질이 P, S, Cl로, 물과 작용하여 체액을 산성화하는 식품으로 고기, 생선, 달걀, 곡류 등이 있다.

인체구성 물질

- 유기질(96%) : C(18%), H(10%), O(65%), N(3%)
- 무기질(4%) : C, H, O, N을 제외한 나머지 원소
  - 유기물질이 체내에서 완전히 산화된 후 남은 물질(회분)

1. 다량무기질

(1) 칼 슘(calcium, Ca)

① 생리기능

- 골격 및 치아구성

칼슘은 체중의 1.5~2%를 차지하고 있다. 그 중 99%는 뼈와 치아에, 나머지는 혈청, 근육, 신경에 함유되어 있다.

- 체내의 대사조절

칼슘은 세포막의 투과성조절, 신경자극 전달, 근육의 수축 및 이완에 관여하고, 혈액응고 인자이며 소변으로 나트륨의 배설을 촉진시켜 혈압을 낮춘다. 또한 체액이 산성화되는 것을 방지한다. 뼈에 침착된 칼슘은 고정된 것이 아니고 동적인 상태에 있으며 항상성을 유지한다.

- 칼슘농도의 조절

칼슘의 혈중농도는 칼시토닌, 부갑상선 호르몬과 비타민 D에 의해 9~10mg/100mL의 일정수준을 유지한다. 혈중 칼슘이 감소되면, 부갑상선에서 부갑상선 호르몬(parathyroid hormone, PTH)이 분비되어 소장에서 칼슘의 흡수를 증가시키고 신장에서 칼슘의 재흡수를 촉진하며 뼈에서 칼슘 용출을 자극하여 혈중 칼슘 농도를 높인다.

혈중 칼슘농도가 증가하면 칼시토닌이 분비되어 부갑상선 호르몬과 반대작용을 하여 혈중 칼슘농도를 감소시켜 항상성을 유지한다.

② 흡수와 대사

보통 식사로 섭취되는 칼슘의 10~30%가 장을 통하여 흡수되는데 성인기에는 30% 내외이고, 모유영양아는 60%, 아동 및 청소년기에는 40% 정도로 체내 요구가 큰 성장기, 임신수유기에는 칼슘의 이용률이 증가한다. 칼슘의 흡수를 촉진하는 인자로는 부갑상선 호르몬(비타민 D를 활성화시켜 칼슘 흡수 증진), 소화기 내의 산도가 산성일 때, 유당(lactose), 리신(lysine), 아르기닌(arginine), 비타민 C 등이다.

표 2-15 칼슘 흡수에 영향을 미치는 인자

흡수를 증진시키는 인자	흡수를 방해하는 인자
소장 상부의 산성 환경	소장 하부의 알칼리성 환경
정상적인 소화관 운동 및 활성	제산제
비슷한 비율의 식이 칼슘과 인	칼슘에 비해 과량의 인 철분, 아연 섭취
비타민 D	피틴산, 수산, 흡수되지 않은 지방산
유당	비타민 D 결핍
포도당	노령, 폐경
부갑상선 호르몬	과량의 식이섬유
에스트로겐	운동부족
비타민 C	스트레스

수산염(oxalates), 피틴산염(phytates) 등은 칼슘과 결합하여 불용성 염을 형성하여 칼슘의 흡수를 저해한다. 또한 유리 지방산도 칼슘과 불용성 염을 형성하여 칼슘의 흡수를 억제한다.

칼슘과 인의 비율은 칼슘과 인의 비율이 1:1~1:1.5(성인), 1:2(어린이)일 때 흡수가 더 잘 된다.

③ 결핍증

성장기에 칼슘이 결핍되면 성장지연, 구루병 등의 증상이 나타나고 성인기에 부족하게 되면 뼈의 약화, 골연화증(아기를 많이 낳고 칼슘이 부족된 부인), 골다공증(폐경기 이후 여성), 근육이 떨림(경련, tetany) 등의 증상이 나타난다.

테타니(tetany) Check point

혈액 속의 칼슘 저하로 말초신경과 신경근 접합부의 흥분성이 높아져 가벼운 자극으로도 근육, 주로 손 등의 근육이 수축 · 경직을 일으키는 질환이다.

④ 급원식품

칼슘의 가장 좋은 공급원은 우유와 그 밖의 유제품, 뼈째 먹는 생선류, 두류, 곡류, 해조류, 녹색 채소류 등이다. 한 컵의 우유에는 400mg, 분유에는 50g에 450mg 정도 있으며 상추, 양배추, 겨자, 순무는 1컵 당 100mg의 칼슘이 함유되어 있다.

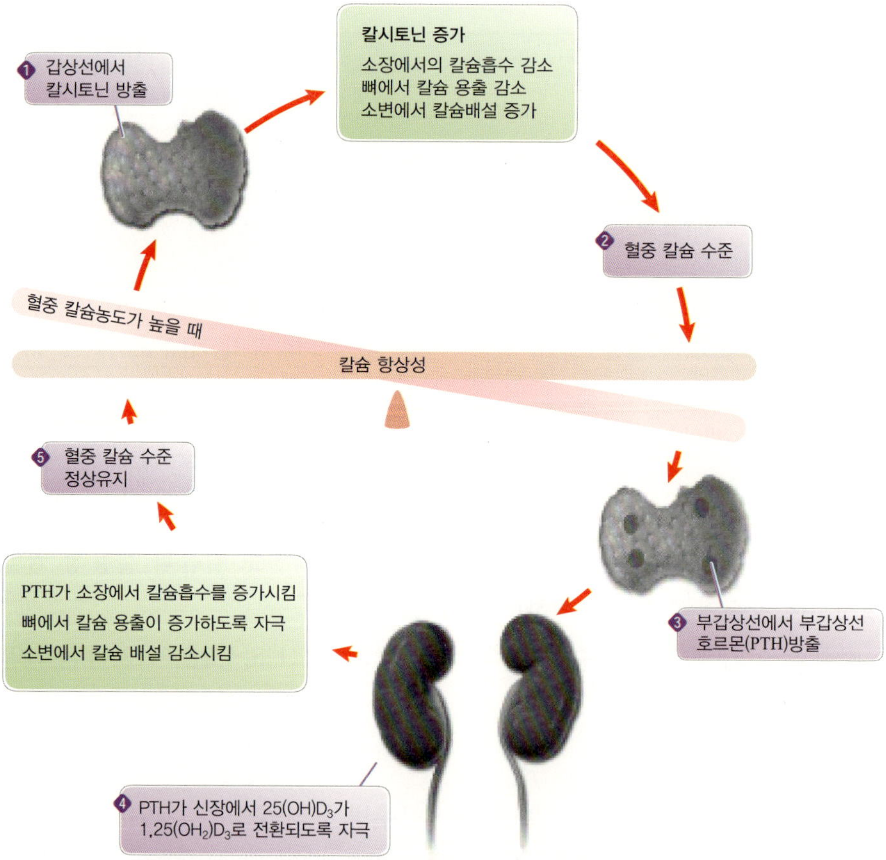

그림 2-26 혈액에서의 칼슘농도 조절

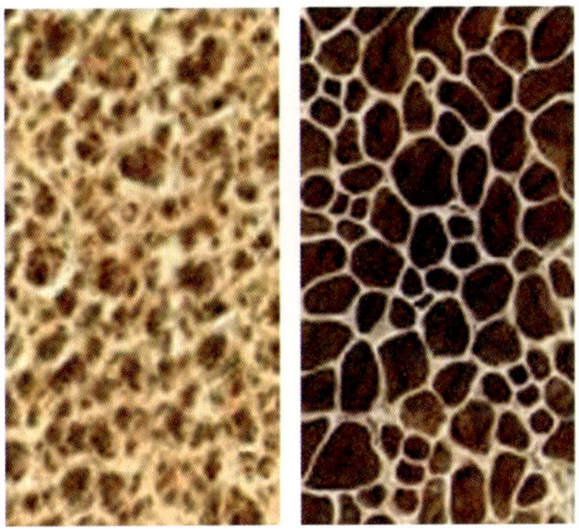

그림 2-27 건강한 뼈(좌)와 골다공증(우)

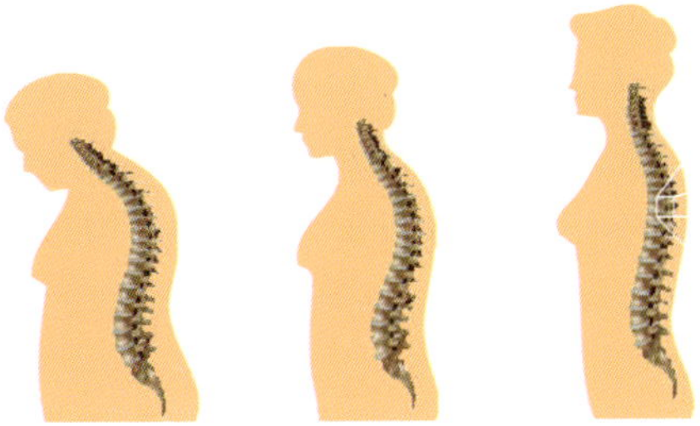

그림 2-28 연령에 따른 골격의 변화

(2) 인 (phosphorus, P)

인의 85%가 뼈와 치아에 인산염(phosphate)으로 존재하며, 10%가 근육에, 나머지가 신경조직에 포함되어 있다.

① 생리기능

인은 세포막의 주요 구성요소인 인지질과 DNA, RNA 등 핵산의 구성성분이며 인지질의 구성요소로 세포막과 지단백질(lipoprotein) 형성에 필요하다.

또한, 에너지 대사에 관여하고 비타민이 조효소로 활성화되기 위해서 꼭 필요한 물질이며 산염기 평형을 조절하는 완충작용을 한다. 칼슘과 함께 뼈의 석회화에 필수적이다.

인의 항상성은 신장에 의해 조절된다. 인의 섭취가 적으면 소장에서는 인의 흡수가 증가되며 신장은 인의 재흡수를 증가시킨다. 여기에는 활성형 비타민 D와 부갑상선 호르몬이 필수적이다.

② 흡수 및 대사

식품으로 섭취한 인은 소장에서 흡수되며, 성인은 일반적으로 60~70%의 흡수율을 보인다. 배설은 신장에서 이루어진다.

③ 결핍증

인은 동·식물계에 널리 분포하므로 정상적으로 식사하면 결핍증은 거의 없다. 그러나 제산제의 남용, 신장투석으로 인해 인이 과다 배설되는 사람의 경우 결핍증이 생긴다. 결핍증상은 식욕부진, 근육약화, 뼈 발달의 지연을 일으킨다.

④ 과잉증

혈중 인 농도가 비정상적으로 증가하면 비골격계 조직의 석회화가 일어나며, 특히, 신장의 무기질 침착을 일으킨다.

정상인의 신장은 혈액 내의 과도한 인을 충분히 제거할 수 있기 때문에 문제가 없으나 신장 기능이 떨어지면 식품을 통해 섭취된 인산도 고인산혈증을 유발하며 근육경련 등을 일으킨다.

또한 칼슘의 섭취량이 적고 인의 섭취가 많은 식사를 계속하면 부갑상선 호르몬 농도가 증가하고 뼈에서 칼슘용출이 증가하여 뼈의 양과 골밀도가 감소하여 골절이 생길 수 있다.

⑤ 급원식품

인은 곡류, 두류, 유제품, 육류, 생선 등에 풍부하다.

(3) 마그네슘(magnesium, Mg)

체내 마그네슘의 60%는 골격과 치아의 구성성분으로 탄산이나 인산과 복합체 형성, 나머지는 혈액·연조직에 양이온으로 존재하며, 300종 이상의 효소체계에 있어 보조인자로서 작용한다.

① 생리기능

지방, 단백질 및 핵산의 합성, 근육의 수축 및 이완 등 체내에서 일어나는 생화학적 혹은 생리적 과정에 필요하다. 또한 신경 및 근육의 세포막 전위의 유지와 신경근 연접부에서의 충격전도에도 관여한다. 신경전달물질인 아세틸콜린의 분비를 감소시키고 분해를 촉진하여 신경을 안정시키고 근육의 긴장을 이완시킨다.

마그네슘이 세포 내외로 운반될 때는 에너지가 필요하며, 호르몬의 영향을 받는다. 마그네슘은 심장근육세포 내에서 세포 외로 칼륨이 운반되는 것을 조절한다. 체내 마그네슘의 항상성은 신장에 의해 조절된다.

② 흡수 및 대사

소장에서 흡수되며 흡수율은 45%이다. 곡류의 피틴산, 과량의 칼슘섭취는 마그네슘의 흡수를 저해한다.

③ 결핍증

만성설사, 구토, 알코올 중독자, 콰시오커 등에서 마그네슘의 흡수가 불량할 때 마그네슘 결핍증이 나타나며 테타니 증상과 유사하다.

④ 급원식품

전곡류, 푸른 채소, 코코아, 견과류, 두류 등이 있다.

(4) 황(sulphur, S)

체중의 0.25%(175g)를 차지하며 결체조직, 피부, 손톱, 모발 등에 존재한다. 인슐린의 구성성분이다.

① 생리기능

연골, 건, 골격, 피부, 심장판막 등에 존재하는 콘드로이틴 황산염(chondroitin sulphate)을 구성하며 티아민, 코엔자임 A(CoA), 리포산(lipoic acid), 판토텐산(pantothenic acid) 등의 조효소 구성성분이다.

세포 내의 산화, 환원반응에 관여하는 글루타티온(glutathione) 구성성분이다. 세포외액에 있는 황산염은 산, 염기평형에 관여한다.

② 결핍증

메티오닌과 시스테인이 풍부한 식사를 하면 결핍증은 없다.

③ 급원식품

육류, 우유, 달걀, 두유 등이 있다.

(5) 나트륨(sodium, Na)

세포외액에 가장 많이 존재하는 양이온으로 염소와 결합하여 체액에 존재하며 소장에서 흡수된다. 혈중 나트륨은 부신피질 호르몬인 알도스테론(aldosterone)에 의해 조절된다.

① 생리기능

나트륨은 혈액을 비롯한 체액의 양을 적당하게 유지하고, 산과 염기의 균형조절, 신경의 자극전달, 근육의 수축에 중요한 역할을 한다.

② 결핍증

신장질환, 심장질환, 혹은 나트륨 섭취를 심하게 제한받거나 부신피질 기능이 저하된 경우에는 세포외액의 나트륨 농도가 낮아져 체액이 세포 내로 이동하고 혈액량이 감소해 혈압이 낮아진다.

나트륨이 부족하면 혈압이 떨어지거나 근육경련이 일어날 수 있고 식욕부진, 구토, 무기력, 흥분, 두통, 경련발작 등의 증상이 생긴다.

③ 과잉증

나트륨이 과잉 섭취되면 체액의 삼투압 증가로 고나트륨혈증과 고혈압, 위암 등의 발현율이 높아진다.

④ 필요량

우리 몸에 필요한 나트륨의 양은 기후와 활동량에 따라 다르다.

사람에게 필요한 나트륨의 최소량은 하루 200~400mg으로 소금 0.5g~1g에 들어있는 양이다. 우리나라에서는 하루 나트륨의 섭취를 2.0g이 넘지 않도록 권장하고 있다.

식염과 건강

check point

- 심혈관질환

  고혈압은 뇌졸중, 심근경색증, 신장질환 등을 일으키는 데 소금을 과잉으로 섭취하는 사람일수록 고혈압 발생이 많다.

- 뇌졸중

  소금을 많이 섭취하는 사람일수록 뇌졸중이 더 많이 발생하고 뇌졸중으로 인한 사망률도 높다.

- 암

  식염 섭취를 많이 하는 사람일수록 위암 발생이 높다고 한다. 소금에 절인 생선이나 피클(절인 음식)처럼 음식물의 소금 농도가 높으면 위를 보호하는 보호막이 파괴되고 염증이 생기며, 위가 헐고 위축성 변화가 일어나며 발암물질이 작용하기 쉽게 하는 것으로 알려져 있다.

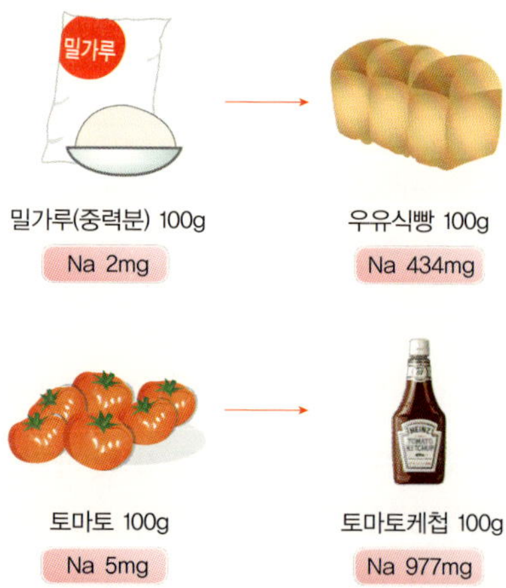

그림 2-29 식품가공에 따른 나트륨 함량

(6) 칼 륨(potassium, K)

① 생리기능

칼슘과 함께 신경자극의 전달과 근육의 수축과 이완작용에 관여하며 심장 기능에 중요하다. 나트륨과 함께 체액과 삼투압을 정상적으로 유지하며, 혈압을 낮춘다.

② 흡수와 대사

섭취된 칼륨의 대부분은 소장에서 흡수된다. 신장에서 칼륨균형을 유지하며 부신피질 호르몬인 알도스테론은 신장에서 칼륨배설을 자극한다.

③ 결핍증

장기간의 칼륨제한 식사, 이뇨제 복용, 수술 등에 의해 생길 수 있다. 근육 약화, 호흡기능 저하, 심장 이상이 생길 수 있다. 심하면 근육마비나 부정맥이 유발된다.

④ 급원식품

과일, 채소, 곡류, 육류, 생선 등이 있다.

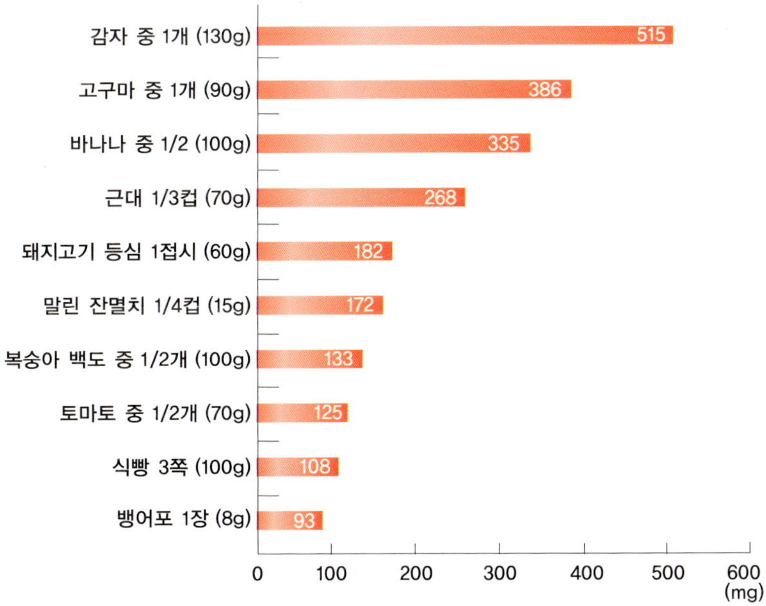

그림 2-30 식품 중의 칼륨 함량

(7) 염 소(chloride, Cl)

① 생리기능

체중의 0.15%로 혈장과 세포외액에 분포하며 삼투압 유지, 수분 평형, 위액 내의 염산의 구성성분으로 산성 유지, 산-염기 평형, 신경 흥분 등을 조절하는 기능이 있다.

② 흡수와 대사

소장에서 쉽게 흡수되며 신장을 통해 배설되어 알도스테론에 의해 조절된다.

③ 결핍증 및 과잉증

소화불량, 식욕부진, 위내 세균 억제력 감소 등이 있으며, 과잉증으로는 위산 과다증 등을 들 수 있다. 나트륨의 작용을 증가시켜 고혈압의 원인으로 작용할 수 있다.

2. 미량무기질

(1) 철(iron, Fe)

철은 헤모글로빈 및 효소를 포함한 많은 단백질의 구성성분이다.

① 생리기능

철은 체내에서 산소를 운반한다. 체내 철의 2/3가 적혈구 내의 헤모글로빈에 존재하며, 25%는 쉽게 이용 가능한 저장철의 형태로, 나머지 5%는 근육조직의 미오글로빈으로 존재하여 근육에 일시적으로 산소를 저장한다.

철은 미토콘드리아의 전자전달계에서 산화환원작용에 관여하는 효소의 구성성분으로 에너지대사에 필요하다. 콜라겐 합성에 필요한 효소의 보조인자, 면역기능 유지와 신경전달물질 합성에도 관여한다. 철은 페리틴이나 헤모시데린의 형태로 저장되며 헤모시데린은 페리틴의 분해산물로서 불용성이며 간, 비장, 골수에 저장된다.

② 흡수 및 대사

소장상부인 십이지장과 공장에서 주로 흡수되며, 흡수율은 동물성 식품은 10~30%, 식물성 식품은 2~10%이다. 환원형 철인 2가 철이온[ferric iron(Fe^{2+}), 제2철]이 산화형 철인 3가 철이온[ferrous iron(Fe^{3+}), 제1철]보다 흡수가 더 잘 된다.

철의 흡수를 촉진하는 인자는

- 체내 저장량이 적을 때
- 성장기, 임신기, 수유기
- 헴철
- 비타민 C(위액의 낮은 pH에서 제1철을 제2철로 환원시킴)
- 위산(제1철이 제2철로 환원되는 것을 촉진)
- 유기산(젖산, 시트르산 등) 등이다.

철의 흡수를 방해하는 인자로는

- 피틴산, 수산, 탄닌, 섬유소 과다섭취
- 위산 분비 감소
- 칼슘, 아연 등 무기질의 증가 등이다.

③ 결핍증

식이로 섭취되는 철분이 결핍되면 철분 결핍성 빈혈이 나타난다.

④ 급원식품

헴 철분을 함유하고 있는 육류, 어패류, 가금류 등이 있다.

곡류나 콩류, 진한 녹색 채소 등도 좋은 급원이나 식물성 식품의 철은 비헴철로 흡수율이 낮은 편이다. 철분 함량과 흡수율이 낮은 식품으로 우유와 유제품이 있는데 우유의 칼슘은 장내에서 철분 흡수를 억제한다.

표 2-16 철 급원식품과 함량

식품명	100g당 함량(mg)
맛조개	5.5
쑥	6.0
쇠간 삶은 것	6.8
굴	5.1
씨리얼	3.2
근대	2.4
검정콩, 서리태	7.8
쇠고기등심	2.4
현미밥	1.1
고등어	1.2

자료 : 식품영양소 함량 자료집 2009, 한국영양학회

(2) 아 연(zinc, Zn)

① 생리기능

아연은 세포의 증식과 성장, 열량영양소와 알코올의 정상적인 대사, 유리기 제거하는 데에 관여하는 효소의 구성성분으로 효소가 생리적 활성을 나타내는 데 필요하다.

아연은 생체 내 여러 금속효소의 구성 요소로 아연이 제거되면 활성도가 감소하였다가 아연과 함께 활성도가 복원되는 효소들을 아연금속효소(zinc metalloenzyme)라 하며, 이산화탄소를 운반하는 탄산탈수소효소, 유리기를 제거하여 세포의 산화적 손상을 방지하는 수퍼옥사이드 디스뮤타아제(SOD : superoxide dismutase) 등이 있다.

아연은 면역기능에 관여하며 생체막의 구조와 기능을 정상적으로 유지한다. 인슐린과 복합체를 이루고 있어서 탄수화물 대사에도 관여한다.

② 흡수 대사

아연은 대부분 소장에서 흡수된다. 시스테인이나 히스티딘과 같은 아미노산은 아연과 가용성 화합물을 만들어 아연의 흡수를 높인다. 식물성 식품에 있는 피틴산은 아연과 불용성의 화합물을 형성하여 흡수를 저해하며, 섬유소도 아연의 흡수를 저해한다.

표 2-17 아연 급원식품과 함량

식품명	100g당 함량(μg)
굴	18.1
쇠간 삶은 것	6.1
가재	2.9
보리쌀	2.1
현미	2.4
돼지갈비	2.3
쇠고기, 양지	2.3
쌀, 백미	1.5

자료 : 식품영양소 함량 자료집 2009, 한국영양학회

③ 결핍증

아연이 부족하면 성장지연을 초래하며, 탈모, 감염증가 등이 나타난다.

④ 급원식품

육류나 패류 등의 단백질 식품에 많이 함유되어 있다.

(3) 구 리(copper, Cu)

① 생리기능

구리는 체내에서 효소의 구성요소이며, 생체반응의 필수 촉매인자로 작용한다. 구리 함유 효소는 에너지 생성, 철의 대사 등에 중요한 역할을 한다. 또한 결합조직 단백질인 콜라겐과 엘라스틴이 교차결합을 하는데 작용하는 효소의 일부이다. 철의 흡수를 도와 빈혈을 예방한다.

② 흡수와 대사

구리는 주로 소장에서 흡수되며 식사로 섭취한 구리의 약 50% 정도가 흡수된다. 식이에 칼슘, 철분, 황, 아연 등이 많으면 구리의 흡수율이 떨어진다. 사용되고 남은 구리는 간으로 되돌아와 담즙을 통해 대변으로 배설된다.

③ 결핍증과 과잉증

철의 이용률이 감소하고 적혈구 합성이 저하되어 빈혈이 발생된다. 구리는 결합조직 단백질의 세포간 또는 세포내 사슬가교 형성을 촉진하는 반응에 필요한 효소를 활성화시키므로 구리가 부족하여 이 효소의 활성이 억제되면 골격, 피부, 혈관이 비정상적으로 형성된다.

과잉증으로는 적혈구 파괴로 인한 빈혈, 신장 세뇨관의 손상, 간 손상 등이 나타난다. 윌슨씨 병은 유전적으로 구리가 대사되지 않아 배설되지 못하고 간, 뇌, 신장, 각막에 축적되어 갈색이나 녹색이 장기에 나타나는 질환이다.

④ 급원식품

구리는 소 간, 돼지 간, 견과류, 두류, 굴, 패류 등에 많이 함유되어 있으며 코코아, 초콜릿, 버섯, 곡류의 배아, 말린 과일, 바나나, 감자, 토마토 등에도 함유되어 있다.

(4) 불 소(fluorine, F)

불소는 충치예방과 관련된 미량원소로, 체내 불소의 거의 대부분은 골격과 치아에 존재한다.

① 생리기능

불소는 박테리아의 포도당 이용을 방해하여 산의 생성을 감소시켜 충치를 예방한다.

② 흡수 및 대사

불소는 주로 소장에서 흡수되고 배설은 소변을 통해 이루어진다. 건강한 성인의 경우 흡수된 불소의 50%는 골격과 치아 등 경조직에 유입된다. 뼈에서 무기질이 빠져나오는 것을 막아 노년기의 골다공증을 지연시킨다.

③ 급원식품

수돗물과 차, 뼈째 먹는 생선류 등이다.

④ 과잉증

불소를 과잉섭취하면 불소가 치아에 축적되어 에나멜층의 탈색과 반점이 생기는 반상치가 나타난다.

(5) 망 간(manganese, Mn)

① 생리기능

망간은 여러 금속효소 또는 조효소의 구성성분으로 미토콘드리아에서 에너지 방출, 지방산과 콜레스테롤 합성, 탄수화물 대사, 간에서의 지방방출에 관여한다.

② 흡수와 대사

식사로 섭취한 망간은 불과 1~3% 정도만 흡수되며 그 후 담즙을 거쳐 소장으로 배출된다.

③ 급원식품

식물성 식품에 많으며 호도, 땅콩 등의 견과류, 도정하지 않은 곡류, 콩류 등에 많다.

④ 결핍증

식물성 식품에 많이 있고 소량이 필요하므로 결핍증은 별로 알려져 있지 않으나, 결핍되면 성장장애, 뼈 형성, 모발색 등에 결함이 생기고 지질 · 당질 대사이상, 체중감소, 저콜레스테롤혈증이 나타날 수 있다.

(6) 요오드(iodine, I_2)

① 생리기능 ; 티로신에서 합성

요오드는 갑상선 호르몬 트리요오드티로닌(T_3)과 티록신(thyroxine, T_4)의 구성성분으로 기초대사, 단백질 합성을 촉진하며 뇌의 정상적인 발달에도 필수적이다.

② 흡수와 대사

식품으로 섭취된 요오드는 음이온(iodide, I−)으로 환원된 후 대부분 위와 소장 상부에서 흡수되어 갑상선으로 이동되어 대사되고 소변으로 배설된다.

③ 결핍증

요오드가 결핍되면 성인은 단순갑상선종이 생기며 임신부의 요오드 섭취가 부족하면 태아의 뇌가 제대로 발달하지 못해 출생 후 성장지연, 보행능력 저하, 왜소증 등의 증상을 띠는 크레틴병에 걸릴 수 있다.

④ 과잉증

보충제 등으로 인해 요오드를 과하게 섭취하면 갑상선 기능 항진증이나 바세도우씨병이 생긴다.

⑤ 필요량

한국인의 요오드 부족은 거의 없으며 권장섭취량은 150㎍이다.

⑥ 급원식품

요오드는 다시마(건조 179mg/100g), 미역(건조 8.7mg/100g), 김(건조 3.6mg/100g) 같은 해조류와 멸치(건조 219~284mg/100g), 굴(생것 126mg/100g) 등의 어패류에 풍부하다.

(7) 셀레늄(selenium, Se)

① 생리기능 및 대사

셀레늄은 글루타티온 과산화효소(glutathione peroxidase, GSHPx)의 구성성분으로 혈장에 존재한다.

글루타티온 과산화효소는 체내에서 생산된 과산화수소를 분해하여 과산화수소에 의한 세포손상을 억제하는 항산화기능을 한다. 갑상선 호르몬을 활성화시키는데 관여하고 유리기의 생성을 억제해 암예방 등에도 도움이 된다.

② 결핍증

셀레늄이 결핍되어 나타나는 증상에는 근육통, 근육소모, 심장손상 등이다.

③ 과잉증

셀레늄 과잉증으로는 탈모, 머리카락과 손톱의 변화, 피부병, 신경장애, 치아손상 등이다.

④ 필요량

권장섭취량은 55㎍이다.

표 2-18 셀레늄 급원식품과 함량

식품명	100g당 함량 (㎍)
밀배아	111
가재	104
전밀(도정하지 않은 밀)	63
참치	71
식빵	28
탈지우유	13
닭고기	42

(8) 몰리브덴(molybdenum, Mo)

① 생리기능 및 대사

체내에서 산화환원 반응에 관여하는 금속효소인 잔틴산화효소(xanthine oxidase), 알데히드 산화효소(aldehyde oxidase), 설파이트산화효소(sulfite oxidase)의 촉매로 작용한다.

몰리브덴은 섭취량이 많을 때는 대사가 빨라져서 소변으로 배설되는 양이 많아지며, 섭취량이 적은 경우에는 소변 배설량이 감소한다. 몰리브덴은 간과 신장, 골격에 저장된다.

② 결핍증

정상적인 식사를 하는 사람들에게서는 결핍증이 거의 없으나 결핍 시 핵산대사 등이 나타날 수 있다.

③ 급원식품

우유, 두류, 곡류 등이 몰리브덴의 좋은 급원이다.

(9) 크 롬(chromium, Cr)

① 생리기능

인슐린을 도와 포도당 운반을 돕는다.

② 결핍증

포도당 내성이 감소하고 혈중 콜레스테롤과 중성지방 농도가 증가한다.

③ 급원식품

달걀노른자, 육류, 견과류, 전곡, 과일, 채소

7 수분

수분은 모든 생물체의 생명유지에 필수적인 성분으로 성인 체중의 60%를 차지하며 세포내액과 세포외액으로 분류된다. 제지방조직은 73%가 수분이고 지방조직은 20% 정도가 수분으로 체지방이 증가할수록 체내수분량은 감소한다. 지방은 근육보다 물을 적게 함유하고 있어 체지방이 적은 사람이 체액이 많다. 남자들은 여자보다 근육함량이 많아 수분함량이 높다.

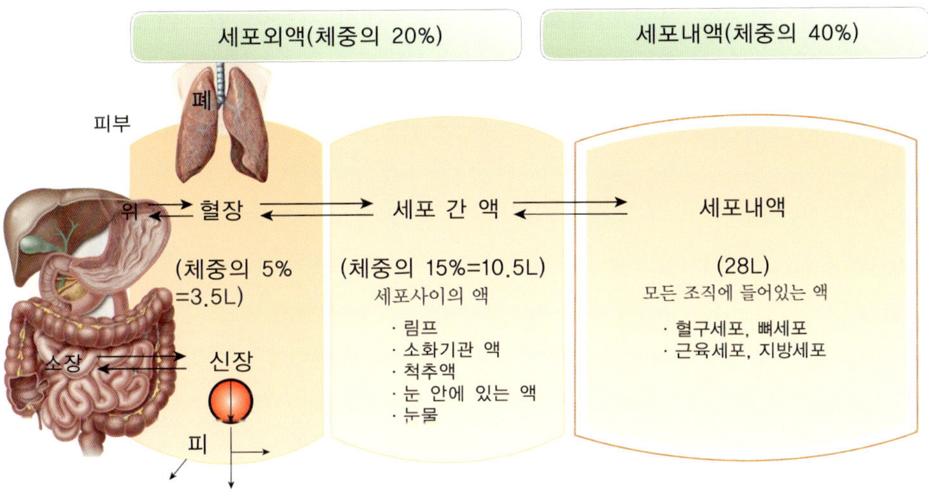

체　중 : 70kg
총 수분 : 42L
(체중의 60%)

체액(체중의 60%) — check point

① 세포내액(체중의 40%, 총 체액의 50~60%)

② 세포외액(체중의 20%) : 산소와 영양물질 공급, 노폐물 제거, 전해질 농도, pH 및 삼투질 농도 유지, 주된 무기이온은 Na^+, Cl^-, HCO_3^-

- 혈장(혈관내액) : 체중의 5%
- 간질액(혈관 밖) : 체중의 15%

그림 2-31 체내 수분의 구성

(1) 생리기능

수분은 체내에서 각종 영양소와 노폐물을 운반하며 체온조절, 전해질 평형, 관절액, 타액 등의 성분이며 외부 충격으로부터 체내를 보호하고 관절의 움직임을 원활하게 하는 등 윤활작용도 한다.

(2) 흡수 및 대사

삼투압의 차이에 의한 확산현상에 의해 흡수된다. 소화관으로 들어온 수분의 95%는 소장, 4%는 대장에서 흡수되고 1%는 소변으로 배설된다.

(3) 급원과 배설

수분의 급원으로는 음료수(액체), 고형식품, 대사수 등이 있으며 소변, 대변, 증발작용(피부, 호흡) 등을 통해 배설된다.

표 2-19 수분의 급원과 배설

수분의 급원	수분량(mL)	수분의 배설	수분량(mL)
액체(음료수)	1,100 ~ 1,400	소 변	900 ~ 1,500
고형식품	500 ~ 1,000	피 부	500 ~ 600
대사수	300 ~ 400	호 흡	300 ~ 400
		대 변	100 ~ 200
합 계	1,900 ~ 2,800	합 계	1,900 ~ 2,800

(4) 수분 균형

수분 균형이란 수분 섭취량과 수분 배설량이 균형을 이루게 하는 것으로 신장에서 알도스테론이 나트륨을 재흡수하고 항이뇨 호르몬이 소변의 배출량을 조절하며, 갈증을 유발하여 수분을 섭취하도록 조절한다. 수분이 부족하면 신체 중심부의 온도도 상승하며, 심혈관계 활동 곤란, 체온조절 능력이 감소하게 된다.

탈수증(dehydration)은 더운 날 수분을 보충해주지 않은 채 심한 육체운동을 계속하거나 수분섭취가 부족한 상태에서 발생한다. 체내 총 수분량의 2%를 손실하면 갈증을 느끼며, 4% 정도 손실하면 근육이 피로하고, 운동중인 경우에는 지구력이 급격히 떨어진다.

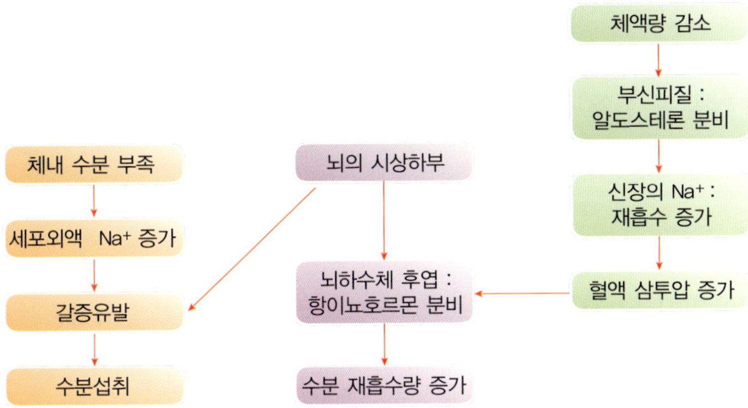

그림 2-32 체내 수분균형 조절

① 수분섭취 조절

혈액이 농축되면 수분을 침샘으로부터 끌어당겨 흡착되어 입이 마른다. 이를 시상하부에서 감지하게 되고 물을 마시게 되는데, 위에 있는 팽창수용체가 제지하는 신호를 보낼 때까지 물을 마시게 된다.

② 수분배설 조절

수분배설 억제는 항이뇨호르몬(ADH, Antidiuretic hormone, vasopressin)에 의해 소변 배설량이 줄면 혈액량 유지에 이상이 생기게 된다. ADH에 의해 물의 체내 보유량이 조절된다.

혈액의 심한 농축, 혈액량 감소 및 혈압저하가 나타나면 시상하부가 뇌하수체를 자극하여 항이뇨호르몬을 분비시킨다. 그 결과 신장에서 물의 재흡수를 촉진하여 소변의 배설량을 줄여 혈액량이 늘어나는 식으로 조절된다.

체내 총 수분량의 12%를 손실하면 외부의 높은 온도에 대한 적응력 상실로 무기력에 빠지며, 총 수분량의 20%를 손실하면 의식을 잃고 사망한다.

수분 손실량	1~2%	4~5%	12%	20%
탈수증세	갈증	근육피로	무기력	사망

수분 중독(water intoxication)은 신장의 기능 저하로 단시간에 많은 물을 섭취할 때 발생하며 메스꺼움, 구토, 근육 경련, 방향감각 쇠퇴, 발작, 혼수, 사망 등의 증상을 나타낸다.

부종(edema)은 혈액이 수분을 보유할 수 있는 충분한 전해질 또는 단백질이 존재하지 않을 때 혈액 중의 수분이 세포와 세포 사이의 틈(세포간액, 조직액)으로 빠져나가 붓는 현상이다.

(5) 수분 필요량

보통 성인은 1kcal 섭취당 1mL의 물이 필요하며 어릴수록 단위체중당 수분 필요량이 높다. 신생아는 1kcal당 1.5mL, 성인은 1mL가 필요하다.

섭취식품이 고지방식이면 수분필요량이 감소(지방산화 시 수분 생성량이 많다)하며, 고단백질식이면 수분필요량이 증가(요소배설을 위해)한다.

고염식, 고당질 식이를 섭취하면 희석을 위해 수분 필요량이 증가한다. 커피, 엽차, 코코아(xanthine 유도체 함유), 알코올을 섭취하게 되면 이뇨작용으로 수분 배설량이 증가한다. 휴식, 수면 중에는 수분손실이 적으나, 심한 운동, 노동 시 열 발산을 위해 많은 양의 수분이 필요하다.

(6) 수분 조절

뇌의 시상하부(갈증중추)는 혈액 중에 녹아 있는 물질의 농도가 너무 진할 경우 갈증을 느낀다.

혈액이 너무 농축되어 있으면 항이뇨호르몬(뇌하수체 후엽)이 분비되어 신장에서의 수분 손실을 줄이며, 알도스테론(부신피질 호르몬)은 신장의 나트륨 재흡수를 증가시킨다. 이에 따라 수분 재흡수도 증가한다.

8 전해질 균형

우리 체내는 전해질을 적절히 함유하여 균형을 유지한다. 전해질이란 체액에 있는 전기적 성질을 띠는 양이온이나 음이온으로 Na^+, K^+, Ca^+, Mg^{++}, Cl^- 등이 대표적이다.

나트륨(Na^+)은 세포외액, 칼륨(K^+)은 세포내액의 주요 양이온이다. K^+는 세포 내외의 이온 농도 차이 때문에 세포 외로 수동적으로 확산 이동한다. 세포로 들어간 Na^+와 세포 외로 나간 K^+는 농도 차이를 역행해서 계속 되돌려 보내져서 세포 내외에 일정한 농도 차이를 유지하여 전해질의 균형을 이룬다.(세포 내 Na:K=1:10, 세포 외 Na:K=28:1)

Na^+ - K^+ 펌프 작용

Check Point

① 휴식 시 체내에서 소비되는 ATP의 약 1/3 이상이 Na^+, K^+ 이온의 농도 경사에 역행하는 이동에 사용된다.(세포에서 Na^+ K^+의 농도 차이는 세포용적을 조절하고, 신경과 근육세포가 전기적으로 흥분할 수 있도록 한다.)

② 나트륨이 포도당과 아미노산과 함께 세포막의 운반체에 결합한 후 나트륨 농도 차에 의해 세포 안으로 들어갈 때 영양소가 함께 들어간다.

부종

조직간질액에 수분이 저류되어 있는 상태를 말한다.

1) 단백질 결핍에 의한 부종

① 혈장단백질은 모세혈관벽을 사이에 두고 단백질 농도가 낮은 조직간액과 접하고 있어 교질삼투압이 나타난다.

② 영양실조 시 혈장단백질 저하 → 교질삼투압 저하 → 혈관 내 수분이 조직간액으로 누출 → 부종이 생기게 된다.

2) 나트륨 보유에 의한 부종

① 나트륨은 세포외액의 전해질 : 과잉 보유되면 삼투압 상승한다.

② 삼투압을 저하시키기 위해 뇌하수체 후엽에서는 항이뇨호르몬 분비 → 이뇨작용 방해 → 조직간액의 수분이 배설되지 않고 축적되어 부종이 발생한다.

이것만은 꼭 알아둡시다.

탄수화물

1. 포도당에 대한 설명으로 옳지 않은 것은?

① 유당의 성분이다.
② 혈액에 0.1% 농도로 존재한다.
③ 뇌, 신경조직, 적혈구의 에너지 급원이다.
④ 자연계에 두 번째로 많이 존재하는 단당류이다.

Tip 포도당은 자연계에 가장 많이 존재하는 단당류이다.

2. 모유에 들어 있으며 영아기 두뇌발달에 필수적인 단당류는?

① 포도당 ② 과당
③ 갈락토오스 ④ 리보오스

Tip 모유 내의 유당은 포도당과 갈락토오스로 구성되어 있는 이당류이다. 갈락토오스는 뇌신경조직의 당지질인 세레브로시드 등의 성분으로 작용하여 두뇌발달에 관여한다.

3. 올리고당에 대한 설명으로 옳은 것은?

(가) 난소화성으로 위에서 분해되지 않고 대장에서 비피더스균에 의해 아세테이트(acetate), 프로피오네이트(propionate)로 전환한다.
(나) 충치원인균인 *streptococcus mutants*의 발육에 거의 이용되지 않아 충치예방 효과가 있다.
(다) 칼로리가 적다.
(라) 장내 유익한 비피더스균을 증식시켜 장을 튼튼하게 한다.

① (가), (나), (다) ② (가), (다) ③ (나), (라) ④ (가), (나), (다), (라)

4. 정신노동을 주로 하는 수험생이 아침식사를 반드시 해야 하는 이유는?

① 간에 저장되어 있던 글리코겐이 밤 사이 거의 소모되어 더 이상 혈당으로 동원될 수 없어서
② 근육에 저장되어 있던 글리코겐이 밤 사이 소모되어 더 이상 혈당으로 동원될 수 없어서
③ 아침에는 간 글리코겐이 포도당으로 제대로 분해되지 않아서
④ 아침에는 근육 글리코겐이 포도당으로 분해되지 않아서

> **Tip**
> **완충제에 의한 조절**
> 한 분자 내에 산성기인 −COOH와 알칼리성기인 $-NH_2$가 있어서 알칼리 물질이 많으면 산성기의 수소이온이 알칼리 이온과 결합해서 중화되고, 산성 물질이 많으면 알칼리성기가 결합하여 수온이온을 제거해서 중화시킨다.

5. 글리코겐으로 저장되고 남은 여분의 혈당에 대한 이용경로로 옳은 것은?

① 소변으로 배설된다.
② 체지방으로 합성되어 저장된다.
③ 계속 글리코겐으로 저장된다.
④ 단백질로 전환되어 저장된다.

6. 혈당이 저하된 경우 혈당을 상승시키는 역할을 하는 호르몬은?

(가) 글루카곤 (나) 글루코코티코이드 (다) 에피네프린 (라) 인슐린

① (가), (나), (다)　　② (가), (나)
③ (나), (라)　　④ (라)

> **Tip**
> **호흡에 의한 조절**
> 호흡에 의한 CO_2는 혈액 내에서 수분에 녹아 탄산을 형성해 산으로 된다. 과량의 산은 폐에서 호흡속도를 빠르게 하여 CO_2를 더 배출시킨다. 알칼리가 생기면 호흡속도가 늦춰져서 CO_2를 보유하고 탄산이 더 많이 생성된다. 신장에서 주로 조절작용을 하며, 피부는 땀으로 산을 배출하고 눈물샘은 눈물조정을 변화시켜 산을 조절한다.
> **신장에서의 조절**
> 신장에 산이 쌓이면 수소이온을 배출한다. 알칼리로 기울면 수소이온을 보유시키고 HCO_3^-나 HDO_4^{--}를 배설하여 혈액을 중성으로 유지한다.

[정답] 1. ④　2. ③　3. ④　4. ①　5. ②　6. ①

이것만은 꼭 알아둡시다.

지 질

1. 지방과 지방산에 대한 설명으로 옳지 않은 것은?

① 식품에 함유된 모든 지질은 인체 내에서 에너지원으로 이용된다.
② 인지질과 콜레스테롤은 세포막의 주요 구성성분이다.
③ 콜레스테롤은 스테로이드 호르몬, 담즙산, 비타민 D_3의 전구체이다.
④ α –리놀렌산으로부터 EPA와 DHA가 합성된다.

Tip 식품 중의 저장지방인 중성지방은 에너지원으로 인지질, 콜레스테롤 등은 세포막을 구성하는 막지질로 작용한다.

2. 필수지방산에 대한 설명으로 옳은 것은?

① 필수지방산 중 n–6계 지방산은 리놀렌산, 아라키돈산이다.
② n–9계 지방산은 체내에서 합성되지 않는다.
③ 리놀렌산으로부터 DHA는 합성이 되지 않는다.
④ 체내에서 합성되지 않거나 합성되는 양이 적으므로 식사를 통해 섭취해야 한다.

3. n–3 지방산으로 옳은 것은?

① 리놀레산 ② 올레산
③ 아라키돈산 ④ 도코사헥사에노산(DHA)

4. 담즙에 대한 설명으로 옳지 않은 것은?

① 지방을 섭취할 때 많이 분비된다.
② 콜레시스토키닌에 의해 분비가 촉진된다.
③ 간에서 합성되어 지방을 유화시킨다.
④ 사용된 담즙은 대부분 대변으로 배설된다.

Tip 장으로 배출된 담즙의 대부분은 문맥으로 흡수되어 간으로 들어가고 필요할 때 다시 담즙으로 재배출된다. 이를 장간순환이라 한다. 일부는 담즙산염으로 바뀌어 대변으로 배설되거나 중성 스테로이드로 배설된다.

5. 지방의 체내 기능에 대한 설명으로 옳지 않은 것은?

① 농축된 에너지원이다.
② 외부와 절연체 역할을 한다.
③ 장기를 보호한다.
④ 수용성 비타민의 흡수를 촉진한다.

6. 지단백의 설명으로 옳지 않은 것은?

① HDL-콜레스테롤은 좋은 콜레스테롤이다.
② HDL-콜레스테롤은 밀도가 가장 높은 지단백이다.
③ LDL-콜레스테롤은 콜레스테롤 에스터가 가장 적은 지단백질이다.
④ 킬로미크론은 공복에는 존재하지 않는다.

[정답] 1. ① 2. ④ 3. ④ 4. ④ 5. ④ 6. ③

이것만은 꼭 알아둡시다.

단백질

1. 아미노산의 특성에 대한 설명으로 옳지 않은 것은?

① 펩티드 결합으로 서로 연결된다.
② 탄소, 수소, 산소로 구성된다.
③ 단백질을 구성하는 아미노산은 모두 L형이다.
④ 아미노기와 카르복실기를 갖는다.

2. 단백질의 기능을 설명한 것으로 옳지 않은 것은?

① 피부, 머리카락, 근육, 뼈 등의 구성성분이다.
② 효소, 호르몬, 글루타티온을 합성한다.
③ 1g당 4kcal의 열량을 발생하며 열량원으로 쓰인다.
④ 혈액의 pH를 산성으로 유지하는 역할을 한다.

Tip 단백질은 양이온, 음이온이 함께 있는 양쪽성 이온을 형성할 수 있어 체액의 중성유지에 관여한다.

3. 다음 중 불완전 단백질 식품은?

① 우유 ② 달걀
③ 보리 ④ 젤라틴

4. 단백질, 열량 결핍증과 관련된 설명으로 옳은 것은?

① 콰시오커는 이유 직전에 많이 발생한다.
② 마라스무스는 부종이 나타나는 것이 특징이다.
③ 단백질보다는 열량의 결핍이 더 중요한 요인이다.
④ 콰시오커인 경우 혈청 알부민 농도가 낮다.

> **Tip** 콰시오커는 이유를 한 어린이에서 많이 나타나며 혈청 알부민 농도가 낮고 부종이 흔하다. 마라스무스는 체지방 손실이 심하고 부종은 나타나지 않는다.

5. 위에서 분비되며 우유의 단백질인 카제인을 응고시키는 효소는?

① 레닌 ② 펩신
③ 트립신 ④ 스테압신

6. 단백질 대사과정에서 생기는 암모니아가 배설되는 형태는?

① 요소 ② 요산
③ 크레아틴 ④ 시트룰린

[정답] 1. ② 2. ④ 3. ④ 4. ④ 5. ① 6. ①

이것만은 꼭 알아둡시다.

비타민

1. 지용성 비타민의 특성이 아닌 것은?

① 주로 소변으로 배설된다.
② 지방의 흡수 및 대사와 관계있다.
③ 결핍증이 서서히 발생한다.
④ 체내 저장이 가능하다.

2. 비타민 A의 작용으로 옳은 것은?

① 각기병을 예방한다.
② 상피세포 분화에 관여하며 항산화작용이 있다.
③ 콜라겐을 합성한다.
④ 산화환원작용을 한다.

3. 비타민 A의 결핍증상이 아닌 것은?

① 각막건조증 ② 성장지연
③ 비토 반점 ④ 골연화증

4. 비타민 D의 기능이 아닌 것은?

① 소장에서 칼슘과 인 흡수 촉진
② 신장에서 칼슘과 인 재흡수 촉진
③ 뼈에서 칼슘과 인 용출 촉진
④ 적혈구막 보호

5. 비타민 E의 기능이 아닌 것은?

① 지용성 영양소의 이중결합 보호기능
② 구순염 방지
③ 면역반응 증진기능
④ 적혈구막 보호기능

6. 비타민 K의 생리작용은?

① 조혈작용
② 신경자극전달
③ 항산화제
④ 혈액응고

7. 티아민 결핍증이 나타나기 쉬운 경우는?

① 저단백식
② 탄수화물 위주 식사
③ 채식위주 식사
④ 도정율이 낮은 쌀 섭취

8. 자외선에 의해 파괴되기 쉬워 급원식품을 불투명한 재질로 포장해야 하는 비타민은?

① 비타민 A
② 티아민
③ 리보플라빈
④ 니아신

9. 세포 내 산화 · 환원반응의 조효소로 작용하며 체내에서 트립토판으로부터 전환되는 비타민은?

① 니아신
② 리보플라빈
③ 엽산
④ 티아민

10. 펠라그라의 증세가 아닌 것은?

① 피부염(dermatitis)　　② 치아손상(dental damage)
③ 사망(death)　　④ 치매(dementia)

11. 동물성 식품에만 있어 채식주의자들에게 결핍되기 쉬운 비타민은?

① 비타민 A　　② 비타민 B_{12}
③ 비타민 B_6　　④ 비타민 C

12. 비타민 C의 생리기능이 아닌 것은?

① 면역기능 유지
② 상피세포 분화 및 성장 촉진
③ 신경전달물질 합성
④ 카르니틴 합성

Tip 비타민 C는 콜라겐 합성과정에서 프롤린, 리신으로부터 히드록시프롤린, 히드록시리신이 되는 과정과 지방산이 세포질에서 미토콘드리아로 이동하는 과정에 필요한 물질인 카르니틴의 합성에 관여한다. 면역반응에도 중요한 역할을 하고 신경전달물질인 세로토닌이나 노르에피네프린, 에피네프린 등의 합성에도 관여한다. 상피세포 분화 및 성장에 관여하는 물질은 비타민 A이다.

[정답] 1. ①　2. ②　3. ④　4. ④　5. ②　6. ④
7. ②　8. ③　9. ①　10. ②　11. ②　12. ②

이것만은 꼭 알아둡시다.

무기질

1. 칼슘의 흡수를 저해하는 것은?

① 비타민 C ② 식이섬유
③ 유당 ④ 에스트로겐

2. 칼슘의 체내기능이 아닌 것은?

① 콜라겐 형성 ② 골격과 치아의 구성
③ 혈액응고 ④ 근육 수축과 이완

3. 핵산의 구성성분이며 고에너지 화합물의 형태로 당질, 지질, 단백질이 산화되어 열량을 방출하는 데 필요한 물질은?

① 나트륨 ② 마그네슘 ③ 인 ④ 칼슘

4. 나트륨에 대한 설명으로 옳지 않은 것은?

① 고혈압을 유발할 수 있으므로 적게 섭취한다.
② 섭취한 나트륨의 95% 가량이 흡수된다.
③ 건강유지를 위한 최소 필요량은 8,000mg이다.
④ 나트륨의 주된 배설경로는 신장이다.

5. 세포내액의 주된 양이온으로 체액의 삼투압 유지에 관여하는 무기질은?

① 나트륨 ② 마그네슘 ③ 인 ④ 칼륨

6. 마그네슘의 체내 기능으로 옳지 않은 것은?

① 글리코겐 합성
② 골격과 치아의 표면 구성성분
③ 여러 효소의 보조인자
④ 신경자극 전달

7. 철의 흡수를 증가시키는 요인이 아닌 것은?

① 비타민 C ② 탄닌
③ 수유기 ④ 임신기

8. 아연의 기능에 대한 설명으로 옳지 않은 것은?

① 철의 흡수와 이용을 돕는다.
② 체내 여러 효소의 금속효소의 성분으로 작용한다.
③ 아동의 정상적인 성장을 돕는다.
④ 상처 회복을 돕고 면역기능에 도움을 준다.

9. 철 대사에 관여하며 결합조직의 건강에 기여하고 체내 여러 금속효소의 성분으로 작용하는 무기질은?

① 구리 ② 불소
③ 아연 ④ 요오드

10. 갑상선호르몬의 구성성분으로 체내 대사를 조절하는 무기질은?

① 구리 ② 불소
③ 아연 ④ 요오드

11. 셀레늄의 작용이 아닌 것은?

① 비타민 E 절약작용
② 비타민 B_{12}의 구성성분
③ 세포막 손상방지
④ 산화적 손상으로부터 세포 보호

12. 조혈작용에 관여하는 무기질이 아닌 것은?

① 철 ② 구리 ③ 코발트 ④ 아연

13. 미량원소의 생리 기능의 연결이 옳지 않은 것은?

① 셀레늄 – 글루타티온 과산화효소의 구성성분
② 코발트 – 비타민 B_{12}의 구성성분
③ 크롬 – 당내성 인자
④ 망간 – 인슐린의 구성성분

Tip 망간은 에너지 대사에서 마그네슘을 대체할 수 있는 무기질이며 뼈 연골조직의 형성에 관여한다.

[정답] 1. ② 2. ① 3. ③ 4. ③ 5. ④ 6. ① 7. ②
8. ① 9. ① 10. ④ 11. ② 12. ④ 13. ④

이것만은 꼭 알아둡시다.

전해질 균형

1. 수분에 대한 설명으로 옳지 않은 것은?

① 체지방이 증가할수록 수분량은 증가한다.
② 1일 피부로 증발되는 수분 손실량은 약 500mL이다.
③ 수분은 영양소와 노폐물을 운반한다.
④ 수분균형을 위한 1일 수분 섭취량과 배설량은 같다.

[정답] 1. ①

Chapter 3
영양섭취기준과 식생활

1 한국인 영양소 섭취기준(dietary reference intakes)

한국인 영양소 섭취기준은 건강한 개인 및 집단을 대상으로 하여 국민의 건강을 유지·증진하고 식사와 관련된 만성질환의 위험을 감소시켜 궁극적으로 국민의 건강수명을 증진하기 위한 목적으로 설정된 에너지 및 영양소 섭취량 기준이다.

2020년 제·개정된 한국인 영양소 섭취기준에는 안전하고 충분한 영양을 확보하는 기준치(평균필요량, 권장섭취량, 충분섭취량, 상한섭취량)와 식사와 관련된 만성질환 위험감소를 고려한 기준치(에너지 적정비율, 만성질환 위험감소 섭취량)를 제시하여 에너지 및 영양소 섭취부족으로 인해 생기는 결핍증 예방에 그치지 않고, 과잉 섭취로 인한 건강문제 예방과 만성질환에 대한 위험의 감소까지 포함하도록 정하고 있다.

한국인 영양소 섭취기준은 평균필요량, 권장섭취량, 충분섭취량, 상한섭취량의 네 가지로 구성되어 있다.

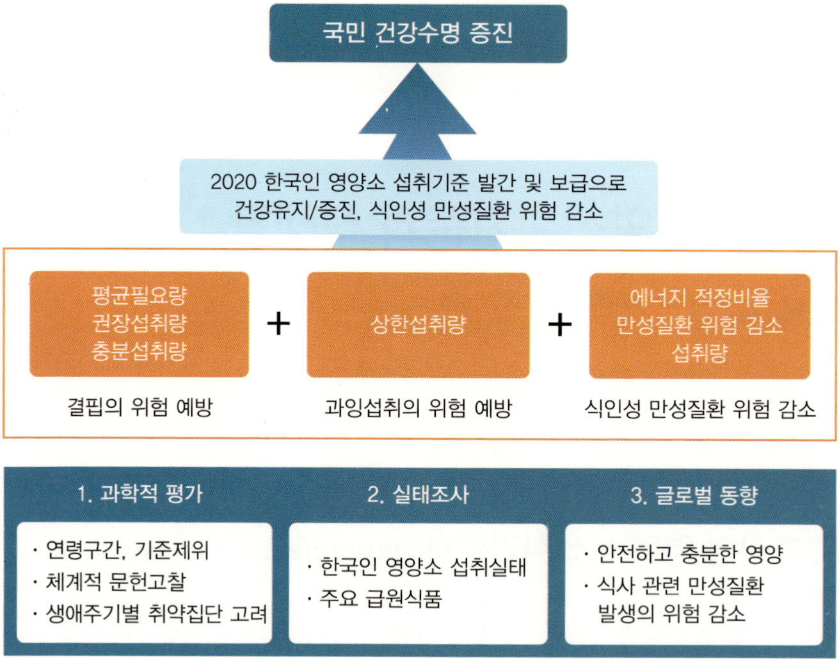

그림 3-1 2020 한국인 영양소 섭취기준 제 · 개정 방향

(1) 평균필요량(estimated average requirement, EAR)

건강한 사람들의 절반에 해당하는 사람들의 일일 필요량을 충족시키는 영양소섭취 수준으로 과도한 영양섭취를 막을 수 있게 제안된 양이다.

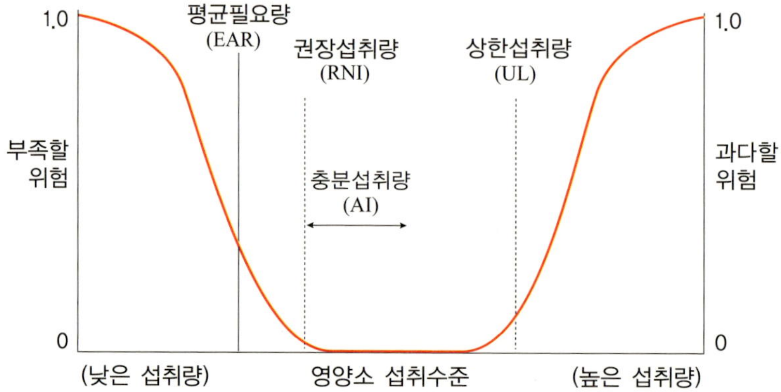

그림 3-2 영양섭취기준(dietary reference intakes, DRIs)

자료 : 한국영양학회(2010), 한국인 영양섭취기준

(2) 권장섭취량(recommended nutrient intake, RNI)

대다수 사람의 필요 영양섭취량을 말하는 것으로 평균필요량에 2배의 표준편차를 더해서 계산된 수치다. 통계적으로 집단의 97.5%의 영양필요량을 충족시켜주는 값이다.

(3) 충분섭취량(adequate intake, AI)

영양소 필요량에 대한 정확한 자료가 부족하여 권장섭취량을 정하기 어려운 영양소의 경우 건강한 사람들의 섭취량을 추정 또는 관찰하여 정한 값이다.

표 3-1 성인남자(30~49세) 기준 한국인의 영양소 섭취기준

구 분		평균필요량	권장섭취량	충분섭취량	상한섭취량
다량 영양소	에너지(kcal)	2,400			
	탄수화물(g)				
	지질(g)				
	n−6 지방산(g)				
	n−3 지방산(g)				
	단백질(g)	45	55		
	식이섬유(g)			25	
	수분(mL)			2,500	
지용성 비타민	비타민 A(μg RE)	520	750		3,000
	비타민 D(μg)			5	60
	비타민 E(mg α−TE)			12	540
	비타민K(μg)			75	
수용성 비타민	비타민C(mg)	75	100		2,000
	티아민(mg)	1.0	1.2		
	리보플라빈(mg)	1.3	1.5		
	니아신(mg)	12	16		35(니코틴산), 1,000(니코틴아미드)
	비타민B_6(mg)	1.3	1.5		100
	엽산(μg DFE)	320	400		1,000
	비타민 B_{12}(μg)	2.0	2.4		
	판토텐산(mg)			5	
	비오틴(μg)			30	

구 분		평균필요량	권장섭취량	충분섭취량	상한섭취량
다량 무기질	칼슘(mg)	600	750		2,500
	인(mg)	580	700		3,500
	나트륨(g)			1.5	2.0
	염소(g)			2.3	
미량 무기질	마그네슘(mg)	295	350		350
	칼륨(g)			3.5	
	철(mg)	8	10		45
	아연(mg)	7.4	9		35
	구리(μg)	600	800		10,000
	요오드(μg)	95	150		2,400
	셀레늄(μg)	45	55		400
	망간(mg)			4.0	11
	불소(mg)			3.0	10
	몰리브덴(μg)				600

충분섭취량은 실험연구 또는 관찰연구에서 확인된 건강한 사람들의 영양소 섭취량 중앙값을 기준으로 정한다. 나트륨, 염소 등이 포함된다.

(4) 상한섭취량(tolerable upper intake level, UL)

인체건강에 유해영향이 나타나지 않는 최대 영양소 섭취수준으로 특정 영양소를 기준 이상으로 섭취하지 않게 설정한 기준이다.

상한섭취량은 유해영향이 나타나지 않는 최대 용량인 최대무해용량(No Observed Adverse Effect Level; NOAEL)과 유해영향이 나타나는 최저 용량인 최저유해용량(Lowest Observed Adverse Effect Level; LOAEL) 자료를 근거로, 불확실계수(Uncertainty Factor; UF)를 감안하여 설정한다.

상한섭취량 = (최대무해용량 또는 최저유해용량)/ 불확실계수

기초 영양소와 건강보조식품이나 영양보충제에 이르기까지 모든 영양소가 포함된다.

(5) 에너지 적정비율

각 다량영양소의 에너지 적정범위는 무기질과 비타민 등의 다른 영양소를 충분히 공급하면서 만성질환 및 영양 불균형에 대한 위험을 감소시킬 수 있는 탄수화물, 지질, 단백질의 에너지 적정비율을 설정한다. 따라서 각 다량 영양소의 에너지 섭취비율이 제시된 범위를 벗어나는 것은 건강문제가 발생할 위험이 높아진다는 것을 의미한다.

2020년 한국인 영양소 섭취기준에서 에너지 적정비율은 전체 에너지 섭취량에서 다량영양소(탄수화물, 단백질, 지질)를 통해 섭취하는 에너지양의 적정범위를 말하는 것으로, 전체 에너지 섭취량 중 탄수화물 55~65%, 단백질 7~20%, 지방 15~30%로 정하였다.

특히 총 당류의 경우에는 총 에너지 섭취량의 10~20%로 제한하고, 첨가당의 경우에는 총 에너지 섭취량의 10% 이내로 섭취하도록 한다.

단백질을 불충분하게 섭취할 경우 성장 지연과 면역력 저하, 과잉섭취 시에는 당뇨, 심혈관 질환 발병 위험을 높이므로 적절한 섭취가 중요하다.

단백질 섭취는 전 연령층에 걸쳐 결핍이 우려되지 않으나, 75세 이상 노인(특히 여성)의 단백질 섭취량이 1일 권장섭취량에 미치지 못하고 있으므로 단백질을 충분하게 섭취하여 노인의 근감소증을 예방할 필요가 있다.

지방은 탄수화물, 단백질에 비해 두 배 이상의 에너지를 공급하기 때문에 과다섭취는 비만의 위험을 높이는 반면, 섭취를 제한하는 경우에는 상대적으로 탄수화물 섭취가 증가하여 콜레스테롤 수치가 증가할 가능성이 있다.

표 3-2 한국인의 에너지 적정섭취비율

영양소	1~2세	3~19세	20세 이상
탄수화물	50~70%	55~70%	55~70%
단백질	7~20%	7~20%	7~20%
지 방	20~35%	15~30%	15~25%
n-6 불포화지방산	4~8%	4~8%	4~8%
n-3 불포화지방산	0.5~1.0%	0.5~1.0%	0.5~1.0%

(6) 만성질환 위험 감소를 위한 섭취량 (chronic disease risk reduction intake CDRR)

건강한 인구집단에서 만성질환의 위험을 감소시킬 수 있는 영양소의 최저 수준의 섭취량이다. 이 기준치보다 영양소 섭취량이 많은 경우, 섭취를 줄이면 만성질환의 위험도를 낮출 수 있다.

19~64세 성인의 나트륨 만성질환 위험감소 섭취량은 2,300mg/일로, 현재 나트륨 섭취량이 2,300mg/일보다 많으면 만성질환 위험을 낮추기 위해 섭취량을 줄일 것을 권고한다. 한국인의 평균 나트륨 섭취량은 3,255mg/일(2018년 기준)으로 '만성질환 위험감소를 위한 섭취량'에 비해 매우 높은 수준이므로 섭취량을 줄일 필요가 있다.

(7) 식품구성자전거

일반인들에게 영양적으로 만족할 만한 식사를 제공할 수 있는 각 개인에게 필요한 에너지와 영양소의 양은 연령, 성별 등에 따라 차이가 있다. 따라서 식사도 이에 따라 다르게 구성되어야 하므로 1인 1회 분량(serving size)의 섭취량과 횟수를 다르게 하여 간편하게 사용할 수 있도록 만든 것이다.

식품구성자전거는 6개의 식품군에 권장식사패턴의 섭취횟수와 분량에 맞추어 바퀴 면적을 배분한 형태로, 다양한 식품 섭취를 통한 균형잡힌 식사와 수분 섭취의 중요성 그리고 적절한 운동을 통한 비만 예방이라는 기본 개념을 나타낸다.

그림 3-3 식품구성자전거

자료 : 보건복지부 · 한국영양학회, 2020 한국인 영양소 섭취기준 활용 연구, 2021.

2 한국인의 식생활

1. 한국 전통음식의 특징

전통적인 한국식이는 우리 민족이 오천 년 역사를 이어 오면서 자연환경에 적응하고, 건강유지를 위해 쌓은 사상과 관습에 따라 만들어 낸 식사 양식으로 우리 민족의 문화가 담겨있는 식문화이다.

이러한 한국 전통식이는 한반도의 지역적 특성, 식량자급의 가능성, 수확 후 먹기까지 가공 조리의 간편함, 맛과 기호 등에 대한 오랜 연구 끝에 정착된 민족의 역사이고 과학이다.

그림 3-4 식품구성안에 따른 한국인의 식사 예

한국인의 전통 식사는 탄수화물 식품을 주식으로 하고 단백질, 비타민과 무기질, 지방 식품을 부식으로 하는 구조이다. 특히 채소 · 육류 · 해조류가 잘 어우러진 식생활 패턴으로 건강 유지와 질병예방에 좋은 식단이다.

2. 최근의 우리 식사경향

그러나 이러한 전통 한국식이에 서구 식생활이 접목되면서 그 양상이 변화하였다. 최근 국민영양조사에 의하면 우리 국민이 섭취하는 총 에너지 섭취량에서 지방이 차지하는 비율이 매우 증가하였으며, 특히 동물성 식품으로부터의 지방섭취가 증가하였다.

최근 어린이·청소년·청년층에서 패스트푸드 섭취가 급증하고, 청량음료 등의 소비가 매우 증가하고 있다. 이러한 식품에는 에너지만 있고, 그 밖의 다른 영양소는 별로 없어 영양불균형을 초래하고 어린이·청소년 비만을 증가시키는 요인이 되고 있다. 또한 성인의 지방 섭취 급원이 육류 등인 경우가 많아 비만의 원인이 되고 있다.

이러한 식이섭취 양식의 변화로 BMI 25 이상의 비만인구가 꾸준히 증가하고 있으며, 대사질환(당뇨병, 이상지질혈증, 동맥경화증, 심장질환 등) 발현이 많아져 국민의 건강을 위협하고 있다.

비만이나 대사질환은 식생활에 의해 가장 영향을 많이 받는 것으로 우리 전통 한국식이를 섭취하던 때에는 별로 없었다. 또한 바쁜 생활 때문에 아침식사를 밥으로 하기보다는 빵, 우유 같은 간편식을 선호하게 되어 영양적으로 불균형한 식사가 되고 있다.

육류섭취의 증가로 동물성 지방의 비율이 증가하는 고지방 중심의 식사는 비만뿐 아니라 이상지질혈증, 고콜레스테롤혈증 등의 여러 대사질환의 원인이 되고 있다. 패스트푸드를 많이 섭취하는 아동과 청소년들은 우유 및 유제품의 섭취가 부족되기 쉬운데, 이 시기는 성장에 매우 중요한 시기로 충분한 칼슘 섭취를 하여 골밀도를 증가시켜 중노년기에 생기는 골다공증 등과 같은 뼈 질환을 예방해야 한다.

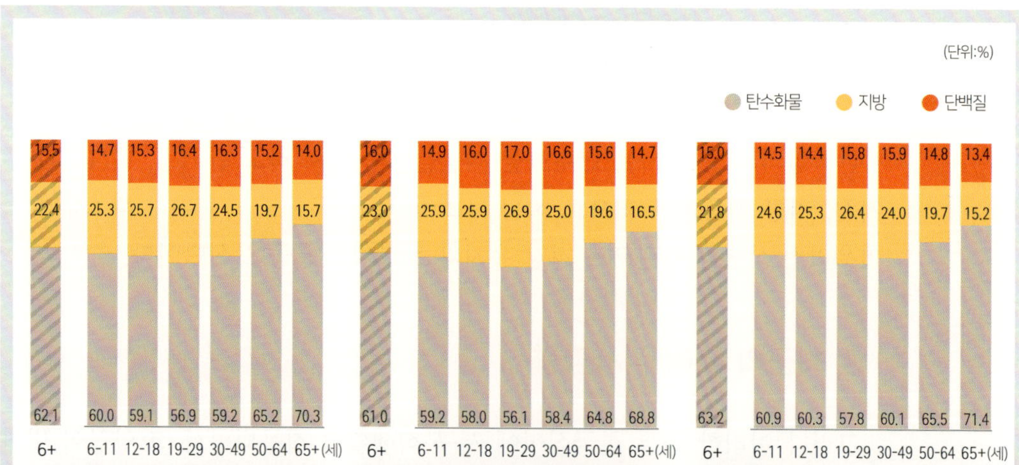

그림 3-5 영양소별 에너지 섭취분율 2019

자료 : 국민건강 영양조사, 2020

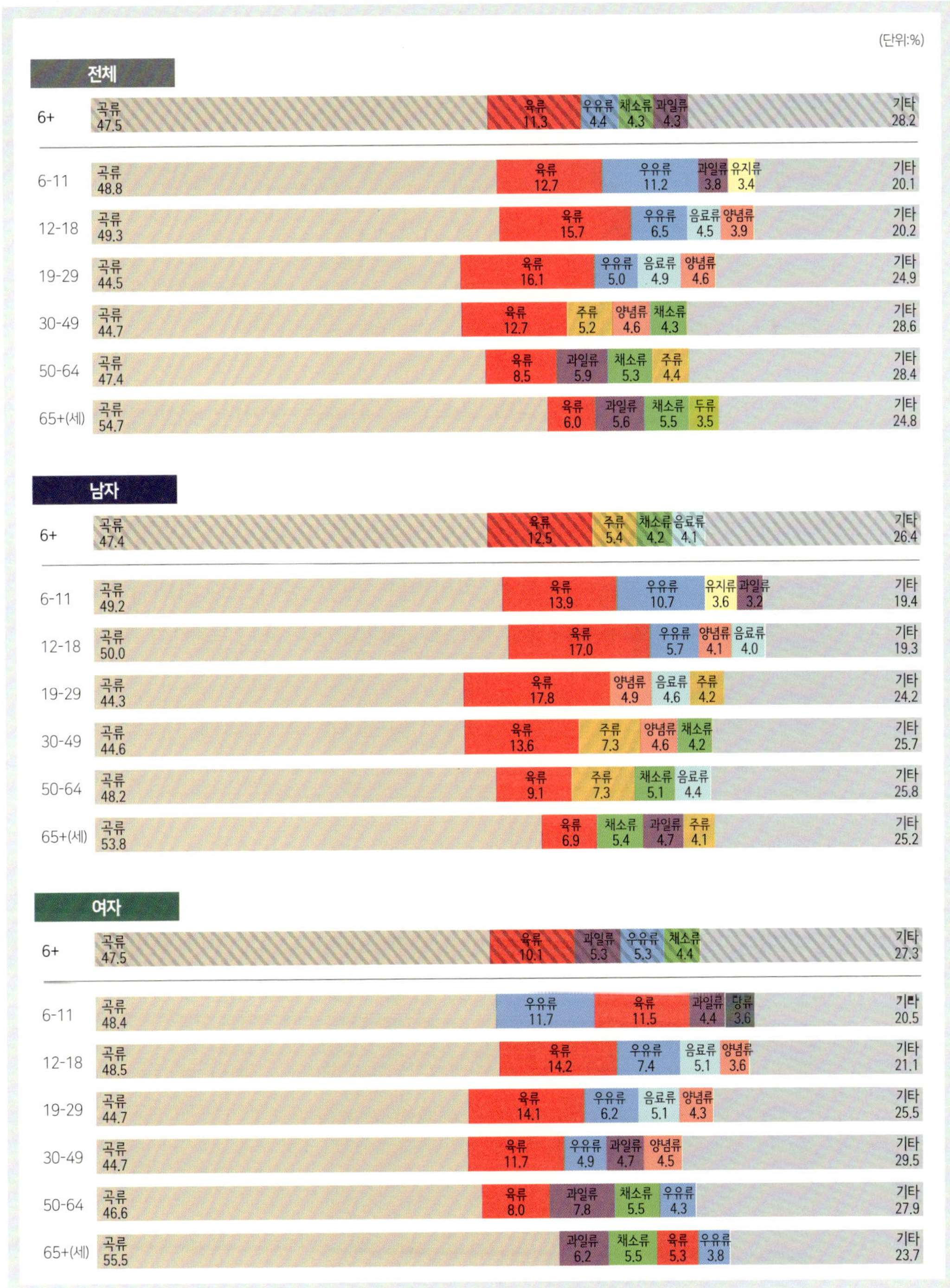

그림 3-6 식품군별 에너지섭취 분율 2019

자료 : 국민건강 영양조사, 2020

동물성 단백질을 과잉섭취하거나 청량음료 등을 많이 마시게 되면 칼슘의 배설이 증가되어 골밀도를 감소시킬 수 있으므로, 이들 식품들의 섭취를 줄이고, 단백질과 칼슘의 적절한 섭취가 이루어져야 한다.

우리 전통식사는 단백질과 뼈째 먹는 생선 등을 통한 칼슘이 잘 조화를 이루고 있어 뼈건강에도 도움이 된다. 그러므로 우리 전통식이의 장점을 잘 계승하면 건강유지와 질병예방에 도움이 될 것이다.

3. 올바른 식사양식

우리는 영양소를 먹는 것이 아니라 음식을 섭취하는 것이다. 올바른 식사(adequate eating)란 우리가 먹는 음식으로 모든 필수영양소와 섬유소, 에너지를 공급하는 것을 말한다.

또한 올바른 식사는 다양성, 균형, 영양소 밀도를 고려한 것이므로 다양한 종류의 음식을 골고루 섭취하는 것을 의미한다. 매일 점심으로 라면을 먹는 것은 간단한 일이나 이보다는 다양한 메뉴를 선택해 섭취하는 쪽이 더 적절하다.

균형 있는 식사는 모든 식품군에서 적절한 양의 음식을 선택해 먹음으로써 각 필수영양소가 적절한 비율로 섭취되어 영양소 간의 균형을 유지하는 것이다.

영양소 밀도는 음식 내 영양소 함유량과 열량 간의 비교에 근거해 음식의 가치를 결정한다. 영양소 함유량이 높고 열량이 적은 음식일수록 영양소 밀도가 높은 것이다. 오렌지 주스 1잔에는 빈 칼로리(empty kcal : 열량이 있긴 하지만 영양소가 없는 알코올, 탄산음료 등) 식품인 탄산음료 1잔보다 훨씬 많은 영양소가 포함되어 있다.

최적의 건강을 위해 필요한 모든 영양소를 포함한 단일 식품은 존재하지 않으므로 다양한 음식을 골고루 균형 있게 섭취해야 한다.

3 식사구성안

보건복지부는 2010년 국민건강수명 75세를 목표로 만성질환의 원인이 되는 부적절한 식습관을 개선하기 위해 한국인을 위한 식생활 목표와 식생활지침 및 성인, 노인, 영·유아, 임신·수유부, 어린이 및 청소년을 위한 식생활 실천지침을 정해 지도하고 있다.

(1) 한국인을 위한 식생활 목표

① 열량과 단백질은 권장량에 맞게 섭취한다.
② 칼슘, 철분, 비타민 A, 리보플라빈 섭취를 증가시킨다.
③ 지질의 섭취는 총 열량의 20%를 넘지 않게 섭취한다.
④ 소금은 하루에 10g 이하로 섭취한다.
⑤ 알코올 섭취를 줄인다.
⑥ 건강체중(BMI 18.5~25)을 유지한다.
⑦ 바른 식습관을 유지한다.
⑧ 전통식생활을 발전시킨다.
⑨ 식품을 위생적으로 관리한다.
⑩ 음식 낭비를 줄인다.

(2) 한국인을 위한 식생활지침

① 곡류·채소·과일류·어육류·유제품 등 다양한 제품을 섭취한다.
② 짠 음식은 피하고 싱겁게 먹는다.
③ 건강체중을 유지하기 위해 활동량을 늘리고 알맞게 섭취한다.
④ 식사는 즐겁게 하고 아침을 꼭 먹는다.
⑤ 술을 마실 때는 그 양을 제한한다.
⑥ 음식은 위생적으로 필요한 만큼 준비한다.
⑦ 밥을 주식으로 하는 우리 식생활을 즐긴다.

(3) 성인을 위한 식생활 실천지침

① 채소·과일·우유제품을 매일 섭취한다.
- 여러 가지 채소를 매일 섭취한다.
- 다양한 제철과일을 섭취한다.

- 우유, 요구르트, 치즈 등 유제품을 간식으로 섭취한다.

② 지방이 많은 고기와 튀긴 음식을 적게 섭취한다.

- 튀기거나 볶은 음식을 적게 섭취한다.
- 등푸른 생선을 자주 섭취한다.

③ 짠 음식을 피하고 싱겁게 먹는다.

- 장아찌, 젓갈 같은 짠 음식을 적게 섭취한다.
- 음식을 만들거나 먹을 때 소금이나 간장을 적게 사용한다.
- 국과 찌개의 국물을 적게 섭취한다.

④ 활동량을 늘리고 알맞게 섭취한다.

- 운동은 1회 30분 이상, 1주 3~4회 이상한다.
- 생활 속에서 신체활동량을 늘린다.
- 단 음식과 단 음료를 제한한다.
- 건강체중을 유지한다.

⑤ 술을 마실 때는 그 양을 제한한다.

- 되도록 음주를 피한다.
- 남자는 하루 2잔, 여자는 하루 1잔 이내로 제한한다(2잔은 소주로 3잔, 맥주로 2캔, 양주로 2잔에 해당한다).
- 임신부나 청소년은 절대 술을 마시지 않는다.

⑥ 세끼 식사를 규칙적으로 즐겁게 한다.

- 아침을 거르지 않는다.
- 저녁식사는 가족과 함께 한다.

⑦ 음식은 먹을 만큼 준비하고 위생적으로 관리한다.

- 음식은 먹을 만큼 만들거나 주문한다.
- 남은 음식은 바로 냉장보관하고 오래 두지 않는다.

⑧ 밥을 주식으로 하는 우리 식생활을 즐긴다.

- 밥과 다양한 반찬을 갖춘 식단으로 영양균형을 유지한다.

(4) 노인을 위한 식생활 실천지침

① 채소, 고기나 생선, 콩 제품 반찬을 골고루 섭취한다.

- 다양한 채소 반찬을 매끼 섭취한다.
- 고기나 생선, 달걀, 콩 제품 반찬을 매일 섭취한다.

② 우유 제품과 과일을 매일 섭취한다.
- 다양한 제철과일을 섭취한다.

③ 짠 음식을 피하고 싱겁게 먹는다.
- 장아찌, 젓갈 같은 짠 음식을 적게 섭취한다.
- 음식을 만들거나 먹을 때 소금이나 간장을 적게 사용한다.
- 국과 찌개의 국물을 적게 섭취한다.

④ 많이 움직여서 식욕과 적당한 체중을 유지한다.
- 자신에게 알맞은 운동을 규칙적으로 한다.
- 많이 걷고 움직이는 생활을 한다.

⑤ 술은 절제하고, 물을 충분히 섭취한다.
- 되도록 술을 마시지 않는다.
- 술을 마실 때는 하루 1잔 이내로 제한한다(1잔은 소주로 1.5잔, 맥주로 1캔, 양주로 1잔에 해당한다).
- 물을 자주 섭취한다.

⑥ 세끼 식사와 간식을 꼭 섭취한다.
- 세끼 식사를 규칙적으로 한다.
- 조금씩 자주 섭취한다.

⑦ 음식은 먹을 만큼 준비하고, 오래된 것은 먹지 않는다.
- 음식은 한꺼번에 많이 만들지 않는다.
- 남은 음식은 바로 냉장보관하고, 오래 두지 않는다.

(5) 영 · 유아를 위한 식생활 실천지침

① 생후 6개월까지는 반드시 모유를 먹인다.
- 생후 1년까지는 모유를 먹이는 것이 좋다.
- 모유를 먹일 수 없는 경우에만 조제유를 먹인다.
- 조제유는 정해진 양을 물에 타서 안고 먹인다.
- 잠잘 때는 젖병을 물리지 않는다.

② 이유식은 성장단계에 맞추어 먹인다.
- 집에서 만든 이유식을 먹인다.
- 신선한 재료를 위생적으로 조리한다.
- 이유식은 간을 하지 않고 조리한다.
- 이유식은 숟가락으로 떠먹인다.

③ 곡류, 과일, 채소, 생선, 고기 등 다양한 식품을 먹인다.
- 다양한 조리법으로 만들어 먹인다.
- 싱겁고 담백하게 조리한다.
- 안전한 식품을 사용한다.

(6) 임신 · 수유부를 위한 식생활 실천지침

① 우유 제품을 매일 3회 이상 섭취한다.
- 우유를 매일 3컵 이상 섭취한다.
- 요구르트, 치즈, 뼈째 먹는 생선 등을 자주 섭취한다.

② 고기나 생선, 채소, 과일을 매일 섭취한다.
- 다양한 채소와 과일을 매일 섭취한다.
- 살코기, 등푸른 생선 등을 자주 섭취한다.
- 달걀과 콩 제품을 자주 섭취한다.

③ 짠 음식을 피하고 싱겁게 먹는다.
- 장아찌, 젓갈 같은 짠 음식과 가공식품을 적게 섭취한다.
- 음식을 만들거나 먹을 때 소금이나 간장을 적게 사용한다.

④ 술은 절대로 마시지 않는다.
- 커피, 콜라, 차, 초콜릿 등 카페인 함유식품을 적게 섭취한다.

⑤ 안전한 식품을 선택하고, 위생적으로 관리한다.
- 신선한 재료를 위생적으로 조리한다.
- 가공식품이나 인스턴트식품을 적게 섭취한다.

⑥ 임신부는 적절한 체중증가를 위해 알맞게 섭취한다.
- 세끼 식사와 간식을 즐겁게 섭취한다.
- 일상적인 활동과 가벼운 운동을 규칙적으로 한다.

⑦ 수유부는 모유 수유를 위해 알맞게 섭취한다.
- 음식과 물을 충분히 섭취하여 모유 부족을 예방한다.

(7) 어린이를 위한 식생활 실천지침

① 채소·과일·우유 제품을 매일 섭취한다.
- 여러 가지 채소를 매끼 섭취한다.
- 우유를 매일 2컵 이상 마신다.

② 고기·생선·달걀·콩제품을 골고루 섭취한다.

- 고기·생선·달걀을 매일 섭취한다.
- 콩이나 두부를 매일 섭취한다.

③ 매일 밖에서 운동하고 음식을 알맞게 섭취한다.

- 매일 걷기, 줄넘기, 뛰어놀기 등의 운동을 한다.
- 나이에 맞는 키와 몸무게를 알아둔다.

④ 아침식사를 반드시 한다.

- 하루에 두끼 이상을 밥으로 섭취한다.
- 좋아하는 반찬만 먹지 않도록 한다.

⑤ 간식은 영양소가 풍부한 식품으로 섭취한다.

- 간식으로는 과일과 우유를 권장한다.
- 과자·음료수·패스트푸드를 적게 섭취한다.
- 불량식품을 섭취하지 않는다.

⑥ 식사예절을 지킨다.

- 음식을 먹기 전에 손을 씻는다.
- 제자리에 앉아 바른 자세로 먹는다.

(8) 청소년을 위한 식생활 실천지침

① 채소·과일·우유 제품을 매일 섭취한다.

- 다양한 채소와 과일을 섭취한다.
- 우유를 매일 2컵 이상 마신다.

② 튀긴 음식과 패스트푸드를 적게 먹는다.

- 스낵류와 튀긴 음식을 적게 섭취한다.
- 햄버거, 피자 등 패스트푸드를 적게 섭취한다.
- 가공식품과 인스턴트식품을 적게 섭취한다.

③ 건강체중을 바로 알고, 알맞게 섭취한다.

- 내 키에 맞는 체중을 알아둔다.
- 활동량을 늘리고 매일 운동한다.
- 무리한 다이어트를 하지 않는다.

④ 음료로는 물을 섭취한다.

- 술은 절대 마시지 않는다.
- 탄산음료를 적게 섭취한다.
- 물을 자주 섭취한다.

⑤ 아침을 꼭 섭취한다.

- 아침을 거르지 않는다.
- 저녁을 제 시간에 섭취한다.
- 한꺼번에 많이 먹지 않는다.

⑥ 위생적인 음식을 선택한다.

- 불량식품을 먹지 않는다.
- 가공식품의 영양표시와 유통기한을 확인한다.

⑦ 밥을 주식으로 하는 우리 식생활을 즐긴다.

- 하루에 두끼 이상을 밥으로 섭취한다.
- 밥과 다양한 반찬을 갖추어 섭취한다.

Part Ⅱ

비만과 대사질환의 예방 및 관리

Chapter 4
비 만

1 유병률

전 세계적으로 영양과잉에 의한 비만이 급증하고 있으며, 우리나라도 2020년 국민영양조사결과 성인 비만율이 38.3%로 증가하였고, 중년기의 비만유병률은 40%를 넘어서고 있다(보건복지부·질병관리청, 2022).

중년기는 기초대사량이 감소하여 신체적인 활동을 많이 하지 않으면 섭취에너지가 소비에너지보다 커서 과잉에너지가 축적되어 비만과 비만으로 인한 각종 대사질환을 유발하게 된다. 한편 여자는 폐경기 이후인 50대부터 비만이 급증하므로 건강관리에 유의해야 한다.

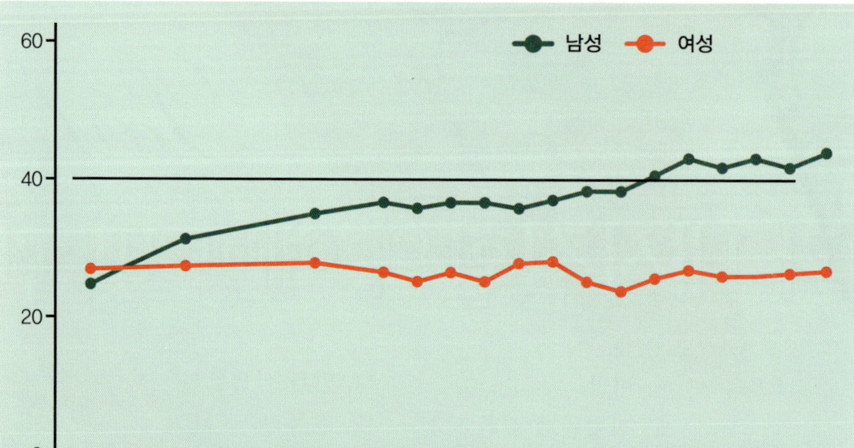

비만 유병률 : 체질량 지수 25km/m² 이상인 분율

그림 4-1 19세 이상 기준 비만 유병률(보건복지부 · 질병관리청, 2022)

2 비만의 진단

비만은 체지방이 과잉 축적된 상태이다. 비만을 진단하고 판정하는 방법에는 여러 가지가 있다. 신장과 체중을 측정하여 표준체중을 구하고 표준체중에 대한 현재 체중의 백분율인 비만도로 판정하는 방법, 체질량지수를 이용한 방법이 있으며, 체지방 비율을 측정하는 전기저항체지방측정법, 체지방 분포를 측정하는 허리둘레와 엉덩이둘레 비율 등이 있다.

1. 비만도에 의한 방법

신장과 체중을 측정하여 브로카법(Broca)에 의해 표준체중을 구한다.

신장 160cm 〉 = {신장(cm) − 100} × 0.9
150cm 〈 신장 〈 160cm = {신장(cm) − 150} × 0.5 + 50
신장 〈 150cm = 신장(cm) − 100
남자 표준체중 = 키$(m)^2$ × 22　　여자 표준체중 = 키$(m)^2$ × 21

$$\text{이상체중비(\% ideal body weight : \% IBW)} = \frac{(\text{실제체중} - \text{표준체중})}{\text{표준체중} \times 100}$$

IBW가
10% 미만 : 저체중
±10% : 정상체중
10~19% : 과체중
20% 이싱 : 비민

2. 체질량지수(body mass index, BMI)에 의한 방법

신장과 체중을 이용하여 체지방의 양을 추정한다.

BMI = 체중(Kg) / 키^2$(m)^2$

- 18.5~22.9는 정상
- 23~24.9는 과체중
- 25 이상이면 비만으로 판정한다.

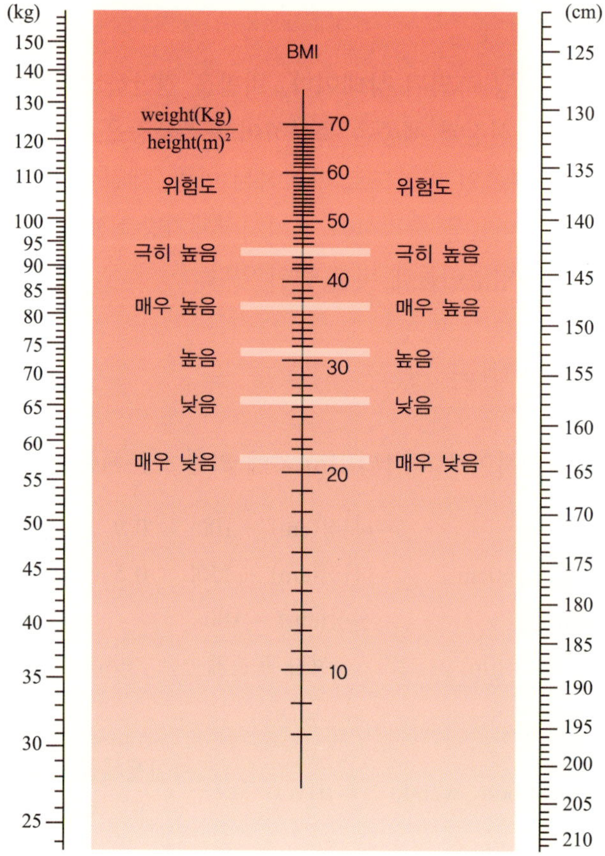

그림 4-2 체질량지수에 의한 비만의 판정

3. 생체전기저항측정법(bioelectrical impedence analysis, BIA) 에 의한 방법

지방조직은 제지방조직에 비해 전기가 잘 통하지 않아 전기저항이 많이 발생하는 것을 이용하여 생체전기저항 측정기에 약한 전류를 흘린 다음 되돌아오는 저항을 측정한다. 지방조직은 수분, 칼륨 등의 전해질을 적게 함유하고 있다.

체지방이 여자인 경우는 30% 이상, 남자인 경우는 25% 이상일 때 비만이라 한다. 피하지방 두께는 체지방의 경우 50%가 피하에 존재하고, 상완 후면의 삼두근을 주로 측정한다.

4. 허리와 엉덩이 둘레를 측정하여 이용한 방법

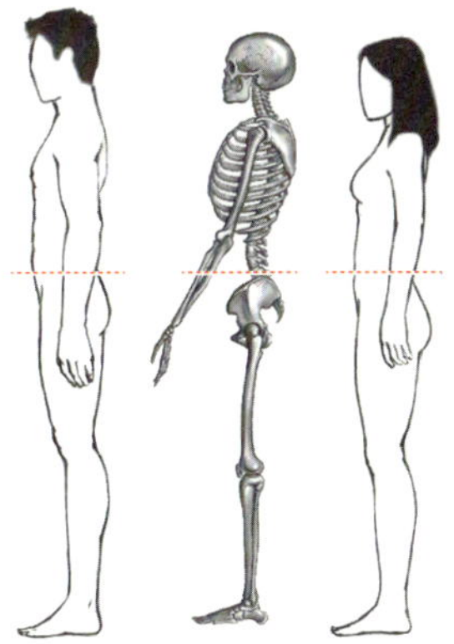

그림 4-3 허리둘레 측정

복부비만 판정에는 허리-엉덩이 둘레비와 허리둘레를 측정하는 방법이 있는데 최근에는 허리둘레 자체가 복부비만 판정에 더 높은 상관성이 있다고 하여 허리둘레만을 측정하기도 한다.

허리둘레 남자 90cm 이상, 여자는 85cm 이상일 때를 복부비만으로 판정한다. 허리둘레를 측정할 때는 가장 가는 부분을, 엉덩이는 가장 튀어나온 부분의 둘레를 재어 허리·엉덩이 둘레비가 남자는 0.95 이상, 여자는 0.85 이상일 때 복부비만으로 판정하며 수치가 높을수록 당뇨병, 심장병 등의 질환 발현의 위험도가 증가한다.

$$\text{Weight(W)/Height(H) Ratio} = \frac{\text{W(cm)}}{\text{H(cm)}}$$

5. 단층촬영법(computer tomography, CT)에 의한 방법

단층촬영법은 X-ray가 체조직을 통과하면서 피하지방과 내장지방(복강 내 지방) 축적 정도를 알아내는 방법으로, 지방분포를 정확히 알 수 있으나 비용이 비싸고 방사선에 노출되므로 임신부나 어린이는 하지 않아야 한다. 내장지방이 많으면 여러 가지 대사질환이 많이 나타난다.

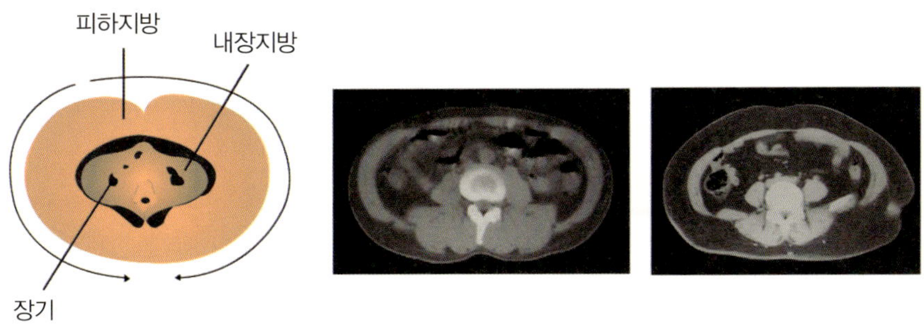

그림 4-4 내장지방형 및 피하지방형 비만의 CT 영상 비교

3 비만의 원인

비만은 유전적 요소에 의한 비만과 잘못된 식생활이나 운동부족 등 환경적 요인에 의한 비만이 있다. 정상인 부모들에게서 자녀가 비만이 될 확률은 10% 이하이나, 부모 한쪽이 비만일 경우에는 자녀의 약 50%가 비만이 될 수 있으며, 양부모 모두 비만일 경우에 자녀가 비만일 가능성은 약 80%라고 한다.

환경적인 요인에 의한 비만은 섭취하는 에너지에 비해 소비하는 에너지가 적을 때에 생기는데 불규칙한 식습관, 고열량 음식 선호, 운동량 부족 등에 의해 발생한다. 대부분의 비만은 유전적인 요인과 환경적 요인이 복합적으로 작용하여 발생하며 약물에 의해서도 유발되고 내분비계통의 질환이 있어도 발생한다.

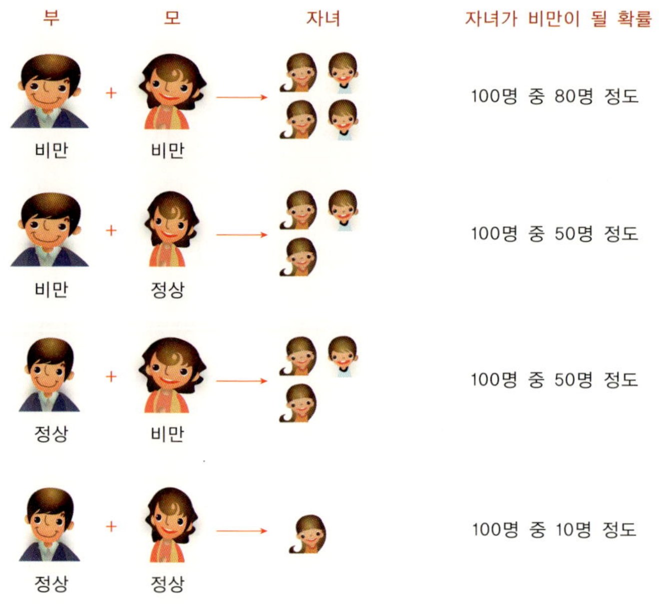

그림 4-5 비만과 유전

4 비만의 형태

1. 지방 위치에 따른 분류

비만의 형태는 지방의 위치에 따라 상체비만과 하체비만으로 나눌 수 있다.

(1) 상체비만 : 남성형, 사과형 비만

복부에 지방이 많은 체형으로 남성 비만에서 많다. 고혈압, 심혈관계 질환, 당뇨병 등의 대사질환 발생률이 높다.

(2) 하체비만 : 여성형, 서양배형 비만

둔부와 대퇴부에 지방이 많은 체형으로, 여성 비만에서 많다. 여성도 상체비만이면 당뇨병, 동맥경화, 고혈압 등의 대사질환이 많이 생긴다.

그림 4-6 체지방 위치에 따른 비만의 분류

2. 지방세포의 특징에 따른 분류

지방세포의 크기와 수에 따라서 분류하는 방법이다.

(1) 지방세포 증식성 비만(hyperplastic obesity)

지방세포 수가 증가하는 비만으로 보통 유년기와 아동기에 발생한다. 열량 과다와 에너지 소비의 불균형이 원인으로 아동비만에 많다. 아동비만이 성인비만으로 이행될 경우 지방세포의 수는 정상체중인 사람의 3~4배나 된다. 지방세포의 수를 감소시키기는 어려우므로 치료가 쉽지 않다.

(2) 지방세포 비대성 비만 (hypertrophic obesity)

지방세포의 수는 정상에 가까우나 지방세포 크기가 커지는 비만이다. 보통 성인이 되어 시작되며 중년 이후의 비만이거나 임신기에 많이 발생한다. 비대형 비만은 체중이 줄면 지방세포의 크기도 줄어들므로 치료는 증식형 비만보다 쉽다.

(3) 지방세포수와 크기가 모두 증가하는 비만 (hypertrophic and hyperplastic obesity)

고도 비만에서 주로 나타난다.

5 비만으로 인한 질환

(1) 고혈압

비만한 사람들은 고혈압 발생 위험이 증가한다. 그러나 체중을 줄이면 혈압이 감소하여 고혈압 발생 위험이 줄어든다.

(2) 이상지질혈증

비만한 사람들은 혈중 중성지방과 저밀도지단백질이 높으며, 고밀도지단백질은 낮다. 특히 복부에 지방이 많으면 저밀도지단백이 증가하여 혈중 지질 농도가 높다.

(3) 제2형 당뇨병

비만한 사람들은 인슐린 저항성 등으로 인해 제2형 당뇨병 발현이 많다.

(4) 대사증후군

제2형 당뇨병이나 이상지질혈증, 고혈압과 다른 심혈관계 질환이 동시에 같이 나타나는 현상을 대사증후군이라고 하는데 비만한 사람들에게서 대사증후군 발현이 많다.

(5) 뇌졸중

제2형 당뇨병, 고혈압, 이상지질혈증과 같은 동반 질환이 있는 경우에는 체질량지수가 25~29.9 범위에 있더라도 뇌졸중 유병률이 증가하는 것으로 보고되고 있다.

(6) 여성 생식기계 이상

비만은 다낭성 난소 증후군, 불임, 월경이상 등과 같은 질환과 연관되어 있으며, 임신부의 비만은 출산할 때의 건강에 대한 문제와 태아 이상과도 연관되어 있다. 이러한 위험 증가는 성인기에 비만해진 경우뿐만 아니라, 아동기나 청소년기에 비만해진 경우도 관련 있다. 복부 비만은 안드로겐의 과잉분비를 유도하여 호르몬의 변화를 주어 월경이상과 불임의 원인이 될 수 있다.

(7) 호흡기능

비만한 남녀에게서 수면무호흡증은 흔하다. 특히 복부 둘레와 목 둘레 굵기가 두꺼울수록 폐색성 수면무호흡증 발생과 연관되어 있다. 이것은 누운 자세에서 상기도가 좁아지기 때문이며, 심한 경우에는 급사를 초래할 수도 있다. 비만과 연관된 다른 호흡기계 이상으로는 폐성 고혈압이나 수술 후 위험 증가 등이 있다.

(8) 근골격계 이상

비만은 척추와 관절에 부담을 주어 요통과 골관절염의 위험을 증가시킨다. 또한 비만은 고요산혈증을 유발하여 통풍발생의 위험을 증가시킨다.

(9) 암

비만한 남성은 대장암, 결장암 등의 발현이 많으며, 비만한 여성은 유방암, 자궁암 발생이 정상체중의 여성보다 매우 높다.

(10) 간, 담도계 질환

비만한 사람은 담낭 질환이 많은데, 이는 담즙내 콜레스테롤 농도가 증가하여 담석이 생기기 때문이다. 비만한 사람은 간 질환, 특히 지방간이 흔하다.

(11) 정신적 사회적 문제

비만한 여성과 어린이는 사회적 편견이나 차별대우를 받게 되어 자아존중감이 낮고 우울증에 빠지는 등 감정적, 사회적 문제를 더 많이 일으킬 수 있다.

6 비만예방 및 관리

비만은 꾸준한 영양관리, 운동관리 등이 일생 동안 지속되어야 하며 행동수정 등을 통해 정신적으로 변화되어야 한다.

1. 비만의 영양관리

(1) 식사의 횟수와 양

식사는 매일 알맞게 3회로 배분하여 조절하고 식사 시간을 일정하게 하며 식사 속도는 천천히 하도록 하는 것이 좋다.

(2) 에너지 섭취 감소 및 영양소의 적정 비율 섭취

당질 55~60%, 지방 15~20%, 단백질 20~25% 비율이 바람직하다.

① 단백질

에너지 섭취를 줄이면 체단백질이 분해되어 에너지로 사용되므로 근육조직이 약화되고 장기의 내장 단백질이 소모되어 손상되기 쉽다. 그러므로 단백질은 식물성 단백질 위주로 충분히 섭취한다. 단백질과 지질이 함께 들어있는 육류 등의 섭취를 줄이고 두부, 두유, 콩류, 흰 살생선, 난백, 닭 가슴살 등 지방이 적은 단백질 식품을 섭취하는 것이 좋다.

② 지 방

지방의 섭취를 줄이다 보면 필수지방산의 섭취가 부족하게 되어 성장장애나 피부염의 원인이 될 수 있다. 특히 지용성 비타민은 지방과 함께 섭취되므로 하루 총 열량의 15~25% 정도를 섭취하며, 동맥경화 등의 예방을 위해 다가불포화지방산/포화지방산 비를 1~1.5 정도로 하여 섭취하는 것이 좋다.

③ 탄수화물

탄수화물을 지나치게 제한하면 지방이 불완전 산화하여 케톤체를 생산하여 케토시스(ketosis)의 원인이 되며, 뇌신경계는 포도당만을 에너지원으로 사용하므로 하루에 최소 100g 정도의 탄수화물은 꼭 섭취해야 한다.

④ 비타민과 무기질

비타민과 무기질은 체내 대사를 원활하게 해주므로 충분히 섭취해야 한다. 특히 비타민 B 복합체와 비타민 C 등의 섭취를 충분히 하고 무기질 중에서 칼슘, 철분 등의 섭취가 부족하지 않도록 한다.

⑤ 물

물은 체내 대사를 촉진하며 포만감을 주고 노폐물을 체외로 배출시키므로 하루에 7~8컵 이상 섭취하는 것이 좋다.

⑥ 알코올과 흡연

알코올은 간에서 주로 대사되어 1g당 7kcal의 고열량을 낸다. 알코올이 분해되는 동안에는 체지방의 연소가 억제되므로 가능한 한 섭취하지 않는 것이 좋다. 흡연은 알코올과 함께 하는 경우가 많아 간접적으로 비만을 악화시키는 경우가 많으므로 주의한다.

(3) 조리방법의 변화

조리방법도 열량을 생각해 튀김보다 국물요리나 찜 요리를 하고 쌀밥보다 잡곡이 많은 것으로 섭취하는 것이 좋다.

(4) 비만관리를 위한 식품선택

① 자극적인 것은 식욕을 촉진하게 되어 열량과잉을 유도할 수 있으므로 맵고 짠 음식보다는 담백한 음식을 먹도록 한다.
② 식품은 위에 머무르는 시간이 길고 포만감을 많이 주는 것을 섭취한다.

(5) 식이섬유소의 섭취

① 수분을 흡수해서 팽창하여 소화관의 운동을 활발히 한다.
② 장내 유해성분을 흡착해서 변의 용적을 증가시켜 변비를 억제한다.
③ 흡수성과 점도가 강해 당의 흡수를 지연시켜서 혈당상승을 억제한다.

④ 열량이 없으면서 팽창해 포만감을 준다.

⑤ 담즙산과 콜레스테롤을 흡착해서 배출하여 혈중 콜레스테롤을 낮추어 주므로 동맥경화와 담석증을 예방한다.

⑥ 장 안에 발암물질이 생성되는 것을 억제한다.

⑦ 함유식품으로는 고구마, 곤약, 콩, 과일, 김, 보리빵, 감자, 당근, 버섯류, 채소류 등이 있다.

표 4-1 식이섬유소와 건강과의 관계

관련 질병	식이섬유소의 역할	가능한 체내 작용
비만	· 포만감 증가 · 영양소 체내 이용률 저하 · 영양밀도 감소 · 인슐린 분비 감소	· 음식물을 씹고 삼키는데 시간이 걸림 · 지방 배설량 증가 · 고섬유소 식사에 의한 탄수화물 흡수방해 · 소화물의 대장 통과시간 단축 · 지방 분해작용(인슐린 효과 감소)
대장암	· 대장 소화물의 희석 · 소화물의 대장 통과속도가 빨라짐	· 발암물질과의 직접 접촉 방해 · 미생물에 의한 독성물질 생성 감소
게실증, 변비	· 장벽의 내압이 높아져 통과속도가 빨라짐	· 대장의 통과시간 단축 · 보습력이 높아져 변이 부드러워짐
당뇨병	· 공복 혈당을 낮춤 · 요당 감소 · 인슐린 필요량 감소 · 식후 고혈당증 예방	· 위장 비우는 속도가 늦어짐 · 탄수화물이 섬유질 겔 안에 갇혀 소화가 안됨 · 탄수화물 흡수량이 감소하고 흡수속도도 지연됨
동맥경화증	· 담즙산의 배설 · 혈중 중성지방과 콜레스테롤의 감소	· 담즙산에 있는 콜레스테롤과 결합하여 재흡수방해 · 소장에서 겔을 형성하여 지방 흡수방해, 배설증가

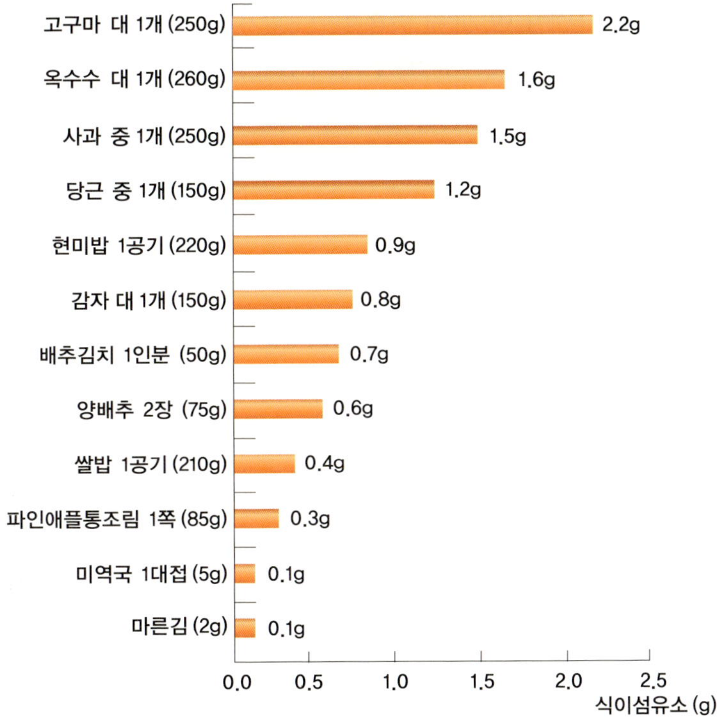

그림 4-7 음식의 식이섬유소 함량

(6) 외식할 때 주의점

외식은 대체적으로

① 지방을 많이 사용하고, ② 채소류를 부족하게 사용하여 영양적으로 불균형한 경우가 많으며, ③ 조미료를 많이 사용하는 경향이 있다.

이러한 외식의 단점을 보완하기 위해 외식을 할 때는 설탕 및 기름의 사용이 많은 음식 등은 소량 섭취하고, 외식에서 부족되기 쉬운 무기질과 비타민은 우유나 달걀 및 과일로 보충하며, 가능하면 외식 시 메뉴를 변화있고 다양하게 선택하는 것이 좋다.

(7) n−6(오메가 6)계와 n−3(오메가 3)계 지방산 균형

체내에서 n−6계와 n−3계 지방산은 서로 상호전환되지 못하며 대사과정에서 서로 경쟁한다. 그러므로 이들 지방산 비의 균형이 중요하다.

우리나라는 4 : 1에서 10 : 1의 비율을 권장하고 있다. n-6계 지방산이 많은 식품으로는 들기름, 카놀라유, 두유, 호두 등이 있다. 연어, 고등어, 정어리 같은 어류는 n-3계 지방산인 EPA와 DHA를 많이 함유하고 있다.

2. 비만관리

(1) 인슐린분비를 적게 하는 영양관리

① 저 인슐린 식사 (low GI diet, 저혈당지수식사)

식사 후 혈당이 상승하면 췌장에서 인슐린이 분비되어 간과 근육으로 포도당을 운반하고 여분의 에너지는 지방의 형태로 저장한다.

따라서 혈당치를 급격하게 증가시키는 식품들을 섭취하게 되면 그만큼 인슐린 분비가 증가되고 여분의 에너지는 지방으로 축적되기 쉬우므로 혈당치를 GI 수치가 낮은 음식으로 섭취하면 혈당이 서서히 상승하고 체지방의 축적도 덜 일어난다.

즉, 혈당을 천천히 상승시키는 식품(혈당지수인 GI 수치가 60 이하인 식품)은 인슐린 분비를 적게 하는 식품이므로 식단을 계획해서 식사조절을 한다.

② 혈당지수 (glycemic index, GI)

어떤 식품이 어느 정도 속도로 혈액에 포도당을 제공하며 인슐린 분비를 얼마나 요구하는지를 측정하는 방법으로 포도당을 섭취했을 때 상승하는 혈당치를 100으로 봤을 때를 기준으로 다른 식품을 섭취했을 때의 혈당치 상승률을 계산한 것이 GI 값이다.

GI 수치가 높은 음식을 줄이는 만큼 GI 수치가 낮은 다른 음식으로 대체해 먹으면 음식의 전체 양은 줄이지 않아도 된다.

③ GI 식사 시 주의할 점

에너지를 과잉섭취하지 않으며 세포에 포도당을 일정한 속도로 공급하도록 한다. GI 수치가 낮은 식품을 선택해 인슐린 요구도를 높이지 않아야 한다.

수용성 식이섬유소를 함유하는 식품은 GI가 낮다. 떡은 밥보다 GI가 높으며, 설탕이나 포도당보다 과당은 GI가 낮다. 단백질이나 지방을 함께 섭취하면 GI 수치가 낮아진다.

식품의 혈당지수 (GI 수치) Check point

밥류 : 백미(84), 찹쌀(80), 현미+백미(65), 현미(56), 보리(50)

빵류 : 식빵(91), 롤빵(83), 베이글(73), 콘플레이크(73), 크루아상(70), 현미 플레이크(65), 통밀빵(50)

※ 정백하지 않은 밀 > 곱게 빻은 밀 > 거칠게 빻은 밀 > 정백한 밀
가공과정이 많은 식품은 GI수치가 높은데 이는 가공 과정 중에 당분이 첨가되는 경우가 많기 때문이다.

분식류 : 우동(85), 소면(80), 라면(73), 마카로니(71), 파스타(65), 메밀국수(54)

서류 : 감자(90), 당근(80), 옥수수(75), 참마(65), 호박(65), 토란(64), 밤(60), 은행(58), 고구마(55) 이외 야채나 버섯은 자유롭게 선택해서 충분히 먹어도 좋다.

육어류 : 육류, 어패류는 GI 수치가 60 이하지만 동물성 지방의 섭취량이 너무 증가하지 않도록 주의한다.

두류 : 콩류나 견과류 중에서는 빵이나 떡 속에 주로 들어가는 앙금의 섭취만 제한한다. 특히, 두부(42)나 콩은 단백질의 좋은 급원이므로 자주 섭취한다.

유제품과 난류 : 유제품과 달걀은 GI 수치가 40으로 우유나 유제품으로 하루 한 번 정도 간식으로 섭취하는 것도 좋다. 집에서 만들어 먹는 플레인 요구르트라면 당분의 첨가를 최소화 할 수 있으므로 더 좋다.

과일류 : 파인애플(65), 과일 캔, 잼, 말린 과일의 섭취를 제한한다.

간식 : 설탕, 과자류, 아이스크림, 케이크는 GI 수치가 매우 높으므로 제한한다.

해조류 : GI 수치와 열량이 모두 매우 낮고, 섬유질이 풍부하여 포만감을 주는 식품이다.

(2) 에너지 제한식사 (restriction calorie diet, RCD)

체중 당 10~20kcal로 하루에 1,200~1,500kcal 정도의 에너지를 공급한다. 에너지 제한 식사는 당질은 전체 섭취 에너지의 50~60% 정도로 섭취하며 단당류보다 다당류가 섭취 에너지에 비해 포만감을 주므로 권장된다.

단백질은 섭취가 허용되는 범위에서 최대의 양을 공급하는데, 이는 섭취 에너지 제한으로 인해 체지방은 줄이고 체단백질의 이화를 막기 위해서이다. 그러므로 보통 체중 1kg 당 1~1.5g, 또는 그 이상의 섭취가 필요하다. 지방도 전체 섭취 에너지의 20~25% 정도 공급하면 위 내의 체류시간이 길어져 포만감 유지와 공복감 지연을 위해서 좋다. 또한, 비타민과 무기질이 부족하지 않도록 한다.

3. 운동요법

운동을 함으로써 체지방이 감소하지만, 운동 초기에는 반드시 체중의 감소로 이어지는 것은 아니다. 왜냐하면, 운동 초기에는 근육량의 증가와 비지방 성분의 밀도가 높아지므로 체중은 변화하지 않는다. 그러나 지속적으로 운동을 하면 근육량 증가의 수용력 한계로 지방량을 감소시켜 이를 극복하므로 체중이 감소된다.

따라서 장기간에 걸친 규칙적인 운동이 필요하다. 격렬한 운동은 산소 소모량이 크므로 체내에서 당질을 연소하여 에너지를 소모하지만, 산소 소모량이 크지 않은 중등도 이하의 운동에서는 지방을 에너지원으로 이용한다.

당질은 지방에 비해 분자 내에 산소를 많이 함유하므로 산소 소모량이 큰 운동의 에너지원으로 이용된다. 지방은 산소소모량이 적은 운동에서 유효한 에너지원이 된다. 따라서 체지방을 줄이기 위해서는 달리는 것보다는 꾸준히 걷는 것이 좋다.

또한, 운동은 혈장 인슐린과 중성지방을 감소시키며 인슐린에 대한 조직의 민감도를 높이고 인슐린 저항을 개선하여 비만에서 오는 합병증을 예방한다. 혈장 지질에 있어서도 고밀도-콜레스테롤을 증가시키고 초저밀도지단백, 저밀도지단백질을 감소시킴으로써 비만의 합병증인 심혈관 질환을 예방한다.

그림 4-8 비만과 운동

표 4-2 운동의 종류와 체중별 에너지 소모량(1분당)

운동종목 \ 체중(kg)	50	60	70	80	90
에어로빅	6.7	7.9	9.4	10.6	11.8
배드민턴 단식	4.0	4.7	5.6	6.4	7.1
복식	3.0	3.5	4.2	4.8	5.3
경기	6.4	7.6	9.1	10.3	11.5
자전거 타기 8(km/h)	2.1	2.5	3.0	3.4	3.8
16(km/h)	4.6	5.5	6.6	7.4	8.3
볼링	3.0	3.5	4.2	4.8	5.3
축구(중)	3.6	4.3	5.2	5.8	6.5
(강)	7.3	8.7	10.4	11.7	13.1
골프 2인조	4.0	4.7	5.6	6.4	7.1
4인조	3.0	3.5	4.2	4.8	5.3
등산	7.2	8.5	10.2	11.5	12.8
라켓볼	7.1	8.4	10.1	11.4	12.7
달리기 8(km/h)	6.6	7.9	9.4	10.6	11.9
11(km/h)	9.3	11.0	13.2	14.9	16.6
16(km/h)	13.3	15.7	18.8	21.3	13.7
아이스 스케이팅	4.6	5.5	6.6	7.4	8.3
인라인 스케이팅	10.5	12.4	14.7	16.8	18.7
스쿼시	7.3	8.7	10.5	11.8	13.2
수영(배형) 18(m/min)	2.8	3.3	3.9	4.4	4.9
36(m/min)	6.1	7.2	8.6	9.7	10.8
수영(평형) 18(m/min)	3.5	4.1	4.9	5.6	6.2
36(m/min)	7.0	8.3	9.9	11.2	12.5
수영(자유형) 31(m/min)	5.4	6.4	7.5	8.5	9.4
45(m/min)	7.7	9.2	11.0	12.4	13.8
탁구	3.8	4.5	5.4	6.1	6.8
테니스 단식	5.5	6.5	7.8	8.8	9.8
복식	3.8	4.5	5.4	6.1	6.8
경기	7.1	8.4	10.1	11.4	12.8
걷기 1.6(km/h)	1.7	2.0	2.4	2.7	3.0
4.8(km/h)	3.0	3.5	4.2	4.8	5.3
8.0(km/h)	6.0	7.1	8.4	9.5	10.6
웨이트 트레이닝	5.7	6.8	8.1	9.1	10.2

4. 행동수정

활동과 식습관을 변화시키는 것을 말한다. 식사를 기록하여 식사시간, 식사 장소, 식사 중 식사태도, 식사와 관련된 행동, 식사 시의 감정상태, 식사 시에 배고픔의 정도, 식사 형태와 양 등을 분석함으로써 행동을 변화시킨다.

① 실천 가능한 목표를 세운다.
② 일정한 장소에서 규칙적으로 식사한다.
③ 작은 용기를 사용하고 식사한 후에 바로 식탁에서 일어난다.
④ 먹는 동안에 TV나 책을 보지 않는다.
⑤ 식품 구입 시 필요한 식품만을 사며, 인스턴트나 조리된 음식의 주문배달은 피한다.
⑥ 모임 회식의 경우, 너무 배가 고픈 시간에 가지 않도록 한다.
⑦ 올바른 영양지식을 익히고 가능한 한, 식사일지를 자세히 기록한다.
⑧ 규칙적으로 운동한다.

5. 약물 및 수술요법

약물을 복용하면 입 안의 건조, 불면증, 불안, 흥분, 변비 등의 여러 부작용이 나타나기도 한다. 그러므로 단독적인 약물사용은 바람직하지 않다.

수술은 고도로 비만하여 심장질환으로 조기에 사망할 위험이 있는 경우에 실시한다. 소장회로 수술, 위 성형술, 위회로 수술 등이 있다. 수술 후에는 적은 양의 에너지와 영양소가 흡수되어 체중감소를 가져온다. 그러나 저칼륨혈증, 저칼슘혈증, 비타민 결핍, 관절염, 신결석 등의 합병증을 수반하기 쉽다.

6. 비만을 예방하기 위한 식생활

① 정상체중을 유지한다.
② 매일 유산소 운동을 30분~1시간 정도씩 꾸준히 한다.
③ 탄수화물과 지질 위주의 식품보다 야채, 과실, 콩 제품, 우유, 생선, 잡곡 등의 식품 위주로 식사한다.
④ 짜게 먹지 않도록 한다.

이것만은 꼭 알아둡시다.

비만의 예방과 관리

1. 비만 환자의 식사요법으로 옳은 것은?

(가) 지방 함량이 많은 어육류를 제한한다. (나) 식이섬유소를 제한한다. (다) 단음식을 제한한다. (라) 단백질을 제한한다.

① (가), (나), (다) ② (가), (다) ③ (나), (라) ④ (라)

2. 비만을 조절하기 위해 하는 바람직한 운동방법은?

① 가벼운 운동을 단시간 하는 것이 좋다.
② 중등강도 이하의 지속적인 운동을 하는 것이 좋다.
③ 강도 높은 운동을 지속적으로 하는 것이 효율적이다.
④ 강도 높은 운동과 가벼운 운동을 병행하는 것이 좋다.

3. 비만으로 오는 합병증으로 맞는 것은?

(가) 혈압상승으로 고혈압이 되기 쉽다. (나) 이상지질혈증을 유발한다. (다) 간 기능에 이상이 온다. (라) 당뇨병에 걸리기 쉽다.

① (가), (나), (다) ② (가), (다) ③ (나), (라) ④ (가), (나), (다), (라)

4. 비만 환자의 행동수정에 관한 항목으로 옳은 것은?

(가) 일정한 장소에서 규칙적으로 식사하도록 한다. (나) 식품구입 시 인스턴트식품, 조리된 음식을 구입하도록 한다. (다) 올바른 영양지식을 익히며 식사일지를 기록하게 한다. (라) 먹는 동안에 편안함을 주기 위해 TV나 책을 보도록 한다.

① (가), (나), (다) ② (가), (다) ③ (나), (라) ④ (라)

[정답] 1. ② 2. ② 3. ④ 4. ②

Chapter 5 심혈관계 질환

1 심혈관계 질환

심혈관계 질환에는 고혈압, 이상지질혈증, 동맥경화증, 심장질환 및 뇌졸중 등이 있다. 현재 우리나라뿐만 아니라 전 세계적으로 고지방 식품의 과잉섭취 등으로 이러한 질환들의 발현이 증가하고 있으며, 사망률도 매년 증가하고 있다(그림 5-1, 2).

심혈관계 질환의 위험인자에는 유전, 나이, 성, 혈압, 당뇨, 혈중 지질농도, 비만, 운동부족, 스트레스, 흡연, 가족력 등이 있다. 유전적인 요인은 바꿀 수 없으나, 환경적인 요인 중 심혈관계 질환 발생에 영향을 미치는 식생활은 올바른 영양관리와 운동, 생활습관 교정 등으로 심혈관계 질환을 미연에 예방할 수 있다.

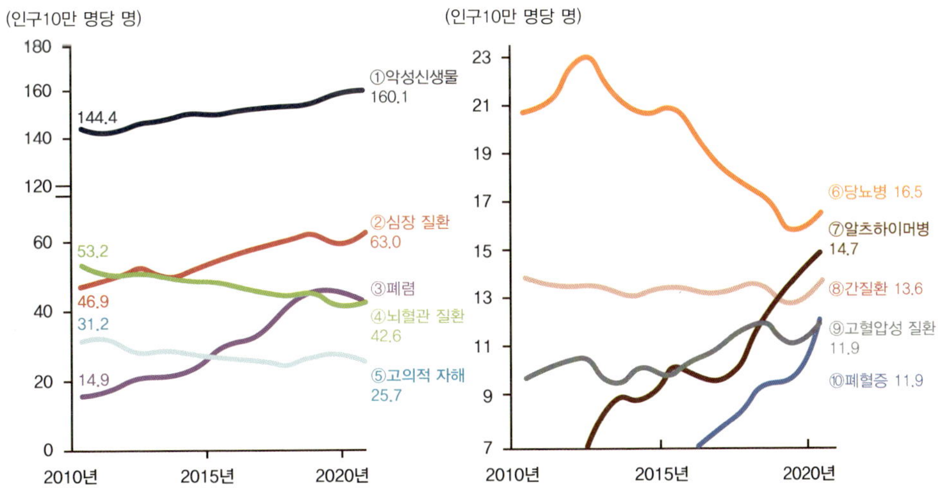

자료 : 통계청(2020년 사망원인통계)

그림 5-1 주요 사망원인별 사망률

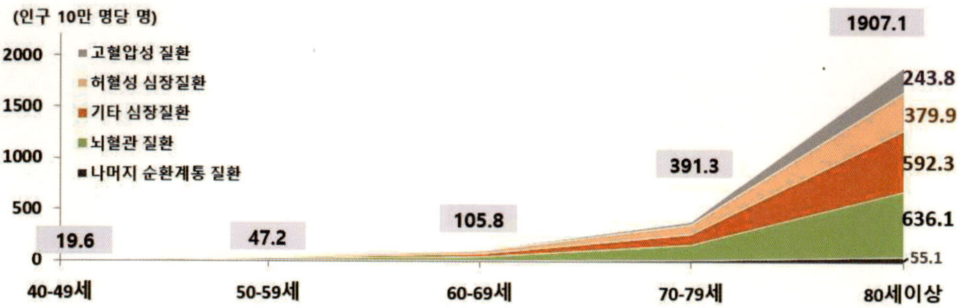

그림 5-2 순환계통 질환의 연령별 사망률

(1) 연 령

연령이 증가할수록 심혈관계 질환 발생의 위험이 커지며 여성은 폐경 이후에 발병률이 급격히 증가한다.

(2) 흡 연

흡연은 관상심장질환 발현의 위험을 높이며, 흡연을 하면서 경구피임약을 복용하는 여성은 그렇지 않은 여성보다 심장병 위험률이 10배나 증가한다.

흡연은 고밀도지단백(HDL)-콜레스테롤 수준을 감소시키고 저밀도지단백(LDL)-콜레스테롤 수준과 혈당을 증가시킨다. 금연을 하면 2~3년 내에 심장병 위험률이 비흡연자 수준으로 감소한다.

(3) 고혈압

고혈압은 동맥벽에 높은 압력을 가해 동맥벽을 약화시키고 여기에 콜레스테롤과 칼슘 등의 물질이 축적되면 동맥경화를 촉진시킨다. 수축기 혈압이 높을수록 동맥경화의 위험이 더 커지게 된다.

(4) 당뇨병

당뇨병 환자는 정상인에 비해 관상동맥질환의 발생률이 2~5배나 더 높으며, 당뇨병 환자의 80% 이상이 심혈관계 질환으로 사망한다고 한다.

(5) 비 만

비만한 사람은 심장병으로 인한 사망률이 정상인에 비해 높다.

(6) 운동부족

운동부족인 사람은 활동적인 사람에 비해 심장병의 위험률이 두 배나 높다.

(7) 스트레스

다혈질적이고 도전적이며 화를 잘 내는 성격은 동맥경화나 고혈압의 위험이 큰 것으로 알려지고 있다.

(8) 식생활

포화지방은 나이를 비롯하여 혈압이나 당뇨 및 흡연 등과 같은 다른 위험요인과 함께 관상동맥질환을 일으키는 중요한 요인이다.

동물성 지방의 섭취가 많고 관상동맥질환의 유병률이 높은 서구에서는 총콜레스테롤과 저밀도지단백 콜레스테롤이 중요한 위험요소이나, 탄수화물의 섭취가 많고 동물성 지방의 섭취가 서구에 비해 상대적으로 적으며, 복부 비만이 많은 우리나라에서는 저밀도지단백 콜레스테롤보다 중성지방으로 인한 관상동맥질환의 위험이 매우 높은 편이다.

2 동맥경화

(1) 동맥경화(arteriosclerosis)의 정의

동맥경화는 콜레스테롤 같은 지질과 칼슘 등이 동맥 내에 축적되어 동맥벽이 굳어지며 탄력성이 감소되어 약해지거나 혈관내강이 좁아지고 막히게 되는 질환이다.

(2) 원 인

고혈압, 고콜레스테롤혈증과 흡연이 가장 위험한 인자들이며 비만, 신체활동 부족, 고중성지방혈증, 저밀도지단백질(LDL)의 증가 등도 위험인자들로 알려져 있다.

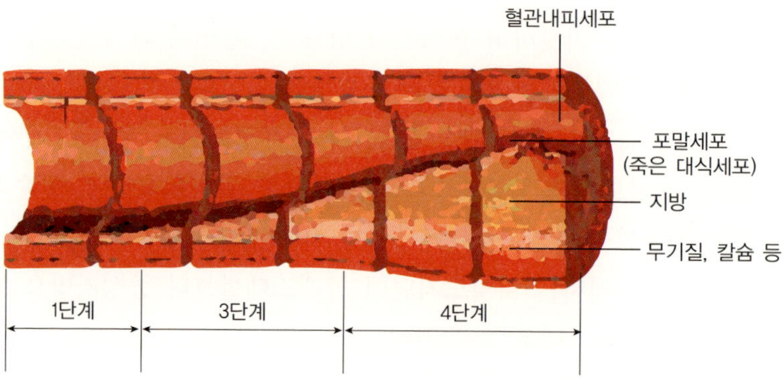

그림 5-3 동맥경화 과정

(3) 동맥경화의 진행과정

동맥 내막의 혈관내피세포에 저밀도지단백이 침입해 산화되면 대식세포에 의해 탐식되어 거품세포가 되며 여기에 칼슘 등이 침착되어 플라그를 형성하면서 동맥내강이 작아져 혈액흐름이 장애를 받고 굳어지게 된다.

그림 5-4 정상혈관과 동맥경화가 진행된 혈관

(4) 동맥경화의 영양관리

① 단백질의 섭취

동맥경화를 예방하기 위해 단백질 식품을 기피하고, 당질 식품에 편중하는 식생활을 계속하면 혈중 알부민이 감소한다. 혈중 알부민의 감소는 혈관을 약화시켜 같은 고혈압일지라도 뇌졸중에 걸리는 경우가 훨씬 많다. 단백질이 부족하고 당질이 많은 식사를 계속하면 체내의 티아민이 소모되고 심해지면 심장비대가 생긴다.

동물성 식품의 지방을 극도로 억제하면 공복감을 빨리 느껴 단 음식이나 당분이 많은 간식을 먹게 되므로 오히려 역효과를 초래한다. 단백질은 총 에너지 섭취량의 15~20% 또는 체중 kg당 1~1.5g이 권장되며, 아미노산가가 높은 어류·난백·대두·저지방유 등을 섭취한다.

② 동물성 지방의 제한

동물성 식품에 많이 들어 있는 포화지방산은 혈중 콜레스테롤을 증가시키고 다가불포화지방산은 혈중 콜레스테롤을 감소시키는 작용이 있으므로 불포화지방산을 충분히 섭취한다. 동맥경화와 심근경색 및 뇌경색 예방에는 EPA(eicosapentaenoic acid)와 DHA(docosahexaenoic acid)가 많은 청어·정어리·꽁치·전갱이·연어 등의 생선류를 섭취하는 것이 바람직하다.

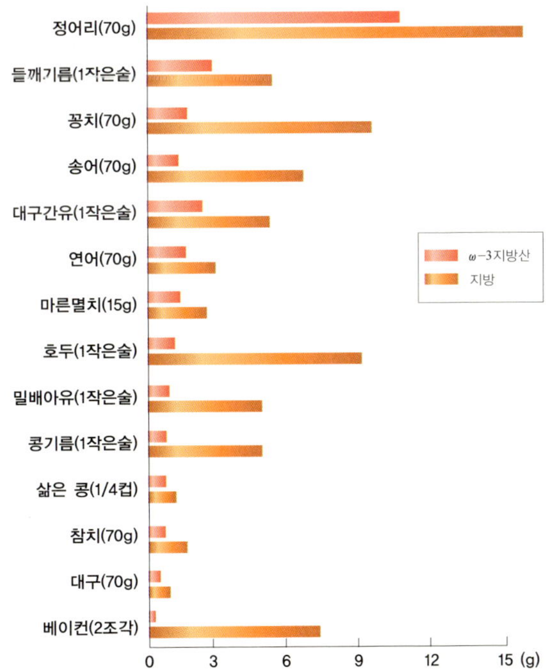

그림 5-5 식품 중에 함유되어 있는 지방량과 ω-3 지방산 함량

EPA와 DHA는 ω−3계의 불포화지방산으로 혈중 콜레스테롤을 낮추어 주는 작용이 있다. 청어를 많이 먹는 에스키모인은 혈압이 낮으며 심근경색과 뇌경색이 적다.

③ 콜레스테롤 섭취제한

혈중 콜레스테롤 수치를 정상으로 유지하기 위해 하루 섭취량을 300mg 이하로 제한한다.

식품 중의 콜레스테롤 함량 check point

- 달걀 노른자(17g) : 235mg
- 생크림 케이크(유지방 45%) : 120mg
- 새우(60g) : 78mg
- 생 오징어(60g) : 180mg
- 게(100g) : 80mg
- 샐러드유 : 0mg

④ 당질 제한

단순당의 섭취를 피하고 복합당질을 섭취한다.

⑤ 에너지 제한

에너지 과잉섭취는 비만이 되기 쉬우므로 정상 체중을 유지하도록 한다.

⑥ 염분 제한

소금함량이 많은 짠 음식은 고혈압 발생의 위험을 높이게 되고 고혈압은 동맥경화의 주요 위험 인자이므로 제한한다.

⑦ 비타민·무기질 섭취

지질의 산화를 방지해 주는 항산화영양소인 비타민 C가 많은 과일, 채소 등을 충분히 섭취하며 요오드, 인 등을 충분히 섭취한다.

⑧ 식이섬유의 섭취

펙틴·만난·알긴산 등의 수용성 식이섬유는 콜레스테롤과 담즙산의 흡수를 막고, 셀룰로오스와 리그닌 등의 불용성의 식이섬유도 장내 유해물질의 배설을 용이하게 하고 변비를 개선하므로 적당량 섭취하는 것이 바람직하다.

표 5-1 섬유질이 많은 식품

식 품	100g당	식 품	100g당
더덕	5.88g	비름	4.90g
쑥	6.87g	표고버섯	6.05g
씀바귀	6.60g	완두콩	9.81g
우엉	8.84g	고추	7.24g

⑨ 꾸준한 운동과 스트레스 해소

일반적으로 20세 이후의 체중 증가는 체지방 증가를 의미하며 에너지 섭취와 소비의 균형에 문제가 있고 운동부족인 경우가 많다. 체중관리와 에너지 소비, 스트레스 해소 등을 위해 손쉽게 할 수 있는 유산소 운동인 걷기·뛰기·줄넘기·훌라후프 등을 하는 것이 좋다.

⑩ 알코올 섭취제한

알코올 섭취는 중성지방을 증가시키므로 제한한다.

3 뇌졸중(Stroke)

(1) 뇌졸중의 정의

뇌졸중(Strokc)은 뇌 조직에 산소와 영양을 공급하는 뇌혈관이 동맥경화로 막히거나 고혈압에 의해 파열되어 발생한다. 뇌에서 급격히 국소적으로 순환장애가 일어나 혈관에 흡착 또는 혈전이 생기면 신경조직에서는 산소와 영양소의 공급이 잘 되지 않아 뇌경색이 생기며, 경우에 따라서는 동맥류가 파열되어 뇌출혈이 일어난다.

(2) 원 인

고혈압, 당뇨, 심근경색, 이상지질혈증 및 고호모시스테인혈증, 흡연, 동맥경화증 등에 의해 발생한다.

(3) 뇌졸중의 증상

뇌동맥에 혈액순환 장애가 있을 때, 특히 뇌의 내압이 급격히 높아지면 갑자기 심한 두통과 메스꺼움 및 구토 등이 일어났다가 의식장애와 연하곤란, 운동 또는 지각 이상과 언어장애를 나타낸다.

(4) 뇌졸중의 영양관리

① 염분제한

뇌졸중에서 가장 중요한 것은 혈압조절이다. 염분섭취가 많아지면 순환혈액량이 증가하며 혈압이 상승되면서 뇌졸중이 재발할 수 있다. 그러므로 염분을 제한한다.

② 지질섭취의 주의

혈중 콜레스테롤은 100~220mg/dL 범위에 있게 한다. 콜레스테롤이 너무 높으면 동맥경화가 진행되어 뇌경색이 일어나기 쉬우며, 너무 낮아지면 영양상태가 나빠져서 뇌출혈이 일어나기 쉬우므로 저포화지방과 콜레스테롤의 섭취를 줄인다.

③ 식이섬유의 섭취

변비에 걸리지 않게 식이섬유를 하루 30g 이상 충분히 섭취한다.

④ 마그네슘 보충

강압제를 장기간 사용하면 저마그네슘 혈증을 유발할 수 있으며, 뇌혈관순환을 악화시킴으로써 재발되기 쉬우므로 마그네슘을 보충한다.

4 울혈성 심부전

울혈성 심부전(congestive heart failure)은 심장의 수축력이 저하되어 혈액을 충분히 보내지 못해 혈액이 심장에 고여 조직으로의 혈액순환이 감소된 상태를 말한다.

(1) 원 인

심장판막증이 있는 경우 발생한다. 심장판막은 혈액이 역류하는 것을 막는 판이지만 어떠한 원인으로 작동이 잘 되지 않을 경우에 역류가 생겨서 심장의 기능 저하가 일어난다. 또 심근질환, 허혈성 질환, 만성 신염, 폐기종, 고혈압 등이 있는 경우에도 발생한다.

이와 같은 질병으로 장기간 심장에 부담이 있고 과로, 감염, 임신, 분만 등이 겹치면 발병하기 쉽다. 비타민 B_1 부족에 의해서도 심장병이 발생할 수 있다.

(2) 증 상

심박출량의 감소로 폐와 순환기계에 울혈이 생기고 신장 혈류의 감소를 초래하여 세뇨관에서 나트륨의 흡수가 증가하며, 체내에 물이 고이게 되므로 부종을 일으킨다.

처음에는 심장이 근육을 확대하여 대응하나, 이러한 상태가 지속되면 심근의 수축력은 저하되고 울혈이 일어나 호흡곤란, 기침, 천식, 부종, 간 비대 또는 복수 등의 증세를 나타낸다.

(3) 영양치료

심장 부담을 줄이기 위해 안정이 필요하며 심근 수축력을 증강시키게 충분한 영양을 공급하고 과잉 체액이 저류되지 않도록 해야 한다. 에너지 밀도가 낮은 식사와 염분이 적은 식사를 한다.

소화가 잘 되며 심근에 영양을 주고 심장에 부담이 가지 않는 음식을 섭취한다. 급성기에는 절식을 하고 수분량을 보아 가면서 정맥으로 영양소를 공급한다.

① 열량제한

저열량식은 심장의 부담을 감소시켜 심장의 부담을 줄여 준다. 비만인 경우에는 체중을 줄인다. 과식해서 배가 부르면 횡격막을 압박해서 호흡곤란을 일으키게 되므로 매끼의 식사량을 줄이고 횟수를 늘린다. 과식은 소화 흡수될 때 체내 대사를 항진시켜 심장에 부담을 주게 된다.

② 단백질의 섭취

울혈성 심부전일 때 저단백질증이나 저알부민증이 나타나는 경우가 많은데, 이는 혈액 중의 수분량이 증가해서 알부민 농도가 희석되거나, 혈청 알부민이 장에서 누출되어 간에서 알부민 합성 장애가 생기는 등 여러 원인에 의해서 나타난다.

저알부민 혈증은 교질 삼투압을 저하시켜 부종을 촉진하며 심근 대사에도 좋지 않은 영향을 주게 되어 심부전 치료를 어렵게 한다.

또한 심근의 보수와 강화를 위해서도 단백질을 충분히 섭취한다. 그러므로 단백질 섭취를 체중 1kg당 1g 이상 충분히 해야 한다. 특히, 육류·생선·달걀·두부·저지방 우유 등을 매일 섭취한다.

③ 지방제한

지방은 열량이 높기 때문에 다량 섭취하면 총 열량의 섭취량이 높아져서 비만이 되기 쉬우므로 제한한다. 식물성 유지를 섭취하며 신선한 기름을 선택한다. 높은 온도에서 튀겨낸 음식이나 여러 번 사용한 기름 등으로 조리된 음식은 섭취하지 않는 것이 좋다.

또한 울혈에 의해 간도 비대해지고 간 기능이 저하될 수도 있으며, 황달이 나타나거나 빌리루빈 치가 상승할 수도 있으므로, 간의 부담을 덜기 위해 지방을 제한한다.

④ 당질제한

섬유소가 많은 고구마와 채소 및 과실류 등을 너무 많이 섭취하면 장내에서 가스가 발생되어 심장을 자극하므로 제한한다. 설탕을 다량 섭취하면 체중과다가 되기 쉬우므로 주의한다.

⑤ 나트륨 및 염분 제한

울혈성 심부전은 체내에 나트륨 저류로 인해 부종이 생기기 쉬우므로 나트륨이 함유된 음식을 제한한다.

경증은 5~7g으로, 중등증 3~5g으로, 중증은 3g 이하로 나트륨을 제한하며 저칼륨증을 일으키기 쉬우므로 칼륨 섭취에 유의한다.

⑥ 수분제한

수분은 부종이 있는 경우 1일 소변량에 따라 공급한다. 중증의 경우에는 수분량을 하루에 1,000mL 이내로 제한하며, 경증은 2,000mL 이내로 제한한다.

⑦ 알코올 제한

알코올은 말초혈관을 확장시켜 심박수를 증가시키고 심장에 부담을 주므로 제한한다.

5 허혈성 심질환

허혈성 심질환(ischemic heart diseases)은 심근의 산소 필요량이 증가하거나 혹은 심근에 산소 공급이 제대로 되지 않을 때 생기는 질환이다.

심장을 구성하는 심근은 세 개의 관동맥에 의해 산소를 포함한 영양분을 공급받는다. 이 관동맥이 협착이나 폐색 등으로 혈액순환이 잘 안되면 심근이 필요한 산소공급이 부족한 허혈 상태가 되며 협심증, 심근경색, 부정맥, 심부전, 원발성 심정지(돌연사) 등이 일어난다.

(1) 원 인

고혈압, 고콜레스테롤 혈증, 흡연, 당뇨, 비만, 운동부족 등에 의해 발생된다.

(2) 분 류

① **협심증** (angina pectoris)

협심증은 관상동맥의 혈류가 여러 원인에 의해 일시적으로 나빠지고 심근으로 보내는 산소 공급이 부족해져 허혈이 생겨 갑작스런 통증이 생기는 질병으로, 발작 시에는 흉통이 있으나 1~2분 혹은 15분 이내에 가라앉는다.

일에 너무 열중하거나 흥분과 긴장 또는 뛰거나 무거운 짐을 들었을 때 등에 생기는 이형협심증이 있고, 수면 중이나 안성 중에 일어나는 안정협심증이 있다. 협심증의 발작이 일어나면 모든 동작을 중지하고 안정을 취한다. 식후에 바로 움직이지 않고, 천천히 걸으며 급한 오르막길은 가능한 한 피하고 흥분하지 않도록 하며 추운 곳에 오래 있지 않도록 해야 한다.

② **심근경색** (myocardial infarction)

심근경색은 관상동맥에 동맥경화가 진전되어 혈관이 심하게 좁아졌거나 혈전에 의해 혈액의 흐름이 막혀서 심근으로 보내는 산소 공급이 되지 않음으로써 괴사가 일어난 상태를 말한다. 심한 흉통이 수십 분 동안 지속되며 메스꺼움, 구토, 식은땀 등의 증세가 나타난다. 발작이 일어나면 입원하여 응급치료를 받고 절대안정을 취한다.

(3) 허혈성 심장질환의 영양치료

① 소화흡수 잘 되는 음식을 섭취

식사 후에는 심박수가 증가하고 혈압이 상승하며, 심근의 산소 필요량이 증가하게 되어 심장에 부담이 되므로 소화 흡수가 잘 되는 음식을 섭취한다. 지방이 많은 음식은 식후 혈액 중에 중성지방이 증가되어 부정맥을 일으키기 쉽다.

② 에너지 제한

에너지 과잉 섭취는 비만, 이상지질혈증, 당뇨병을 악화시키는 동시에 심장에 직접 부담을 주게 되므로 칼로리가 많은 음식은 제한한다.

③ 규칙적인 식사

결식 등의 편중 식사는 하루에 섭취 에너지는 같아도 심장에 부담을 주므로 하루 세 끼를 비슷한 비율로 섭취하고 천천히 식사하여 심장 부담을 줄인다.

④ 단백질, 비타민, 무기질 섭취

심근의 기능을 돕기 위해 단백질, 비타민, 무기질 등을 충분히 공급해야 한다.

⑤ 당질 섭취

당질의 과잉섭취는 체내에서 쉽게 중성지방으로 전환되므로 주의한다.

⑥ 콜레스테롤 제한

콜레스테롤 섭취량은 하루 300mg 이하로 제한한다.

⑦ 식염제한

심장에 부담을 덜고 고혈압을 예방하기 위해 식염섭취를 하루 7g 이하로 제한한다.

⑧ 식이섬유 섭취

변비는 혈압을 올리게 되므로 식이섬유를 충분히 섭취한다.

⑨ 알코올과 커피 제한

소량의 알코올은 혈관을 확장하므로, 심근경색의 원인이 되지는 않으나, 이미 경색이 생긴 후에는 심장 부담을 증가시키므로 음주는 피한다. 커피도 흥분작용을 일으켜서 심장의 부담을 증가시키므로 피하고, 금연한다.

6 이상지질혈증

(1) 이상지질혈증의 정의

이상지질혈증은 혈액 중에 콜레스테롤(200mg/dL 이상)이나 중성지방(150mg/dL 이상)이 증가된 상태를 말한다. 이상지질혈증이 장기간 계속되면 동맥경화나 심혈관계 질환을 유발하는 중요한 위험요인이 된다.

(2) 이상지질혈증의 원인

고지방, 고당질 식사가 주요한 원인이다. 지방의 섭취량이 많으면 소비열량보다 섭취열량이 증가하여 비만이 초래되고 혈액 중의 콜레스테롤이나 중성지방의 양이 증가하며, 당질의 섭취량이 많아도 혈액 중의 중성지방이 증가하게 된다.

특히 동물성 지방식품을 많이 섭취하면 포화지방과 콜레스테롤의 섭취량이 증가해 혈중의 콜레스테롤을 증가시키게 되어 이상지질혈증의 원인이 된다.

(3) 지단백질 이상에 따른 이상지질혈증 분류

혈액 속의 콜레스테롤과 중성지방은 물에 녹지 않아 혈액 중에서 이동되기 어려워 단백질, 콜레스테롤, 인지질과 결합한 지단백질의 형태로 운반되기 때문에 이상지질혈증의 분류는 이에 따라 나눌 수 있다.

지단백질은 지방과 단백질의 비중에 따라 킬로미크론과 초저밀도지단백질(VLDL), 저밀도지단백질(LDL), 고밀도지단백질(HDL)로 분류된다.

킬로미크론은 식이성 중성지방을 운반하므로 중성지방이 많고 초저밀도지단백질은 간에서 만들어진 중성지방을 운반한다. 저밀도지단백질은 콜레스테롤을 운반하므로 콜레스테롤이 가장 많이 포함되어 있어 혈중에 저밀도지단백질이 증가하면 동맥경화증 발생의 위험이 높아진다. 그러나 고밀도지단백질은 혈중의 콜레스테롤을 간으로 운반해 제거하므로 혈중에 고밀도지단백이 높으면 동맥경화증 발생위험이 낮아진다.

(4) 영양관리

1) 에너지 섭취를 적정화하여 정상체중 유지

① 열량 필요량은 먼저 표준체중을 산출한 다음 체중 kg당 25~30kcal를 권장한다.

$$표준체중(kg) = [신장(cm) - 100] \times 0.9$$

② 하루의 총 에너지 섭취량이 적정하여도 매끼 식사 배분이 편중되면 이상지질혈증이 나타날 수 있으며, 특히 저녁 과식과 간식 등은 하지 않는다.

2) 콜레스테롤 섭취량의 제한

① 식이 콜레스테롤을 줄여 간으로의 유입을 감소시키고, 동물성 지방 섭취량과 콜레스테롤 섭취량을 줄임으로써 동물성 지방에 많은 포화지방산이 혈청 콜레스테롤 양을 상승시키는 것을 억제한다.

② 콜레스테롤과 담즙산의 체외배설을 촉진시키는 섬유소의 섭취를 증가시킨다.

③ 다가불포화지방산이 많은 대두유, 옥수수유, 면실유와 어패류나 등푸른 생선에 다량 함유된 EPA(eicosa pentaenoic acid)와 DHA(docosa hexaenoic acid)도 혈청 콜레스테롤을 낮추는 효과가 있으므로 섭취한다.

3) 지방섭취량, 포화지방산의 감소

① 불포화지방산(unsaturated fatty acid)과 포화지방산(saturated fatty acid)의 P/S비는 1~2가 LDL 콜레스테롤을 저하시키는 데 바람직하다.

② 식사성 P/S비를 상승시키면(즉, 불포화지방산 섭취량이 증가되면) 콜레스테롤과 대사산물인 담즙산의 대변 중 배설이 증가하며 또한 간의 콜레스테롤 합성량도 저하되나 불포화지방산이라 하더라도 지방전체의 양이 증가하면 혈중 콜레스테롤 양이 증가하므로 총 지방량은 에너지의 20% 정도로 섭취한다.

4) 콩 및 식물성 섬유질과 알코올

① 식물성 섬유소는 배변작용을 촉진하고 담즙산과 결합하여 배설을 촉진하고, 혈청 콜레스테롤을 낮추므로 콩, 해초, 과실을 섭취한다.

② 채소, 해초, 버섯, 과일들은 포만감을 주어 식사량을 줄이게 되므로 체중 조절에도 도움이 된다.

③ 1일 20g 이상의 섬유질을 섭취할 것을 권장한다.

5) 알코올 섭취제한

소량의 알코올은 고밀도지단백을 상승시키나 과량이면 오히려 저밀도지단백을 상승시키므로 과량 섭취하는 것은 바람직하지 않다.

6) 생활습관 개선

① 스트레스는 혈중 고밀도지단백을 저하시키므로 스트레스를 해소하도록 노력한다.

② 운동은 스트레스의 해소뿐만 아니라 합성을 저하시키고 고밀도지단백을 상승시켜 이상지질혈증이나 동맥경화를 예방할 수 있다.

③ 흡연은 간의 콜레스테롤 합성을 증가시키고 고밀도지단백을 저하시키므로 금연한다.

7 고혈압

우리나라는 짜게 먹는 식습관으로 고혈압 유병률이 높다(그림 5-7).

혈압은 혈관 내벽에 혈액이 미치는 힘으로, 심박출량과 말초혈관저항이 관여한다. 혈압은 수축기 혈압(심실이 수축하는 동안 최대압력이 됨), 이완기 혈압(심실이 이완되어 심실 확장하면 동맥압력이 떨어짐)으로 표시한다.

건강한 사람도 혈압은 항상 여러 가지 원인으로 변동이 있어서 일정하지 않다. 하루에도 아침에는 낮고 저녁에는 높아지며 수면 중에는 저하된다. 운동, 식사, 흥분, 추위 등에 의해 상승한다. 이 경우 혈관저항이 높게 되면 혈압이 올라가는데, 혈액 점성 정도에 비례하며, 혈관의 직경과는 반비례한다.

연령별로도 고령일수록 높고, 여성은 남성보다 낮으나 갱년기 이후에는 높아진다. 고혈압의 기준은 약간씩 차이가 있으나 수축기 혈압이 140mmHg 이상, 이완기 혈압이 90mmHg 이상일 때를 말한다. (정상 혈압은 수축기 혈압 120mmHg, 이완기 혈압 80mmHg)

고혈압에서는 혈관의 높아진 압력을 지탱하기 위해 혈관 내층은 점점 두꺼워져서 혈관이 좁아진다. 이러한 혈관이나 조직 내의 변화는 심장과 신장으로 향하는 혈액의 흐름을 변화시키고 궁극적으로 기관들을 손상시킨다.

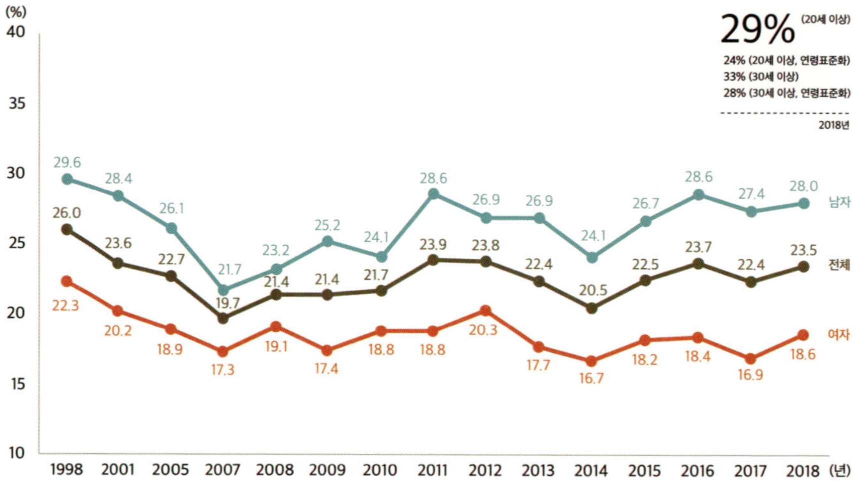

자료 : 2020 고혈압 팩트 시트, 대한고혈압협회

그림 5-6 1988-2018 고혈압 유병률 변화(20세 이상, 연령표준화)

(1) 혈압의 조절기전

혈압은 식이요인, 심리적 요인들에 의해 영향을 받는다. 식염을 많이 섭취하거나 감정적으로 흥분하게 되면 알도스테론과 항이뇨 호르몬(antidiuretic hormone, ADH) 분비가 증가한다.

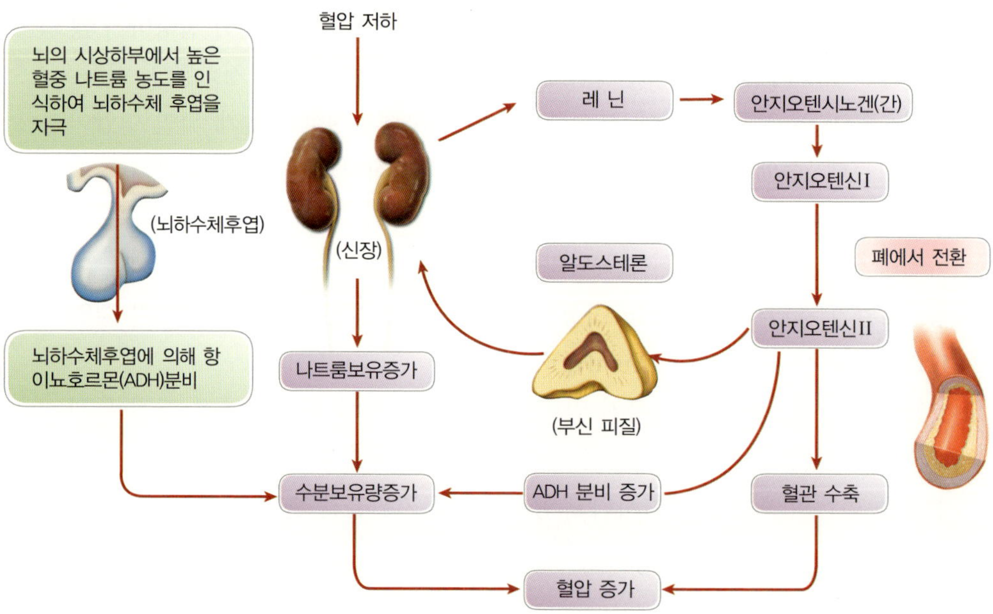

그림 5-7 레닌-안지오텐신-알도스테론에 의한 혈압조절 기전

알도스테론의 분비가 증가되면 신장의 세뇨관에서 나트륨의 재흡수를 촉진하게 되고, 항이뇨 호르몬은 세뇨관에서의 수분 재흡수량을 증가시켜 체내 수분 보유량을 증가시킴으로써 혈압을 높이게 된다. 신장에서는 레닌이 분비되어 안지오텐시노겐을 안지오텐신 I으로, 다시 안지오텐신 II로 전환시켜 혈관을 수축하여 혈압을 올리게 된다.

(2) 고혈압의 증상

고혈압은 증세가 가벼우면 자각증상이 없다. 그러나 어느 정도 계속되면 두통, 어지러움, 이명, 불면증, 피로가 나타나며 숨이 차고, 두근거리게 된다.

더 진행되면 뇌, 심장, 신장에 장애가 생기고 뇌출혈 등이 일어나 중풍이 되기도 한다. 그 뿐만 아니라, 좌우심부전을 일으키고, 신기능이 저하되어 단백뇨가 나오며, 신경화증이 일어나 요독증이 온다.

(3) 고혈압의 영양관리

① 소금의 섭취량을 줄인다.

체액의 균형을 조절하는 무기질인 나트륨(Na)은 수분을 보유하려는 성질이 있어 소금을 많이 섭취하면 혈액의 부피가 커지고 혈관이 압력을 많이 받아 혈압을 상승시키고 부종을 유발한다.

표 5 2 나트륨 급원식품과 함량

식품명	100g당 함량(mg)
사반고등어	2,091
라면	1,005
햄	1,000
말린 잔멸치	3,250
어육소시지	656
베이컨	706
식빵	267
우유	55
돼지고기 등심	58

※ DASH(Dietary apporoach to Stop hypertersion) K. Mg Ca

반면 칼륨(K)은 나트륨과 길항작용을 하여 혈압을 저하시킨다. 칼륨(K) 양이 많은 식품을 섭취해도 나트륨(Na) 함량이 너무 많으면 강압효과는 적으므로, 칼륨(K) 함량이 많지만 나트륨(Na) 함량이 적은 식품을 권장한다.

소금 함량이 높은 식품

Check Point

절임 식품 : 젓갈류, 장아찌, 자반고등어, 굴비
훈연 · 어육식품 : 햄, 소시지, 베이컨, 훈제연어
스낵식품 : 포테이토, 팝콘, 크래커 등
인스턴트식품 : 라면, 즉석식품류, 통조림식품
가공식품 : 치즈, 마가린, 버터, 케첩
조미료 : 간장, 된장, 고추장, 우스타소스, 바비큐소스

표 5-3 칼륨 급원식품과 함량

식품명	100g당 함량(mg)
감자	396
고구마	429
바나나	335
근대	382
돼지고기 등심	304
말린 잔멸치	1,149
복숭아 백도	133
토마토	178
식빵	108
뱅어포	1,163

자료 : 식품영양소 함량집, 한국영양학회, 2009

강압이뇨제를 복용하는 환자는 칼륨(K) 부족이 되기 쉬우므로 칼륨(K)이 많은 식품을 섭취해야 한다. 그러나 신부전 합병증이 있는 환자가 칼륨(K)을 과잉섭취하면 고칼륨혈증을 일으킬 수도 있다. 건강을 위해 소금 섭취를 하루 10g 이하로 줄인다.

② 정상 체중을 유지하도록 체중조절을 한다.

정상체중을 유지하면 고혈압의 위험률이 현저히 감소하고 혈압이 떨어지게 된다.

③ 알코올 섭취를 제한한다.

잦은 음주는 열량섭취를 높임으로써 체중을 증가시키는 원인이 될 수 있고, 알코올 자체가 혈압을 상승시킨다. 1일 1~2잔(30g)의 알코올 섭취의 경우는 유해하지 않지만, 그 이상의 알코올을 섭취하는 경우에는 혈압을 상승시킨다. 또, 여자는 남자에 비해서 알코올 분해효소가 적어 음주 시 혈압을 상승시키는 효과나 유해한 정도에 더 민감하게 반응하게 되므로 더욱 주의해야 한다.

④ 지방의 섭취를 줄인다.

지방의 섭취를 줄이고 포화지방산이 많은 식품보다 불포화지방산이 많은 식품을 섭취한다. 콜레스테롤이 많은 식품의 섭취를 줄인다.

⑤ 신선한 과일과 야채를 섭취한다.

신선한 과일이나 야채를 섭취하게 되면 칼륨의 섭취량을 증가시킬 수 있다. 칼륨을 충분히 섭취하면 고혈압의 발생을 예방하고, 고혈압인 경우에는 혈압을 떨어뜨리는 데에 도움이 될 수 있다.

⑥ 섬유소를 충분히 섭취한다.

변비는 혈압을 상승시키는 요인이 될 수 있으므로, 섬유소를 충분히 섭취해서 변비를 예방한다.

표 5-4 외식의 염분(1인분)과 열량(kcal)

식품명	열량	염분	식품명	열량	염분
우동	296	4.8	샌드위치	728	3.0
메밀국수	296	4.8	햄버거	256	2.2
칼국수	328	3.3	핫케익	488	0.4
냉국수	360	5.1	피자파이	688	0.4
라면	560	5.2	어묵	208	1.5
돈까스	832	6.9	로스구이	600	3.4
비프까스	592	4.3	새우프라이	264	2.2
카레라이스	616	4.2	함박스테이크	512	3.1
볶음밥	704	4.2	비프스테이크	840	2.6
비빔밥	488	3.7	만두	464	3.6

이것만은 꼭 알아둡시다.

혈관계 질환

1. 고혈압의 기준은?

① 수축기혈압 140mmHg, 이완기 혈압 90mmHg
② 수축기혈압 130mmHg, 이완기 혈압 90mmHg
③ 수축기혈압 120mmHg, 이완기 혈압 90mmHg
④ 수축기혈압 150mmHg, 이완기 혈압 100mmHg

2. 고혈압은 뇌졸중, 동맥경화의 위험요인이다. 고혈압을 일으키는 가장 강력한 위험요인은?

① 식염의 과다섭취로 인한 혈액량의 증가　② 많은 양의 출혈
③ 동맥벽의 탄력성 증가　④ 많은 양의 수분섭취

Tip 식염을 많이 섭취하면 나트륨 이온이 체내에 과잉축적되어 세포외액량이 증가한다. 또 세동맥벽의 흥분성을 높이며 세동맥의 저항성을 높이므로 혈압을 상승시킨다.

3. 고혈압 환자에게 엄격히 제한해야 할 식품은?

① 칼륨, 단백질　② 나트륨, 알코올
③ 지방, 단백질　④ 칼슘, 단백질

Tip 고혈압은 과식, 비만, 나트륨 과잉섭취, 스트레스, 내분비 요소, 유전적 소인에 의해 발생할 수 있다. 고혈압 환자는 식염 제한, 에너지 제한, 표준체중 유지, 칼륨의 적절한 섭취, 지방제한, 충분한 단백질의 섭취를 통한 식이요법이 필요하다.

4. 인체 내 콜레스테롤에 대해 올바르게 설명한 것은?

① 혈중 콜레스테롤은 모두 외인성이다.
② 혈중 콜레스테롤은 모두 내인성이다.
③ 필수지방산이 많이 함유된 식이는 혈중 콜레스테롤량을 저하시킨다.
④ 포화지방산이 많은 식이는 혈중 콜레스테롤량을 저하시킨다.

5. 이상지질혈증 환자의 생활습관 관리 지침이 아닌 것은?

① 지나친 스트레스는 교감신경을 과도하게 자극하므로 심신의 안정을 유지한다.
② 운동은 체내 열량소비를 높이고 간의 콜레스테롤 합성을 저하시키며 혈청 HDL 콜레스테롤을 상승시킨다.
③ 규칙적인 생활을 한다.
④ 운동할 때는 체내 지방을 연소시킬 수 있는 무산소 운동을 한다.

6. 고중성 지방혈증의 식이요법 중 틀린 것은?

① 섭취열량 중에서 특히 지방을 제한한다.
② 알코올은 열량이 높고 간에서 중성지방이 되어 혈중 중성지방을 높인다.
③ 당질이 많은 음식을 과식하거나 과음, 운동부족 등으로 열량소비가 줄어들면 중성지방이 증가한다.
④ 금연한다.

Tip 고중성 지방혈증은 중성지방을 다량 함유한 VLDL이 간에서 많이 만들어져서 혈액으로 나오기 때문에 이를 억제하기 위해서는 섭취열량 중에서 특히 당질을 제한해야 한다.

7. 동맥경화증의 설명이 옳지 않은 것은?

① 동맥벽이 두꺼워진다.
② 주로 콜레스테롤과 같은 지방물질의 침착에 의해 일어난다.
③ 동맥경화는 단백질의 과잉섭취가 원인이다.
④ 혈관내강이 좁아지고 탄력성이 감소된다.

Tip 동맥경화는 동맥벽이 굳어지며 탄력성이 감소돼 약해지거나 콜레스테롤과 같은 물질이 침착되어 혈관내강이 좁아지며 결국 막히는 증상이다.

[정답] 1. ① 2. ① 3. ② 4. ③ 5. ④ 6. ① 7. ③

Chapter 6
당뇨병

1 당뇨병의 정의

당뇨병이란 포도당이 세포 내로 들어갈 때 인슐린이 부족하거나 인슐린에 대한 세포 반응성 저하로 인해 포도당이 세포 내로 들어가지 못하고 혈액 내에 축적되어 고혈당을 나타내고 소변으로 당이 배설되며 여러 가지 증상을 나타내는 질병이다.

2 당뇨병의 원인

우리나라 19세 이상 성인의 당뇨병 유병률은 2019년 기준 12.2%이며, 노년층(만 65세 이상)은 29.0%이었다.

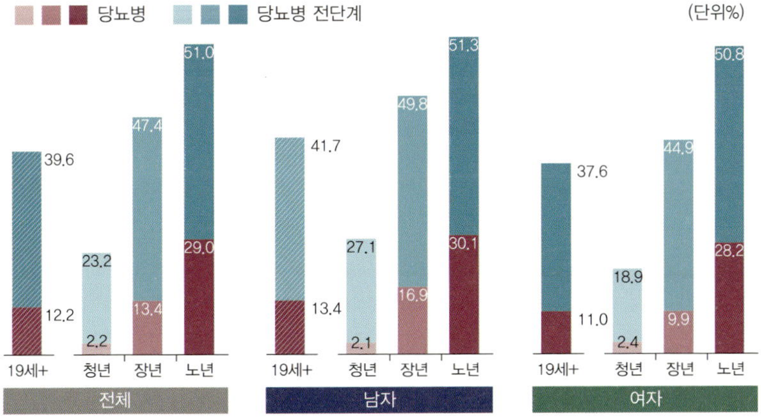

그림 6-1 연도별 당뇨병 사망률

① 유전적 요인

가족력이 있는 경우(제2형 당뇨병)에 동일 가계 내 당뇨병이 많이 발생한다.

② 연 령

중년기 이후 비만이 있는 경우 당뇨병 유병률이 높다.

③ 운동부족

운동 부족은 인슐린 수용체를 감소시켜 당뇨병을 유발하게 된다.

④ 식 사

총 열량 섭취량이 소비량보다 많으면 비만이 되기 쉬우며, 비만은 인슐린 수용체 수와 민감도를 감소시켜 세포 내로 포도당 운반을 저하시켜 고혈당을 유발하여 당뇨병의 원인이 된다.

⑤ 정신적 스트레스

스트레스는 인슐린 분비 조절기구인 중추신경계에 영향을 주어 당뇨병의 원인이 될 수 있다.

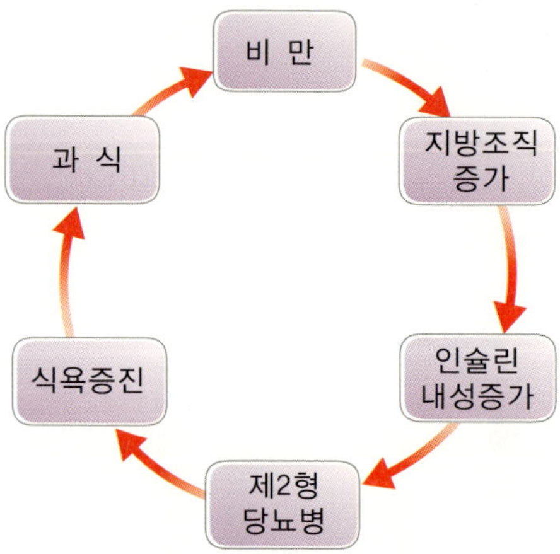

그림 6-2 당뇨병의 원인

⑥ 임신과 내분비 이상

임신 시 포도당 내성이 저하되어 당뇨병이 발생할 수 있다. 뇌하수체 호르몬, 부신 호르몬이 과잉분비 될 때, 췌장염, 간질환, 신장병이 있을 때 당뇨병의 발생이 높다.

3 당뇨병의 증상과 진단

1. 당뇨병의 증상

(1) 고혈당

공복 시 혈중 포도당 농도가 70~100mg/dL이면 정상이고, 혈당이 170~180mg/dL 이상이면 소변으로 포도당이 배설된다. 혈액 중의 포도당을 각 조직세포로 끌어들이는 인슐린의 작용이 부족하여 혈액 중에 그대로 포도당이 남아 있기 때문에 고혈당이 나타난다.

(2) 당뇨와 케톤뇨

① 당 뇨

신장의 재흡수 능력 이상으로 혈중 포도당 농도가 높아지면 소변으로 배설된다.

② 케톤뇨

당뇨병에서는 탄수화물이 에너지원으로 잘 사용되지 못하고 지방을 주에너지원으로 사용한다. 정상 상태에서는 적은 양의 지방산만이 케톤체를 생성하고 이는 모두 재이용되나, 당뇨병인 경우 지방산이 과다하게 분해되면서 대사할 수 있는 양 이상으로 케톤체가 생성되어 소변으로 배설된다.

(3) 갈증과 다뇨

혈당이 상승하면 삼투압이 증가되고 수분이 세포에서 혈액으로 이동하여 소변이 증가하고 케톤체를 배설하기 위해 다뇨가 된다. 이로 인해 탈수현상과 전해질 불균형이 일어나 갈증이 나타난다.

(4) 식욕항진

탄수화물이 에너지원으로 사용되지 못해 먹어도 공복감을 느낀다.

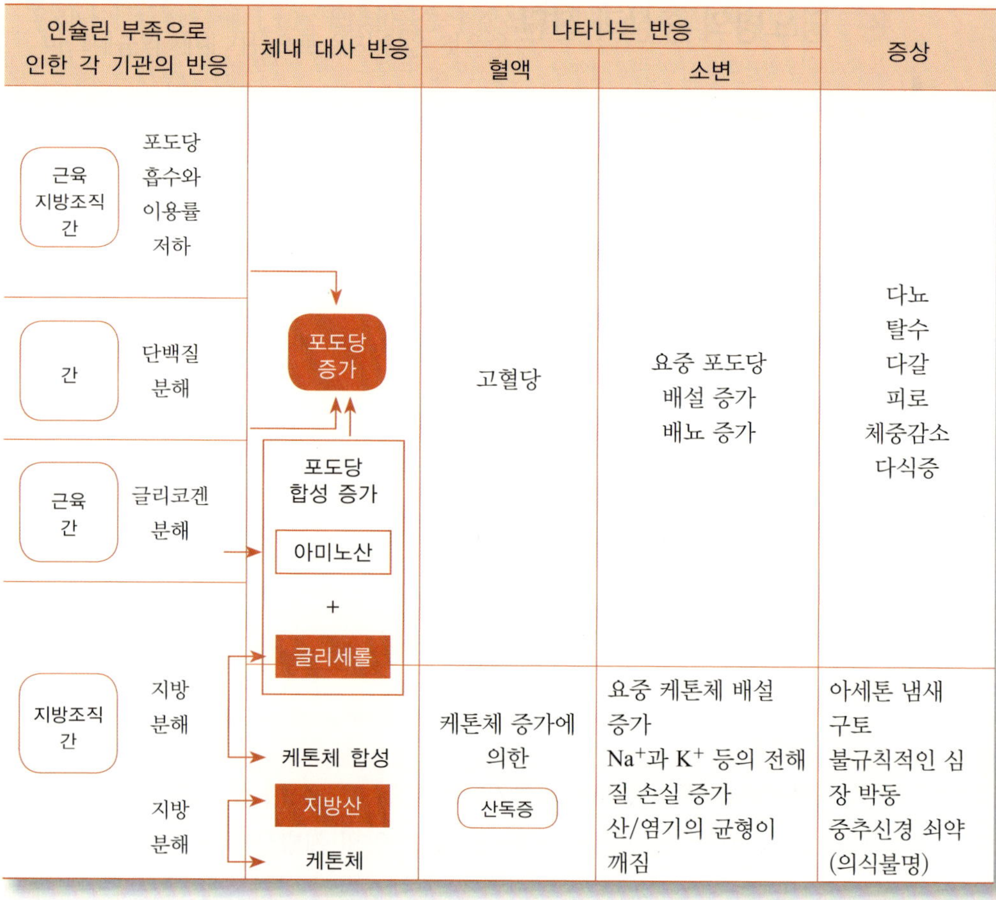

그림 6–3 당뇨병의 증상과 체내 대사 변화

(5) 체중감소 및 체력쇠약

체지방과 단백질이 에너지원으로 사용되어 체중이 감소한다. 기력이 없고 쉽게 피로하며 의욕상실 등이 생긴다. 또한 시력이 저하되고 망막출혈이 생기며 안질환으로 실명할 수 있다.

(6) 신기능장애·고혈압

신기능장애, 동맥경화, 고혈압 등이 나타날 수 있다.

2. 당뇨병의 진단

(1) 요당검사

(2) 혈당검사

공복혈당이 126mg/dL 이상, 경구 당부하검사를 통한 식후 2시간 혈당이 200mg/dL 이상 중에서 한 가지라도 해당하면 당뇨병으로 진단한다.

(3) 포도당부하검사(Oral glucose tolerance test, OGTT)

일정량의 포도당을 먹은 후, 또는 경구적으로 투여한 후 시간 경과에 따른 혈당과 요량을 측정한다.

정상인의 경우 포도당을 준 후 30~60분에 최고 혈당치를 나타내고 혈당이 감소하기 시작하여 대개 2시간 이후에는 정상치를 유지하나, 당뇨병 환자는 2시간 이후에도 정상으로 감소되지 않고 계속 혈당이 높은 상태를 유지하다가 감소되고 소변으로 당이 나온다.

(4) 당화혈색소 측정(Glycosylated Hb, HbAlc)

당화혈색소는 적혈구의 헤모글로빈이 포도당과 결합하여 생긴 분자로 혈당이 높아지면 헤모글로빈에 포도당이 비효소적으로 결합하여 당화헤모글로빈이 증가한다. 정상인 경우 6.0~7.5%이나, 당뇨병의 경우 11% 이상으로 증가한다.

당화혈색소는 혈당처럼 쉽게 변화되지 않아 장기간에 걸친 혈당변화를 알 수 있다. 혈당이 정상적으로 된 후에도 당화혈색소 농도는 5~6주 정도 지나야 정상으로 된다.

표 6-1 당뇨병 진단기준

구 분	공복혈당(mg/dL)	포도당 부하 2시간 후(mg/dL)
정 상	100 미만	140 미만
내당능장애	100~126 미만	140~200 미만
당뇨병	126 이상	200 이상

4 당뇨병의 분류

(1) 제1형 당뇨병

인슐린 의존형 당뇨병은 젊은 연령층에서 갑자기 발병하며, 자가면역 파괴나 바이러스성 감염에 의해 췌장의 베타세포가 파괴되기 때문으로 알려져 있다.

인슐린 의존형 당뇨병은 영양관리와 운동요법만으로는 치료가 되지 않으며, 인슐린을 반드시 투여해야 정상적으로 생활할 수 있다.

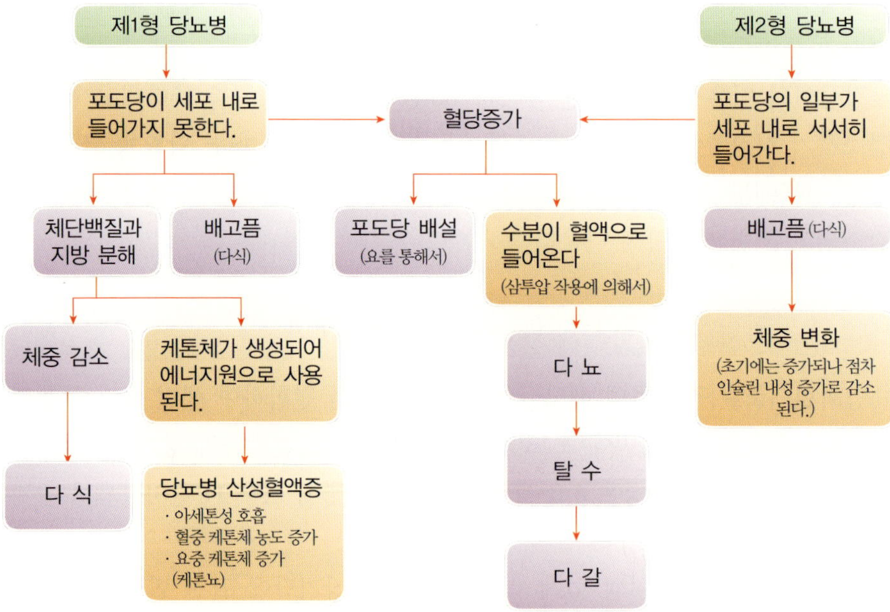

그림 6-4 제1형 당뇨병과 제2형 당뇨병

(2) 제2형 당뇨병

인슐린 비의존형 당뇨병은 40세 이상 중년기 이후에 서서히 발병한다. 유전적 성향이 강하며, 노화, 스트레스, 운동부족, 비만이 주요 원인이다.

제2형 당뇨병은 인슐린 작용에 대한 저항성이 증가되어 고혈당이 초래될 때 발병하게 된다. 제2형 당뇨병은 식사요법, 운동요법, 경구 혈당강하제로 치료할 수 있지만 인슐린 주사를 맞아야 혈당을 조절할 수 있는 경우도 있다.

5 당뇨병과 영양관리

당뇨병은 혈당을 조절·관리하고 예방하기 위하여 운동요법, 약물요법, 식이요법을 조화있게 실천해야 한다.

1. 혈당관리

고혈당과 저혈당을 예방하여 정상혈당을 유지한다. 당뇨병일 때 혈당관리를 제대로 하지 않으면 합병증으로 눈, 신장, 신경, 혈관계 등이 손상된다.

(1) 저혈당증

혈당이 50mg/dL 이하로 떨어지면 나타나는 현상으로 인슐린 용량이 너무 많거나, 인슐린 주사량에 비해 식사량이 적거나, 운동을 과다하게 한 경우에 생긴다. 어지러움, 식은땀, 심하면 뇌신경 증상인 의식장애, 혼수, 뇌세포 기능장애 등이 생긴다. 단순당을 15g 정도 경구섭취하거나 사탕 등을 섭취하면 혈당을 상승시킬 수 있다.

(2) 당뇨병성 케톤산혈증

인슐린이 부족하면 지방조직 분해가 많아지고 케톤체가 생성되어 심한 탈수현상과 케톤산혈증이 일어난다. 혈당조절이 나쁠 때, 세균성 감염, 바이러스성 감염, 신체적·정신적 스트레스가 심할 때 나타난다.

이세톤 냄새가 나며 얼굴이 붓고 두통, 갈증, 구토, 호흡곤란 등의 증상이 나타난다. 빨리 치료하지 않으면 치명적이므로 신속한 인슐린 요법과 탈수상태를 회복시키기 위해 수분과 전해질을 정맥주사로 공급한다.

(3) 당뇨병성 혼수

체내에서 포도당을 정상적으로 이용하지 못하고 지방이 과다하게 연소하여 발생되는 것으로 두통이나 심한 복통 후에 혼수상태에 빠진다. 인슐린 주사를 맞는 청소년 환자에게 잘 일어난다. 혈당이 매우 높아져 요당검사에서 강한 양성을 보인다.

2. 영양관리

(1) 총 열량 섭취량의 조절

정상체중 유지를 위해 열량을 조절한다. 제1형 당뇨환자는 성장기의 경우 1,000kcal + (나이×100kcal)의 트레이스만 공식을 이용해 산출하고 성장기 이후에는 성인 열량 처방에 준하여 결정한다.

제2형 당뇨병 환자는 표준체중 × 30~35kcal를 적용한다. 체중과다인 경우에는 권장량보다 1일 500~1,000kcal 줄여서 섭취하고 1주에 1.5~1.0kg 정도 감량하도록 한다.

탄수화물은 총 열량의 55~60% 정도 섭취하며 복합전분과 섬유소가 많은 현미, 보리, 잡곡, 콩 등을 섭취한다. 단백질은 총 열량의 15~20% 정도 섭취하며 섭취 단백질의 1/3은 동물성 단백질로 섭취한다.

지방은 총 열량의 20~25%를 섭취한다. 지방을 과다섭취하면 케톤산혈증, 이상지질혈증을 유발하며, 포화도가 높은 동물성 지방은 혈관 합병증을 일으키므로 불포화도가 높은 식물성 지방 위주로 섭취한다.

녹황색 채소와 해조류, 과일 등을 충분히 섭취하여 비타민, 무기질의 공급이 부족하지 않도록 하며, 당질대사를 촉진시키기 위해서 비타민 B군도 충분히 섭취한다.

(2) 식사시간과 간격

식사횟수를 5~6회로 늘리고 규칙적으로 식사한다. 균등한 식사배분은 혈당수준의 심한 변동과 저혈당증을 방지한다. 영양소 성분이 비슷한 식품끼리 크게 여섯 가지 군으로 나누어 분류한 식품교환표를 잘 이용한다.

식품교환표는 곡류군, 어육류군, 채소군, 지방군, 우유군, 과일군으로 각각 '1 교환단위'의 양이 정해져 있으며 같은 식품군 안에서는 기호에 따라 배정된 양만큼 바꾸어 선택할 수 있다.

식품교환표 (식품군별 식품 및 1교환단위량의 예, 대한당뇨병학회 2010)

그림 6-5 곡류군 식품의 식품교환 예

그림 6-6 과일·채소군 식품의 식품교환 예

그림 6-7 어육군류의 식품교환 예

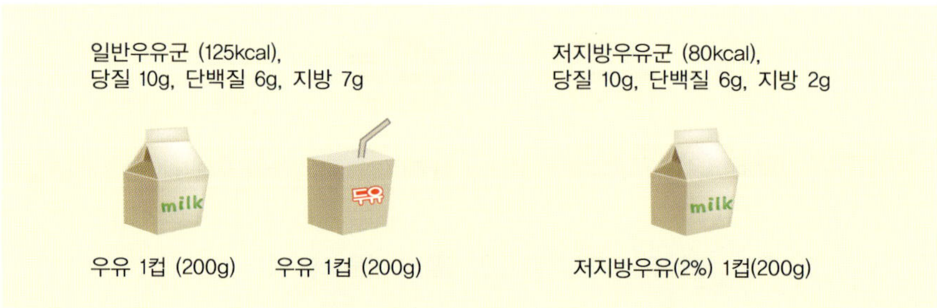

그림 6-8 우유 및 유제품의 식품교환 예

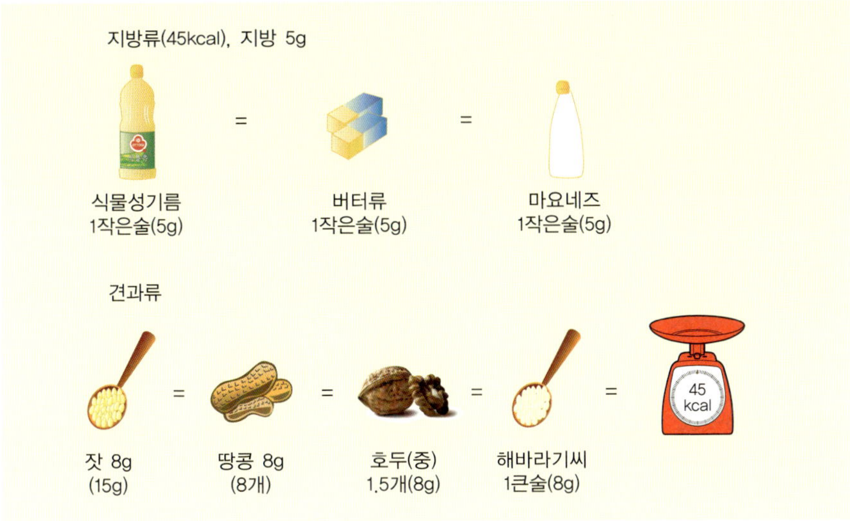

자료 : 당뇨병 식품교환표 활용지침 제3판

그림 6-9 지방군 식품교환 예

(3) 당뇨병 환자의 식사 시 주의사항

① 정해진 시간에 규칙적으로 식사한다. 정해진 양을 정확히 계량하여 먹고 일정한 시간에 일정량의 운동을 하여 표준체중을 유지한다.

② 음식은 자극성 없이 싱겁게 먹는다. 소금 섭취는 합병증인 동맥경화증을 진행시킬 수 있으므로 1일 10g 이하로 섭취한다.

③ 인슐린 주사를 맞을 경우 취침 전 밤참을 꼭 먹되 취침 2시간 전에 먹는 것이 좋으며, 우유, 과일, 채소 등을 적절하게 택하여 먹도록 한다.

④ 불포화지방산인 식물성 기름을 섭취한다.

⑤ 공복감을 해소하기 위하여 천천히 잘 씹어서 먹도록 한다.

⑥ 정신적으로 안정을 취하고 스트레스를 덜 받는 생활을 한다.

⑦ 설탕 섭취를 줄이기 위한 감미료로 칼로리는 거의 없지만 단맛을 내는 아스파탐계 감미료 등을 사용한다. 외식 시 설탕을 많이 사용한 음식, 튀김 음식은 피한다.

⑧ 알코올 음료는 칼로리만 있으므로 피하는 것이 좋다.

6 당뇨병과 합병증

(1) 당뇨병에 고혈압이 합병증으로 있을 때

① 염분을 1일 5~10g으로 제한한다.
② 정상체중 유지를 위한 열량 조절이 필요하다.
③ 알코올을 제한한다.

(2) 당뇨병과 이상지질혈증이 합병증으로 있을 때

① 정상체중을 유지하고 운동을 한다.
② 지방산의 균형있는 섭취가 필요하다.
③ 콜레스테롤은 1일 300mg 이하로 섭취한다.
④ 식이섬유소를 섭취한다.

(3) 당뇨병과 신장질환이 합병증으로 있을 때

① 혈당을 조절한다.
② 미세 알부민뇨와 단백뇨의 증가를 방지한다.
③ 고혈압과 부종을 예방한다.
④ 정상체중을 유지한다.

7 당뇨환자의 발관리

① 발톱은 일자로 깎으며 너무 짧게 깎지 않는다.
② 다리를 꼬는 자세 등 혈액순환에 장애를 주는 자세는 피한다.
③ 신발은 발가락에 압력을 주지 않으며, 잘 맞고 편안한 것을 선택한다.
④ 맨발은 피하고 양말은 통풍, 흡수, 보온이 잘 되는 면양말이 좋다. 발목을 조이는 양말은 피한다.
⑤ 티눈, 물집, 외상은 병원에서 무균적 시술을 한다.
⑥ 운동 후에는 미지근한 물로 씻은 후 다리를 올려놓거나 혈액순환에 좋은 발가락, 발목운동을 실시한다.
⑦ 발을 씻을 때마다 상처나 이상이 없는지 관찰한다.

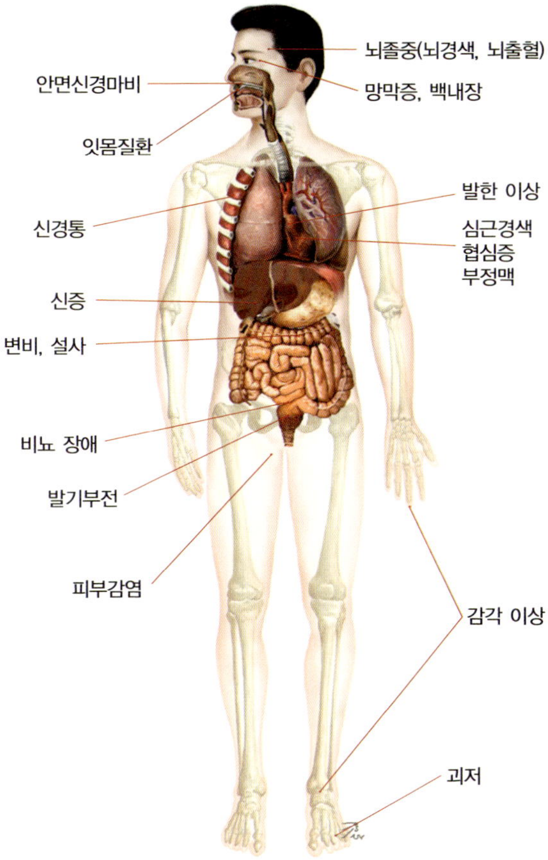

그림 6-10 당뇨병으로 오는 합병증

8 약물요법

(1) 인슐린의 종류와 기능

① 속효성 인슐린(regular insulin)

빠른 작용시간과 짧은 지속시간이 특징이며 식전에 주사하여 식후 혈당 상승을 교정할 수 있다. 즉각적인 혈당강하가 필요할 때 사용한다.

15~30분 정도 작용시작 시간이 필요하며 최고 작용시간은 2시간이며 4~6시간 효과가 지속된다.

② 중간형 인슐린(NPH)

속효형과 지속형의 중간 정도의 지속시간을 갖고 있으며 속효형 인슐린에 비해 서서히 작용하므로 오전에 맞을 경우 오후에 최고에 달한다. 1일 1회 또는 2회 처방한다.

작용시작 시간은 1~2시간 필요하고 6~10시간 최고로 작용하며, 18~24시간 지속된다.

③ 혼합형 인슐린

중간형과 속효형 인슐린이 일정한 비율(70:30)로 가장 많이 사용하며 1회 주사로 2회의 최고 작용시간을 갖는다.

작용시작 시간이 15~30분이며 최고 작용시간은 2~3시간, 8~12시간이다. 18~24시간 지속된다.

(2) 경구혈당강하제

① 술포닐 요소제

인슐린의 분비개선과 세포 내로 포도당의 진입을 도와 인슐린 역할을 개선한다.

② 바이구아니드제

간에서 포도당 생성을 억제하며 인슐린의 역할을 개선한다.

③ 알파글루코시다아제 억제제

최근에 개발된 약제로 장에서의 포도당 흡수를 지연시켜 혈당이 급격히 올라가는 것을 막아준다.

9 운동요법

(1) 인슐린 의존형 당뇨병을 위한 운동요법

운동은 인슐린 필요량을 감소시킨다. 혈당 조절이 잘 되면 운동은 혈당을 낮추지만 혈당이 250mg/dL 이상일 때는 혈당, 유리지방산, 케톤체를 더 증가시킬 수 있다. 그러므로 운동 전후에 당질을 보충하여 혈당을 관리한다.

(2) 인슐린 비의존형 당뇨병을 위한 운동요법

인슐린 비의존형 당뇨병의 경우 운동은 혈당을 낮추어 주고, 혈압을 개선시켜 주며 체중감소, 혈중 중성지방, 콜레스테롤을 낮추어 준다. 특히 인슐린 감수성을 증가시키므로 개개인에게 맞는 운동을 꾸준히 하는 것이 꼭 필요하다.

이것만은 꼭 알아둡시다.

당뇨병

1. 당뇨병에 대한 설명이 바르게 된 것은 어느 것인가?

① 당뇨병은 인슐린의 과다 분비로 일어나는 질병이다.
② 포도당이 체조직 세포 내로 들어가지 못하여 에너지로 이용되지 못해 고혈당이 되며 어느 정도 이상이 되면 소변으로 당이 배설된다.
③ 당뇨병은 당뇨와 공복 시 저혈당이 일어난다.
④ 당뇨병은 대부분 유전적으로 인슐린 합성 능력이 감소되어 나타난다.

Tip 당뇨병은 인슐린의 작용 부족으로 당 이용이 저하되어 고혈당이 되며 당이 요로 배설된다.

2. 인슐린은 어디에서 생성되는가?

① 췌장 랑게르한스섬의 α-세포
② 부신피질
③ 소장
④ 췌장 랑게르한스섬의 β-세포

3. 당뇨병의 발병요인에 대한 설명 중 틀린 것은?

① 비만은 당뇨병의 원인이다.
② 유전적 요인이 크므로 부모가 당뇨이면 자녀의 발병률이 높다.
③ 임신에 의한 호르몬 변화는 당뇨병 발병률을 높인다.
④ 당뇨병의 발병률은 전 연령에서 비슷하게 나타난다.

Tip 당뇨병은 통계적으로 40세 이후의 중년층과 노년층에서 발병률이 가장 높다.

4. 당뇨병의 중요한 증상에 해당되는 것은?

① 고혈당과 갈증 ② 고혈압과 설사
③ 갈증과 단백뇨 ④ 저혈압과 갈증

Tip 당뇨병은 포도당이 정상수준 이상으로 증가하는 고혈당과 요 중에 당이 배설되는 당뇨, 그리고 계속적이고 심한 갈증이 나타난다.

5. 제1형 당뇨병 환자의 치료에서 제2형 당뇨병과 다른 것은 무엇인가?

① 식사시마다 영양소의 균형적인 분배와 공급을 한다.
② 식사시간의 간격을 일정하게 하여 분배한다.
③ 당질을 총 열량의 55~60%를 공급하되 복합당질을 제공한다.
④ 반드시 인슐린을 투여한다.

Tip 제1형 당뇨병은 인슐린을 분비하는 췌장의 β –세포가 파괴되어 인슐린이 부족하므로 인슐린 주사를 꼭 맞아야 한다. 제2형 당뇨병도 식이요법, 운동요법, 먹는 혈당강하제로 치료할 수 있지만 인슐린 주사를 맞아야 혈당을 조절할 수 있는 경우도 있다.

6. 제2형 당뇨병(성인형 인슐린 비의존형 당뇨병)의 특징으로 틀린 것은?

① 당뇨병 환자의 대부분을 차지하며 중년 이후에 발병하는 경우가 많다.
② 인슐린 저항성이 높다.
③ 외부로부터 인슐린을 필수적으로 공급받아야 한다.
④ 제2형 당뇨병 환자는 대부분 비만하거나 보통 체격이다.

7. 정상적 공복혈당의 농도와 혈당을 유지하는 데 가장 강력하게 작용하는 호르몬은?

① 70~100mg/dL–인슐린 ② 70~100mg/dL–글루카곤
③ 180~240mg/dL–인슐린 ④ 50~70mg/dL–갑상선호르몬

Tip 공복 시 혈당은 70~100mg/dL이며, 식후에는 120~130mg/dL 정도로 상승한다. 그리고 인슐린이 혈당을 조절한다.

8. 성인 당뇨병 환자의 식이요법 기본목표로 적절하지 않은 것은?

① 정상농도의 혈당유지 ② 적절한 혈중 지질 농도 유지
③ 적정 체중 유지 ④ 한 끼에 몰아서 섭취한다.

> **Tip**
> 당뇨병 식이요법의 기본 목표
> - 정상에 가까운 혈당유지
> - 적절한 혈중 지질 농도 유지
> - 적정 체중유지
> - 합병증을 예방하거나 최대한 지연

9. 당뇨병 환자에 있어서 우선 섭취필요량을 결정해야 할 영양소는?

① 당질 ② 단백질
③ 지방 ④ 무기질

> **Tip**
> 당뇨병은 당대사가 잘 이루어지지 않고 혈중에 당이 많은 상태이므로 당을 우선적으로 제한한다.

10. 당뇨병 환자가 저혈당증에 빠졌을 때 가장 먼저 해야 할 일은?

① 신속한 인슐린 주사
② 수분과 전해질대사
③ 맑은 국물 마심
④ 사탕이나 캐러멜, 과즙 등을 섭취함

> **Tip**
> **원인 · 증상** : 저혈당증은 인슐린 주사는 맞았는데 식사량이 너무 적거나 굶은 경우, 구토나 설사가 있는 경우, 평소보다 운동량이나 활동량이 많은 경우, 술을 마신 경우 등에 나타나며 불안, 공복감, 어지러움, 식은땀, 두통 등이 나타나고 오래 지속되면 의식장애와 경련이 일어난다.
>
> **치료** : 단순한 저혈당증세일 경우 단순당을 섭취한다(단순당 15g을 경구로 섭취하면 15~30분 이내 혈당 50~100mg/dL 상승). 환자가 사탕이나 캐러멜을 휴대하는 것이 좋고 이러한 방법으로 회복되지 않거나 다음 식사까지의 시간이 많이 남으면 복합당질과 단백질로 100~150kcal 정도를 추가로 섭취한다.

[정답] 1. ② 2. ④ 3. ④ 4. ① 5. ④ 6. ③ 7. ① 8. ④ 9. ① 10. ④

Chapter 7 위장질환

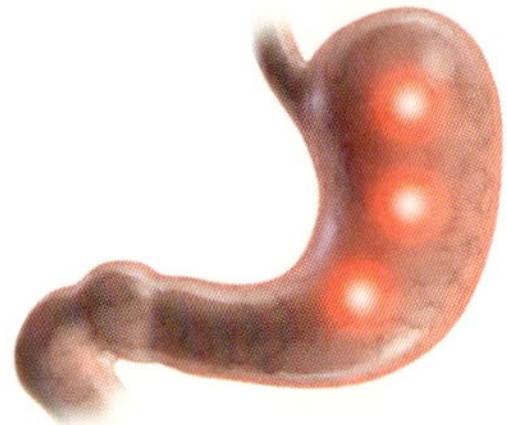

1 위질환

음식을 섭취하면 입, 식도를 거쳐 위에서 섞여 소장으로 간다. 이때 각종 효소의 작용으로 음식물이 가수분해 되면서 소화가 진행되어 영양소가 우리 체내에 흡수된다. 수분흡수는 대장에서 일어난다.

위장의 소화·흡수 기능은 음식의 위생, 조리과정뿐만 아니라, 기분이나 스트레스에 의해서도 영향을 받는다. 특히 현대인은 식사를 제때에 못하거나, 아침을 거르고 점심, 저녁을 과식하는 경향, 음주 등으로 인해 소화가 되지 않거나, 위장에 탈이 나는 경우가 많다.

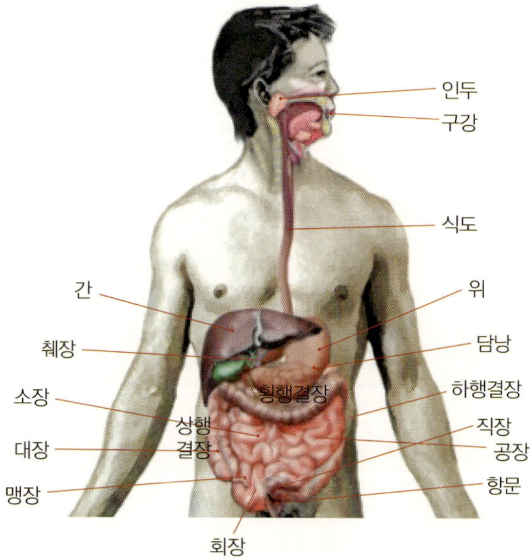

그림 7-1 소화기관

소화불량이나 위장장애가 오래 계속되면 위장질환으로 진행되는 경우가 많으므로 위생적으로 조리한 음식을 규칙적으로 먹는 습관을 갖는 것이 중요하다.

1. 소화불량증

불규칙적이거나 급히 먹는 등의 식습관, 과식 또는 지방함량이 많은 음식, 가스를 형성하는 과실이나 채소를 많이 섭취하는 등 식품의 선택이 부적절할 때 발생한다.

영양관리는 규칙적인 식습관과 편안한 상태에서 천천히 식사하는 것이 중요하며 가스를 형성하는 양배추, 마른 콩, 풋고추, 오이, 무청, 배추 등을 너무 많이 섭취하지 않도록 한다.

2. 위 염

위염에는 급성위염과 만성위염이 있다.

(1) 원 인

급성위염은 과식, 과음, 자극성이 강한 식품 등의 과잉섭취, 음식이 너무 뜨거운 경우, 튀긴 음식 등을 급하게 섭취해 위벽을 자극하면 발생할 수 있다.

고등어, 새우, 게 등은 신선도가 저하되면 알레르기성 위염을 일으킬 위험이 있으며 항생제, 해열제, 부신피질호르몬 등의 약물에 의해서도 발생한다. 만성위염은 급성위염이 만성화하는 경우도 있으나, 장기간에 걸친 무절제한 식사, 스트레스, 위산분비 이상 등의 원인으로 발생하며 고령자에게 많다.

(2) 증 상

복부가 팽만하게 되며 통증, 식욕부진, 소화불량 등이 나타난다.

(3) 영양관리; 1~2일 절식

급성위염인 경우에는 수분을 충분히 섭취하며 상태를 보아 죽을 섭취하다가 좋아지면 소화가 잘 되는 음식으로 섭취한다.

만성위염에는 단백질이 풍부하고 소화되기 쉬운 식사를 규칙적으로 천천히 먹는 습관이 필요하다. 자극적인 음식과 음료, 알코올, 커피, 차, 콜라, 매운 음식과 지방이 많은 음식은 피한다.

원인으로는 약물, 감염, 노화현상, 헬리코박터 파일로리(Helicobactor pylori)의 장기간 감염에 의해 발생한다. 이 균은 몇 개의 편모가 있는 나선형 세균으로 요소분해효소(urease)를 가지고 있어 위 내의 요소로부터 암모니아를 생성하여 위산을 중화함으로써 산성환경에서 생존할 수 있다.

3. 위·십이지장 궤양

(1) 원 인

스트레스를 받거나 단백질 결핍으로 위의 저항력이 약해져 발생하며 자극성이 강한 식품, 알코올의 과잉섭취에 의해 올 수 있다. 약을 잘못 복용했을 때도 위·십이지장 궤양이 올 수 있다.

(2) 증 상

복부에 통증을 느끼고 트림을 자주하며 식후 1~3시간 경과 후 위가 쓰리다.

(3) 영양관리

안정을 취하고 위를 자극하는 음식은 섭취하지 않는다. 체온과 비슷한 온도의 식사를 하며, 건조식품인 말린 채소, 건어, 육포, 말린 과실, 말린 콩 등은 상처에 자극을 주므로 피한다.

섬유질 식품은 자극을 주므로 섭취하지 않으며 자극이 강한 조미료나 카페인이 들어가 있는 식품도 피한다. 양질의 단백질, 비타민 C 함유식품을 많이 섭취한다.

탄수화물 식품은 자극이 없으며 지방은 통증을 완화해 주기도 하나 과잉섭취는 위에 부담을 주므로 주의한다. 식사는 하루에 4~5회로 나누어 섭취하는 것이 좋으나 너무 자주 먹으면 위가 쉬지 못해 오히려 자극이 될 수도 있다.

4. 위하수증

(1) 원 인

위가 배꼽 아래까지 길게 내려와 위의 기능이 저하되어 있는 상태이다.

(2) 증 상

소화능력이 떨어져 있고 위의 내용물을 장으로 내보내는 힘도 약해져 약간이라도 음식섭취량이 많아지면 위가 거북해진다. 혈액순환이 좋지 못해 얼굴이 창백하고 손발이 차가운 경우가 많으며 허약하다. 식욕이 없으며 잠을 깊이 못자고 변비가 심한 환자가 많다.

(3) 영양관리

소화가 잘 되며 위 안에 장시간 머물지 않는 음식을 선택한다. 주식은 수분이 많은 죽 종류를 피하고 진밥이나 토스트를 잘 씹어 먹도록 한다. 수분이 많은 주스 또는 우유는 식사 시에 마시는 것보다 간식으로 마시는 것이 좋다.

지방은 튀김과 같은 음식에서 섭취하지 말고 버터나 크림 등으로 섭취한다. 단백질은 부드러운 고기나 생선으로 충분히 섭취한다. 위의 근육을 튼튼하게 하기 위해 단백질은 필수아미노산이 풍부하게 들어있는 식품으로 섭취한다. 향신료를 적당히 사용해서 식욕을 촉진시키되 과용하지 말아야 한다.

단 음식을 많이 먹으면 식욕이 감퇴하므로 음식의 맛은 담백하게 한다. 섬유질이 많은 채소는 피하며 하루 세 끼 사이 중간식사를 통해 영양과 열량을 분배해 위의 부담을 줄인다.

2 장질환

소장질환에는 고창, 글루텐과민 장질환 등이 있고 대장질환에는 변비, 게실염, 치질 등이 있으며 설사는 소장, 대장질환 모두에서 발생한다.

1. 고 창

소장 내 가스는 주로 N_2, O_2, H_2, CO_2, CH_4로 구성되고 정상적인 소장은 매일 7~10L의 가스를 처리한다. 이 중 대부분이 혈액으로 재흡수되고 약 600mL의 가스만이 100mL/hr 이하의 속도로 부지불식간에 배출되는데 혈액으로 재흡수되고 남은 가스량이 600mL을 초과할 경우 흔히 가스가 차는 것을 느낀다.

(1) 원 인

음식을 먹거나 음료수를 마실 때 공기를 삼키는 공기연하증(aerophagea) 때문일 수 있는데 대부분은 위장으로부터 배출되고 아주 적은 양만이 결장까지 간다. 직장 내 N_2와 O_2 농도가 높은 것은 공기연하증에 의한 것이고 H_2와 CO_2의 농도가 높은 것은 박테리아의 발효가 지나치게 증가한 때문이다.

(2) 영양관리

공기연하증으로 인한 고창은 천천히 먹고 입을 다물고 씹으며 빨대 사용을 하지 않음으로써 피할 수 있다. 박테리아에 의한 발효가 지나치게 증가하는 것은 유당 같은 발효기질이 잘 흡수되지 않았음을 의미한다. 따라서 원인이 되는 당질을 식이에서 감소하거나 제외한다. 예를 들어 두류는 비소화성 당질을 많이 함유하고 있어 식사에서 제외한다.

2. 이완성 변비

배변의 횟수는 개인의 습관에 따라 다른데 음식물의 장내 통과시간으로 보아 4일 이상 배변이 안 되면 변비라고 한다. 변비는 여성에서 더 많으며 나이가 듦에 따라 증가하는 경향이 있다.

(1) 원 인

운동량이 부족한 직종에 근무하거나 스트레스에 의한 경우, 임신 후반기에 태아가 커지면서 복부에 압박을 주는 경우, 아침 결식, 소식 등이 변비의 원인이다.

인스턴트 식품, 패스트푸드 등을 많이 먹어도 변비에 걸릴 수 있다. 진통제, 항우울제, 항히스타민제, 알루미늄이 포함된 제산제, 철분과 칼슘 등의 식품 첨가물에 의해서도 발생한다.

(2) 증 상

복부가 팽만하고 장 내용물이 결장에 장시간 정체함으로 인해 수분이 과잉 흡수되고 변은 더욱 굳어져 배변이 곤란해진다.

(3) 영양관리

지방 식품을 섭취하면 지방산이 장 점막을 자극하여 장의 연동운동을 촉진시키므로 변통이 원활해진다. 섬유소도 변비를 예방하며 유당은 체내에서 세균에 의해 유산을 만들어 연동운동을 촉진시킨다.

과일류의 유기산은 당분이 많은데 이것은 장내에서 발효되어 산을 생성하여 배변운동을 촉진시킨다. 고섬유소 식단은 때때로 장내 가스를 증가시킬 수 있으므로 점진적으로 늘려가는 것이 좋다.

표 7-1 이완성 변비 환자에게 좋은 음식

구분	음식
곡류	· 백미보다는 보리나 콩 등의 잡곡 · 현미는 압력솥으로 충분히 익힘(섬유질이 풍부하지만 소화가 안되기 쉬움) · 현미빵이나 오트밀, 콘플레이크, 옥수수, 메밀국수
감자류	· 고구마, 감자, 토란, 곤약
과일류	· 감, 사과, 참외, 딸기, 배, 파인애플, 천도복숭아(섬유질) · 신 포도나 여름 밀감(신맛) · 대추나 키위주스(하제작용)
채소류	· 시금치, 배추, 무, 당근, 죽순, 연근, 우엉, 호박, 강낭콩 등 · 참기름이나 들기름과 함께 조리하면 배변 자극에 효과적
유제품	· 우유(찬 우유는 변비해소에 큰 도움) · 요구르트
콩류	· 대두나 팥, 콩조림(밥을 지을 때 섞어 넣거나 볶아서 간식으로) · 갈아서 만든 비지찌개
해조류	미역, 다시마, 김, 한천 등
조미료와 향신료	설탕, 식초, 카레, 고추냉이, 후추 등의 향신료(장을 자극해서 변통을 원활히)

3. 경련성 변비

(1) 원 인

결장 또는 직장벽근이 경련성 수축을 일으켜서 내용물 이동이 늦어지기 때문에 생긴다. 정신적·심리적 요인이 많이 관여하며 자율신경계 장애로 장운동이 비정상적으로 항진하여 일종의 과민성 대장증후군을 나타낸다.

(2) 증 상

식사 후 하복부에 통증을 느낀다. 변의가 강하게 일어나는데 비해 배변량은 적으며 대변이 굳고 작은 덩어리가 되거나 연필처럼 가늘고 굳은 형태로 배출된다. 때로는 변에 점액이 붙어나오는 경우도 있다. 변비와 설사가 번갈아 생기며 두통, 피로 등의 고통을 느낀다.

(3) 영양관리

과민한 대장의 연동운동을 감소시켜야 하므로 식이섬유소의 섭취를 제한하며 장점막을 심하게 자극하는 것을 피하고 장운동의 항진을 억제시킨다.

섬유소와 장 질환 check point

식이섬유를 증가시켜야 하는 질환에는 이완성 변비, 당뇨, 게실염 예방, 심장질환, 비만 등이 있으며 식이섬유를 감소시켜야 하는 질환에는 염증성 대장질환, 수술 후 등이 있다.

불용성 섬유소는 변의 무게를 늘려주고 대장의 배설 활동을 촉진시킨다. 수용성 섬유소는 음식물의 소화관 통과시간을 느리게 하여 포만감을 증가시키고 소장에서 당의 흡수를 늦추는 역할을 한다. 수용성 섬유소가 많이 포함된 식이는 담즙과 결합해 담즙의 재흡수를 감소시킴으로써 혈액 내 콜레스테롤 수치를 낮추는 역할을 한다.

그러나 고섬유소 식사는 때때로 장내 가스생성(헛배부름–flatulence)을 일으키는 불쾌한 부작용도 있다. 이것은 소화되지 못한 섬유소가 대장에서 세균에 의해 발효되기 때문이다. 장내 가스는 또한 다른 탄수화물들이 불완전하게 소화되었거나 흡수되지 않았을 때도 생성된다. 과당, 당알코올, 소화되지 않는 콩류 등이 있다.

공기를 삼키는 것도 또한 장내 가스형성을 유발한다. 가스발생 식품에는 사과, 배, 브로콜리, 양배추, 옥수수, 감자, 콩, 부추, 무, 양파, 맥주, 탄산음료, 과일 주스, 유제품(유당불내증의 경우) 등이 있다.

4. 설 사

(1) 원 인

음식물을 섭취하면 대부분의 소화·흡수는 소장에서 이루어지며 수분은 대장에서 흡수된다. 그러나 대장에 장애가 생겨 장 내용물이 빠르게 통과되거나 대장점막에서 수분을 흡수하는 능력이 저하되어 수분이 많은 대변이 배설되는 것을 설사라 한다.

(2) 증 상

흡수되지 못한 솔비톨(sorbitol) 혹은 과당(fructose)이 장내에 수분을 끌어들여 설사를 하는 경우도 있고, 장염, 탄수화물이나 단백질 식품의 소화·흡수에 장애가 생겨 발생하기도 한다.

(3) 영양관리

상태에 따라 수분공급을 충분히 하고 탄수화물 식품이 소화·흡수에 장애가 있는 경우에는 탄수화물 식품을 제한하고, 단백질 식품의 소화·흡수가 안될 때는 단백질 식품을 제한한다.

5. 글루텐 과민 장질환

비열대성 스프루(nontropical sprue) 또는 실리악질환(celiac disease)이라고도 불린다.

(1) 원 인

글루텐의 글리아딘이 독성을 유발하여 소장 점막을 손상시켜 융모가 위축되고 단백질, 지방, 탄수화물, 철, 비타민류의 흡수장애를 일으키는 질환이다.

(2) 증 상

지방분이 많고 악취가 심하며 거품 섞인 연한 색깔의 설사변을 여러 번 보며 심하면 각종 영양소 흡수가 안되어 체중감소, 빈혈과 비타민 결핍을 나타낸다.

(3) 영양관리

글루텐 함량이 많은 식품(밀, 보리, 메밀, 국수, 라면, 밀가루, 수제비, 빵, 수프 등)을 제한한다. 쌀, 감자, 옥수수 등을 주식으로 한다. 고에너지 고단백 식사를 섭취하며 설사로 인해 탈수 증상을 보일 때는 수분과 전해질 보충이 필요하다.

6. 게실염

(1) 원 인

섬유소 섭취가 적은 식생활을 오랜 기간 계속하다 보면 음식찌꺼기들이 대장 아랫부분에 축적되어 압력이 높아져 장벽의 약한 부분을 밀어내 주머니를 만드는데 이를 게실이라 한다. 게실이 많아지면 여기에 박테리아가 들어가 염증을 유발한다.

(2) 증 상

변비가 생기기도 하며 간혹 설사를 유발하기도 한다. 복부 팽만, 아랫배 통증, 대장경련, 구토 등의 증세를 보인다.

(3) 영양관리

섬유소가 풍부한 식사를 한다. 섬유소는 수분과 결합해 부드러운 변을 만들어 장의 압력을 낮추고 게실 형성을 줄일 수 있다. 스트레스도 대장의 압력을 증가시키므로 심리적인 안정도 매우 중요하다.

7. 과민성 대장 증후군

대장운동의 이상으로 장이 불편한 상태이다.

(1) 원 인

심리적인 원인도 있고 우유, 알코올, 카페인에 의해서 과민성을 보인다.

(2) 증 상

식사, 스트레스 등에 과민하게 반응해 배변이 안되거나 복부팽만 등이 나타난다. 음식섭취 후 장 움직임이 과하면 설사를 일으킬 수도 있고 장 움직임이 감소하면 변비를 일으킬 수도 있다. 정신적으로 스트레스를 받을 때 더 심해질 수 있다.

(3) 영양관리

급성이면 저섬유소 식이를 주고 점차로 자극이 없고 부드러운 식이를 주며 수분공급을 충분히 한다. 유당 불내성이 있는 경우 유제품은 피하는 것이 좋다. 카페인이나 알코올은 증상을 악화시킬 수 있다.

이것만은 꼭 알아둡시다.

위장 질환

1. 아버지가 위궤양을 앓고 있다. 아버지에게 좋지 않은 식품은?

① 미음 ② 묽은 달걀찜
③ 토스트 ④ 냉면

Tip 위액 분비를 자극하지 않는 식품과 조리법을 선택한다. 식품온도는 체온과 비슷하게 하며 저섬유소 식품을 선택하고 자극성이 적은 조미료를 준다.

2. 병원에 가니 급성위염이라 한다. 발생할 수 있는 원인 중 적당하지 않은 것은?

① 과식, 급한 식사 ② 식중독
③ 알레르기성 식품 ④ 소식

3. 할아버지가 위하수이다. 할아버지에게 적당한 음식은?

① 국수나 냉면
② 잡곡밥이나 볶음밥
③ 흰죽이나 잡곡 죽
④ 진밥이나 토스트

4. 김양은 이완성 변비이다. 영양관리 중 잘못된 것은?

① 잡곡밥의 섭취
② 생채소와 생과일의 섭취 증가
③ 해조류의 섭취 증가
④ 수분 제한

Tip 변비는 장의 내용물이 수분을 너무 많이 잃은 것이 원인이므로 수분을 충분히 섭취한다.

5. 가정에서 설사를 할 때는 어떻게 하는 것이 좋은가?

① 물을 먹지 않는다.
② 물과 당질을 먹지 않는다.
③ 죽을 먹는다.
④ 체내의 수분과 염분의 손실을 보충하는 것이 가장 중요하다.

[정답] 1. ④ 2. ④ 3. ④ 4. ④ 5. ④

Chapter 8 골다공증과 식생활

1. 골다공증의 정의

성인의 골격은 206개의 뼈로 구성되어 있으며, 뼈 조직에는 조골세포, 파골세포 및 골세포가 있다. 뼈는 단백질, 산성뮤코다당체, 지질 등 유기질로 형성된 망상구조 위에 무기염류가 부착되어 있다. 뼈 건강에는 칼슘의 섭취가 매우 중요하며, 특히 폐경기 이후 여성이 칼슘의 섭취가 부족하면 여러 가지 골격계 질환의 발생 위험이 크다.

골다공증은 노령화에 따른 골격대사 이상 또는 뼈 칼슘대사의 불균형으로 인한 질환이다. 뼈의 화학적 조성은 크게 변하지 않으나, 뼈의 단위 용적당 골질량(bone mass) 또는 골밀도(bone density)가 감소됨으로써 나타나는 증후군으로 뼈의 생성(bone formation)과 용해(bone resorption) 간의 불균형으로 뼈 형성 세포활성(osteoblastic activity)보다는 뼈 용해 세포활성(osteoclastic activity)이 증가하기 때문이다.

2. 골다공증의 유형

(1) 폐경 후 골다공증 (postmenopasual osteoporosis)

폐경 후 에스트로겐의 분비가 부족하면 칼슘의 흡수가 감소되고 뼈에서 칼슘이 빠져나가 골질량이 감소하면서 골다공증이 나타나게 된다. 비만한 여성은 지방세포에서 에스트로겐 합성이 이루어지므로 골다공증에 걸릴 위험이 적다.

(2) 노인성 골다공증 (senile osteoporosis)

70세 이후의 노인들은 파골세포의 활성이 조골세포의 활성보다 커서 뼈의 파괴가 끊임없이 일어난다.

비타민 D 활성형인 1,25-디하이드록시 비타민 D의 합성이 감소하고 부갑상선 호르몬의 활성이 증가하면서 골합성보다는 파괴가 빠르게 일어난다. 외부활동이 자유롭지 못한 노인은 피부에서 비타민 D 합성이 감소해 골다공증이 더 쉽게 일어난다.

3. 골다공증의 증상

뼈의 구조적 약화 및 신체지지 기능의 약화로 인한 뼈의 변형, 작은 충격에 의해서도 쉽게 일어나는 골절, 등 굽어짐, 뼈의 통증 등이 생긴다.

4. 골다공증의 관련 인자

(1) 연령과 성

노령화에 따라 활동량 감소, 칼슘섭취 부족과 칼슘 흡수율 저하, 칼슘 배설량의 증가 및 호르몬 분비의 불균형 등으로 인해 골다공증이 발생한다. 또한 여성은 남성보다 골질량이 적어 골다공증 발생이 많다.

(2) 신체활동

육체적 활동은 골아세포를 자극함으로써 뼈 재생을 촉진하며, 활동제한은 골질량의 감소를 초래한다.

그러므로 걷기, 산보, 조깅 등 골격에 물리적인 힘이 가해지는 운동을 꾸준히 해서 골다공증을 예방해야 한다. 운동량이 적을수록 뼈 손실은 증가한다.

(3) 체 중

체중이 증가할수록 골밀도의 수치는 증가한다.

폐경 후에는 주로 지방조직에 의해 에스트로겐이 공급되기 때문에 체중이 많이 나가는 여성이 마른 여성에 비해 골절률이 낮다.

(4) 내분비호르몬

부갑상선호르몬, 칼시토닌, 비타민-D_3와 에스트로겐에 의해 영향을 받는다.

(5) 만성질환과 약물복용

만성질환과 약물복용은 골질량에 영향을 미친다.

스테로이드계 약제는 비타민 D의 대사에 영향을 미쳐 뼈 손실을 초래하며 갑상선호르몬 투여는 골질량을 지속적으로 감소시킨다.

(6) 식사요인

① 칼 슘

골다공증 환자나 노인은 칼슘 섭취량이 부족하고, 흡수율이 저하되어 있으며, 배설은 증가하여 음의 칼슘 평형을 보인다. 알코올, 카페인, 소금, 고단백식 등은 신세뇨관에서 칼슘 재흡수를 감소시켜 요 중 칼슘 배설량을 증가시킨다.

② 단백질과 인

과잉의 단백질 섭취는 요 중 칼슘의 과잉배설을 초래하여 음의 칼슘 평형이 되게 하는데, 특히 동물성 단백질에 함유되어 있는 함황아미노산의 대사산물인 황산이 칼슘과 염을 형성하여 요 중에 배설되어 음의 칼슘 평형을 만든다.

인은 과잉으로 섭취하면 칼슘의 배설이 증가하므로 칼슘과 인의 섭취비율이 중요하다.

③ 비타민 D

비타민 D_3는 간에서 25-(OH)-비타민 D_3로, 신장에서 1,25-$(OH)_2$-비타민 D_3로 활성화되어 소장에서 칼슘 흡수를 촉진시킨다.

④ 섬유소

섬유소는 소장에서 칼슘 흡수를 억제하여 분변으로의 칼슘 배설을 증가시킨다. 그러므로 골다공증 우려가 있는 사람들이 도정되지 않은 곡류나 채소 등을 많이 섭취하는 것은 바람직하지 않다.

(7) 그 밖의 요인

알코올 중독인 사람들은 뼈 형성이 감소하고 골질량이 감소하는데, 이는 알코올이 직접 골아세포에 작용하여 뼈의 생성을 억제하고 소장에서의 칼슘 흡수를 저해하여 요 중 칼슘 배설량을 증가시키기 때문이다.

흡연은 난소기능을 퇴화시켜 폐경 연령을 빠르게 하며, 니코틴은 에스트로겐 분비를 저하시킨다. 카페인은 칼슘 흡수를 억제하고 배설을 촉진하며 골절률도 커지게 한다.

5. 골다공증 예방과 관리

폐경기 후의 여성들은 골질량의 감소를 억제하기 위해 칼슘과 비타민 D를 공급하고, 에스트로겐을 투여한다. 그러나 에스트로겐은 자궁암 및 유방암 등을 유발할 수도 있으므로 주의해야 한다.

노인이나 폐경기 여성들은 하루에 1,200~1,500mg의 칼슘을 권장하고 있다. 우유 및 유제품에는 칼슘 흡수율이 좋은 젖산 칼슘염이 많으므로 섭취를 권하지만, 우유를 소화시킬 수 없는 경우는 칼슘 강화 두유나 칼슘 보충제를 이용한다.

리신과 아르기닌을 함유한 단백질도 칼슘의 흡수를 촉진시킨다. 그러나 과량의 칼슘은 구토, 설사, 식욕부진, 연조직의 무기질화와 신결석을 생성할 가능성이 있으므로 과량의 정제된 칼슘의 공급은 권장되지 않는다.

비타민 D는 칼슘흡수를 높이지만 골용해 작용도 증가시켜 고칼슘혈증이나 고칼슘뇨 등의 부작용도 있을 수 있으므로 칼슘흡수에 장애가 있는 경우에만 사용한다.

6. 칼슘의 항상성 조절

(1) 뼈의 대사

뼈는 끊임없이 뼈 조직을 생성하고 분해하며 보수하고 재생시키는 대사가 활발한 조직이다. 뼈의 생성은 조골세포에 의해 섬유단백질인 콜라겐의 기본 망상구조가 만들어지고 그 안에 인산칼슘염이 침착하는 석회화(calcification)에 의해 이루어진다.

뼈의 생성에는 단백질과 무기질(칼슘, 인, 마그네슘) 및 비타민 C, D 등이 필요하다. 이러한 뼈 생성과 용해를 통한 골격 대사는 일생 동안 일어난다.

뼈의 골질량은 뼈의 생성과 용해의 균형에 의해 결정되며 유전, 영양 등에 의해 영향을 받는다. 성장기에는 뼈 생성량이 용해량에 비해 많아 골질량이 증가하며, 성인기에는 최대 골질량에 도달하게 된다. 그 후 45세 정도까지 뼈 대사과정은 평형을 이루며 골질량의 변화없이 유지된다.

그러나 노령화가 진행됨에 따라 뼈 생성보다는 뼈 용해가 많아져 골질량이 감소하게 된다. 정상적인 골질량을 유지하기 위해서는 혈중 칼슘농도를 정상으로 잘 유지해야 한다.

식이로 섭취한 칼슘은 위에서 가용화되어 소장으로 이동하며, 십이지장에서 능동수송에 의해 흡수되고 나머지는 소장하부에서 확산과정을 통해 흡수된다. 흡수된 칼슘은 혈액으로 방출되고 혈액과 골격 사이에 동적 평형을 이루게 된다. 뼈의 칼슘은 혈중 칼슘 농도의 항상성 유지를 위해 사용된다.

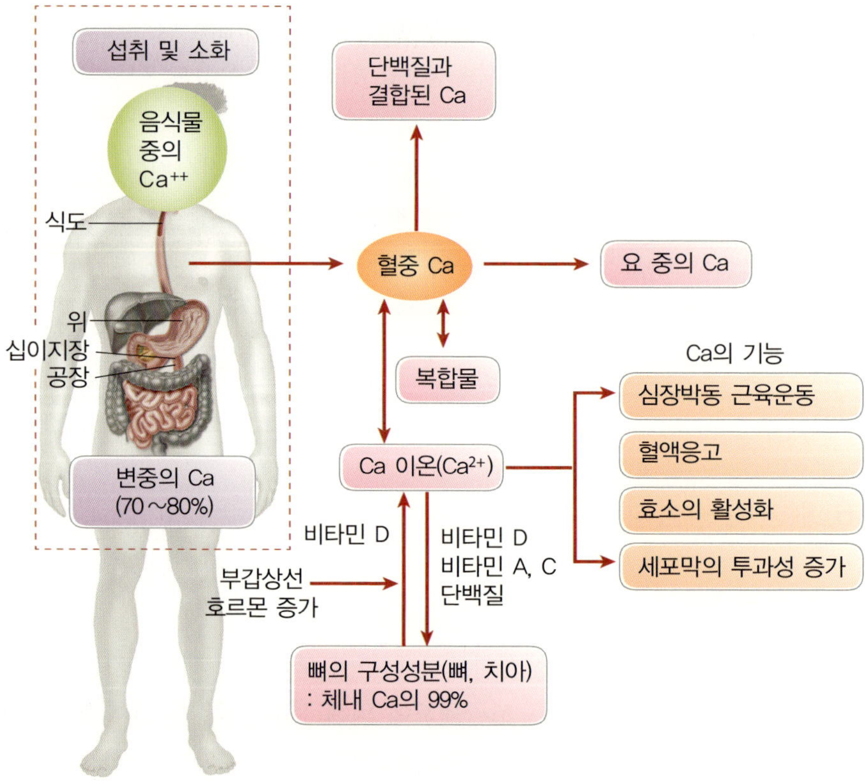

그림 8-1 칼슘의 대사

(2) 혈중 칼슘농도 조절

혈중 칼슘 농도는 9~11mg/dL로 항상 일정하게 유지되고 있다. 혈중 칼슘 수준이 저하되면 부갑상선호르몬이 방출되어 뼈에서 칼슘용출을 증가시킨다. 소장에서는 칼슘의 흡수가 촉진되며, 신장에서 칼슘의 재흡수를 증가시키고, 비타민 D_3의 활성화를 통해 혈중 칼슘 농도를 증가시킨다.

비타민 D는 칼시페롤이라 하며, 식물성 급원의 비타민 D_2(에르고칼시페롤)와 동물성 급원의 비타민 D_3(콜레칼시페롤)가 있다.

체내에서 합성되는 비타민 D_3는 7-dehydrocholesterol로부터 피부에서 합성되며 이는 간에서 비타민D_3[25-(OH)D_3]가 되고 신장에서 활성형인 비타민 D_3[1,25-$(OH)_2D_3$(1,25-dihydroxycholecalciferol)]로 전환되어 소장으로부터 칼슘흡수를 증가시킨다.

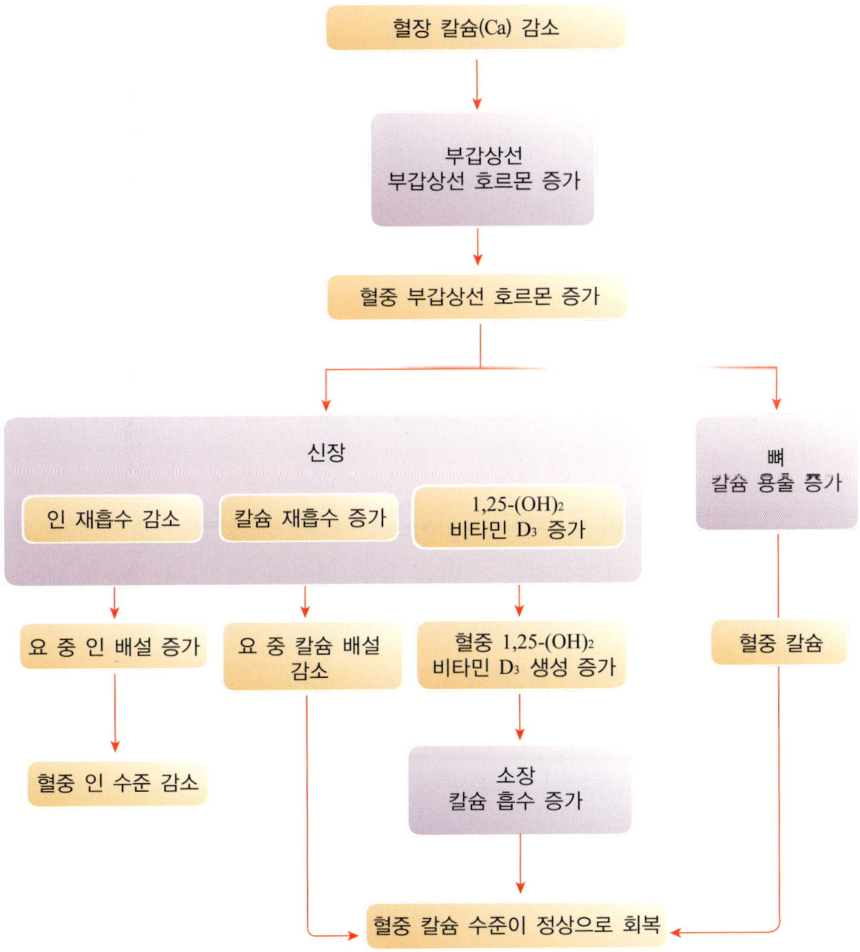

그림 8-2 혈중 칼슘농도 조절 기전

체내 비타민 D_3 합성량은 연령이 증가함에 따라 감소되고 척추 골절환자에서 감소한다. 이러한 비타민 D_3 합성의 저하는 장관으로부터의 칼슘흡수율 저하를 초래하여 골다공증을 유발한다.

여성의 경우, 폐경기가 되면 부갑상선 기능항진(hyperparathyroidism)이 일어나서 지속적인 혈청 칼슘수준 저하(hypocalcemia)로 인해 골다공증이 유발된다.

갑상선에서 분비되는 칼시토닌은 혈청 칼슘 수준이 증가할 때 방출되어 혈청 칼슘을 뼈에 침착시키고 칼슘 용출을 억제하며, 신장에서의 재흡수 감소 등을 통해 혈중 칼슘농도를 저하시킨다. 에스트로겐은 칼시토닌 분비를 자극하여 골다공증을 개선시킨다.

7. 골다공증의 영양관리

칼슘이 풍부한 식사를 한다. 골다공증 환자나 폐경기 여성 및 노인들은 식사로의 섭취가 불충분하고 흡수율이 낮으므로 하루에 1,200~1,500mg의 칼슘을 권장하고 있다. 우유와 유제품은 칼슘섭취의 좋은 급원이다.

유당은 폐경 후 여성의 혈청 칼슘을 증가시키는 데 효과적이다. 과량의 동물성 단백질 섭취는 오히려 칼슘을 배출하게 하므로 피하고, 식물성 단백질인 대두단백질 위주로 섭취한다.

대두에 있는 이소플라본은 골의 칼슘용출을 저해하여 골밀도를 향상시킨다. 메티오닌, 시스틴 함량이 높은 단백질 식품은 칼슘 배설을 증가시키므로 주의한다.

섬유소 섭취는 칼슘의 흡수를 방해하므로 골다공증이 있는 경우에는 섭취를 줄인다. 나트륨의 과잉섭취는 소변을 통한 나트륨 배설 시 칼슘의 배설을 동반하기 때문에 칼슘의 이용효율을 떨어뜨린다.

인은 부갑상선호르몬의 분비를 자극하여 간접적으로 신세뇨관의 칼슘 재흡수를 촉진함으로써 소변 내 칼슘 손실을 감소시킬 수 있으므로 적당량의 인은 골밀도를 증가시킨다. 그러나 과량의 인 섭취는 칼슘의 흡수율을 감소시키고 배설을 촉진하여 골밀도를 감소시키므로 칼슘과 인의 섭취는 1:1의 비율이 좋다. 우리나라 식생활은 곡류나 기타 식품을 통해 인의 섭취가 많으므로 과잉되지 않도록 주의한다.

카페인은 신장과 장을 통한 칼슘 배설을 촉진하므로 될 수 있으면 섭취하지 않는다. 또한 알코올은 조골세포의 활성을 저하시켜 골세포 형성에 나쁜 영향을 주므로 지나친 알코올 섭취를 하지 않는다.

흡연은 에스트로겐을 감소시킴으로써 칼슘의 이용률을 떨어뜨린다.

적절한 운동은 골밀도 향상에 크게 도움이 되므로 규칙적인 운동을 한다. 특히 체중부하운동은 뼈, 관절, 근육에 중력을 가함으로써 골손실을 감소시키고 골질량을 증가시킬 수 있다. 걷기, 하이킹, 조깅, 달리기, 에어로빅, 자전거 타기 등의 운동을 규칙적으로 하고, 외출해서 햇볕을 쪼인다.

표 8-1 칼슘 급원식품과 함량

식품명	100g당 함량(mg)	식품명	100g당 함량(mg)
우 유	100	아이스크림	122
호상 요구르트	166	꽁치통조림	198
말린 잔멸치	913	뱅어포	982
두 부	159	브로콜리	64
가공치즈	633	식 빵	28

자료 : 식품영양소 함량 자료집, 한국영양학회, 2009

(1) 골연화증

비타민 D 결핍으로 인해 아이들에게 발병하는 구루병과 비슷한 증상이 어른들에게 나타나는 질환으로 비타민 D 부족시 뼈의 무기질화 과정에서 이상을 초래하며 뼈가 얇아지고 쉽게 부러지며 골밀도가 감소하게 된다.

① **원인** : 비타민 D 섭취량의 부족, 자외선 노출차단, 장에서의 흡수장애, 신장장애로 인한 비타민 D 활성화 불능 및 칼슘섭취 부족과 배설 증가 등이 요인이다.

② **증상** : 뼈의 통증, 근육약화 등이 나타나며 척추가 체중을 지탱하지 못해 신체가 구부러지고 기형을 유발하기도 한다.

③ **식사요법** : 충분한 태양광선을 쬐고 양질의 단백질과 우유 등을 섭취한다.

이것만은 **꼭** 알아둡시다.

골다공증

1. 골다공증에 대한 설명으로 잘못 설명된 것은?

① 노령화되면 뼈 생성보다는 파괴가 많다.
② 뼈의 절대량이 감소한다.
③ 뼈의 통증과 근육과는 상관이 없다.
④ 뼈세포의 기능이 저하된다.

Tip 뼈의 변형이나 파열로 인해 척추 주위에 있는 신경 또는 근육이 눌리거나 당겨질 때 통증을 느낀다.

2. 골다공증의 증상이 아닌 것은?

① 빈번한 골절　② 뼈의 변형
③ 뼈의 통증　④ 척추의 신장

Tip 골절, 뼈의 변형과 통증, 척추의 압축과 쐐기골의 변형, 뼈의 위축 등

3. 골다공증에 관련된 식이요인이 아닌 것은?

① 칼슘의 섭취부족　② 단백질의 섭취부족
③ 염분의 과다섭취　④ 섬유소 과다섭취

4. 칼슘흡수에 관여하는 비타민은?

① 비타민 A ② 비타민 C
③ 니아신 ④ 비타민 D

5. 칼슘의 급원으로 좋지 않은 것은?

① 우유 및 유제품 ② 뼈째 먹는 생선류
③ 두류, 검정깨, 해조류 ④ 쇠고기, 닭고기

6. 골다공증 치료를 위해 바람직하지 않은 것은?

① 균형 있는 영양과 충분한 칼슘섭취
② 고열량, 고지방식사 섭취
③ 규칙적인 운동
④ 우유 및 유제품의 섭취

7. 골다공증의 예방과 치료방법으로 옳지 않은 것은?

① 예방은 골격구성이 왕성한 성장기부터 시작한다.
② 짠 음식은 피하고 두류 등을 섭취한다.
③ 치료방법으로는 칼슘제제 섭취, 비타민 D 요법, 에스트로겐 요법 등이 있다.
④ 골다공증의 예방과 치료에 있어 규칙적이고 지속적인 운동은 금물이다.

[정답] 1. ③ 2. ④ 3. ② 4. ④ 5. ④ 6. ② 7. ④

Chapter 9

빈혈과 식생활

1 빈혈의 정의

빈혈이란 적혈구의 크기, 수, 용적, 헤모글로빈 농도 등이 낮아져 혈액의 산소 운반 능력이 떨어진 상태를 말한다.

빈혈은 질병에 의해 생기기보다는 영양, 특히 철분 부족으로 생기는 경우가 많다. 최근에는 과도한 식이조절에 의한 빈혈이 여성들 사이에서 많은데, 이는 체중조절을 하다보면 영양섭취가 불균형하여 저영양 상태가 되기 때문이다.

이러한 빈혈치료에는 철분을 비롯한 영양소 섭취가 매우 중요하다. 또한 임신부가 빈혈이 되면 저체중아 출산, 조산, 난산, 태아의 성장 지연, 신생아 사망 등의 위험률을 높이는 원인이 되므로 주의해야 한다. 유아들은 출생 시에 가지고 태어난 철분 저장량이 거의 고갈되고, 이유식을 제대로 공급받지 못할 때 빈혈이 흔히 발생한다.

2 빈혈의 판정

(1) 적혈구수

적혈구는 혈구의 대부분을 차지하며 혈액 $1mm^3$에 성인 남자 410~530만 개, 여자 380~480만 개 정도 들어있다. 적혈구에는 헤모글로빈이 함유되어 있어 산소를 운반한다. 헤모글로빈은 헴과 글로빈으로 이루어져 있다. 적혈구는 골수에서 생성되며 수명은 120일이고 간, 골수, 지라 등에서 파괴된다.

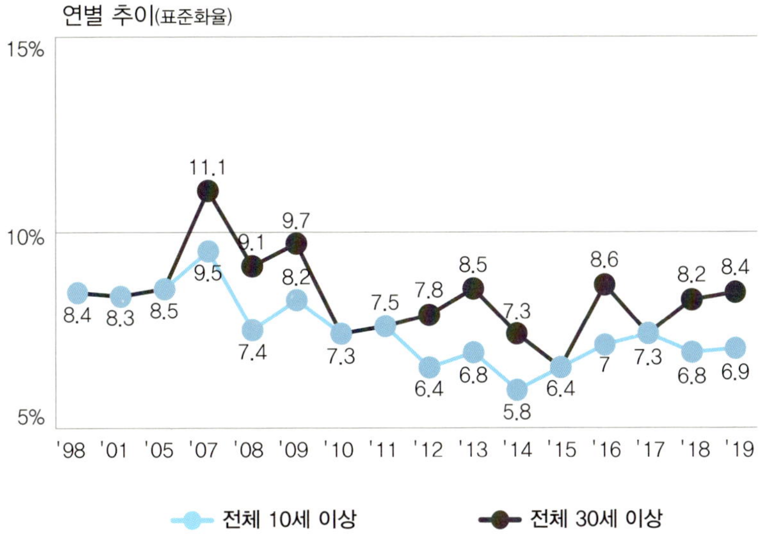

자료 : 질병관리청, 만성질환건강통계 2021

- 빈혈기준 : 혈색소 및 헤마토크리트가 다음의 두 가지 기준에 해당
- 헤모글로빈(g/dL) – 10~ 11세 : 11.5 미만, 12~ 14세 : 12 미만, 15세 이상 : 비임신여성 12 미만, 임신여성 11 미만, 남성 13 미만
- 헤마토크리트(%) – 10~11세 : 34 미만, 12~14세 : 36 미만, 15세 이상 : 비임신여성 36 미만, 임신여성 33 미만, 남성 39 미만

그림 9–1 빈혈유병률

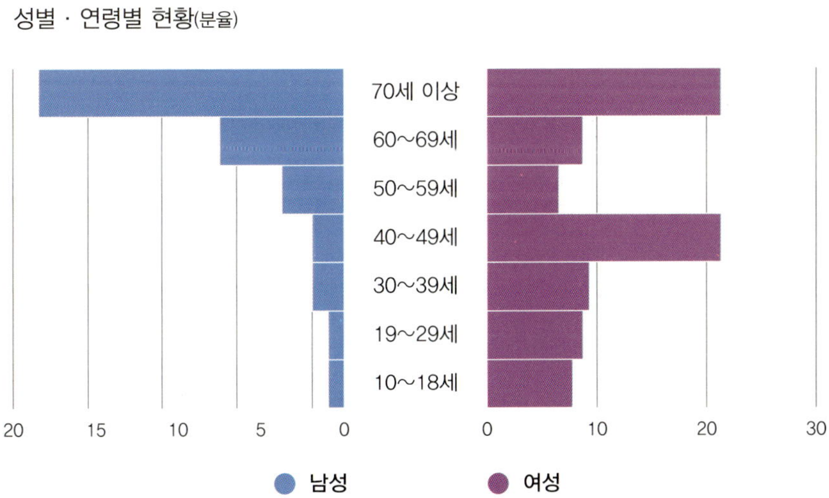

자료 : 질병관리청, 만성질환건강통계 2021

그림 9–2 성별 빈혈유병률

(2) 헤모글로빈 농도

혈액 100mL 속에 있는 헤모글로빈의 g 수로 빈혈을 판단할 수 있다. 성인 남자 14~18g/dL, 여자 12~16g/dL가 정상 범위이다. 헤모글로빈은 간편하게 측정할 수 있으며 정확도도 높으나 빈혈인 경우에만 감소하므로 철분결핍 초기 단계를 판정하는 데는 문제가 있다.

(3) 헤마토크리트치 (적혈구 용적)

전체 혈액 부피 중 적혈구가 차지하는 용적비율을 나타내며 성인 남자 43~52%, 여자 35~48%이다.

3 빈혈의 종류와 영양관리

1. 철 결핍성 빈혈

(1) 원 인

철 섭취량이 식사로 부족하거나, 위 절제, 무산증, 흡수불량증후군 등에 의한 위 또는 장의 장애로 인해 철의 흡수가 제대로 되지 못해 빈혈이 생긴다. 또 성장, 임신, 수유, 월경 등에 의한 체내 수요량의 증가에 의해 빈혈이 생기기도 한다.

소화성 궤양, 위염, 암, 치질, 자궁근종, 월경과다에 의한 출혈 등의 급성 또는 만성 출혈에 의한 철 배설량의 증가로 인한 빈혈도 있다. 철 결핍성 빈혈은 혈청 페리틴, 트랜스페린 포화도, 적혈구 프로토포피린, 평균 적혈구 용적, 헤모글로빈을 측정하여 판단한다.

① 혈청 페리틴(serum ferritin)

철을 저장하고 있는 페리틴 일부가 떨어져 나와 혈청에 있는 것으로 < 12μg/L이면 철 저장이 떨어진 것이다.

② **트랜스페린 포화도**(transferrin saturation)

혈청 철(μmol/L)을 총 철결합능력(total iron binding capacity, TIBC, μmol/L)으로 나누어 얻는다. 전체 트랜스페린 중 몇 %가 철을 운반하는가를 나타내는 것으로 16% 미만이면 골수나 다른 조직으로 공급되는 철의 양이 저하된 것으로 판정한다.

③ **적혈구 프로토포피린**(protoporphyrin)

프로토포피린은 헴의 전구체로서 철분이 아직 결합되지 않은 형태이다. 철이 결합되면 성인의 프로토포피린치가 1.24μmol/L 적혈구 이상으로 증가되며 철의 결합된 정도가 심할수록 더 증가한다.

(2) 증 상

피로, 두통, 어지러움, 권태감, 호흡곤란, 안색이 창백해지고 심해지면 심장에 부담이 커져 가벼운 운동에도 숨이 차고 심하면 호흡곤란 증상이 나타난다. 더 심해지면 손톱 형태에 이상이 오며 구각염 등이 나타난다.

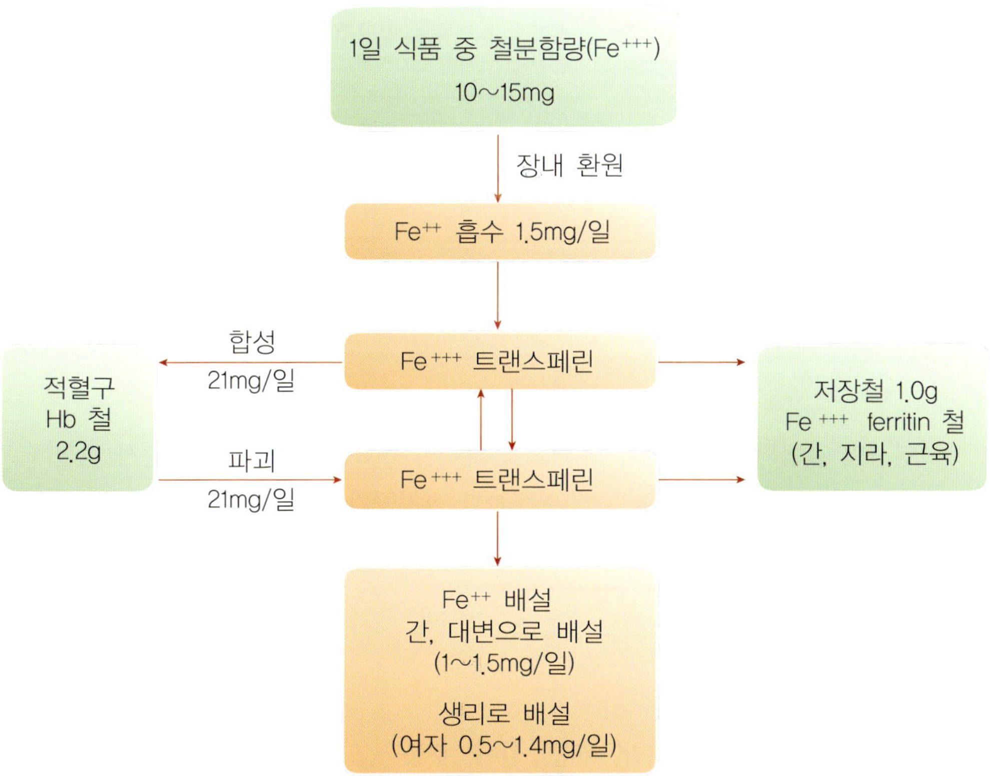

그림 9-3 체내에서 철의 대사

(3) 영양관리

고열량식, 고단백식을 하며 동물성 단백질을 총 단백질량의 50% 정도로 공급한다. 철분 공급을 위해 고철분식을 하고 비타민도 충분히 섭취한다. 식사가 끝난 다음에 바로 차 또는 커피를 마시는 것을 피하여 식품에 들어 있는 탄닌이 철 흡수를 억제하지 않도록 한다.

조혈작용에 관여하는 구리, 비타민 B_6, 비타민 B_{12}, 엽산, 비타민 C 등이 풍부한 식품을 섭취한다.

철의 흡수

check point

체내에 철이 지나치게 많을 때 간은 일부 페리틴을 저장단백질인 헤모시데린으로 전환시켜 저장하는데 이용성은 좋지 않다. 체내에서 철을 헤모시데린으로 저장하는 것은 단백질과 결합하지 않은 철이 유리기로 작용하여 세포 밖의 지방, 단백질, DNA 등을 공격하여 손상시키기 때문이다.

철의 흡수를 증가시키는 인자들에는 동물성 식품에 많은 헴(heme)철과 비타민 C, 위산 등이 있다. 위산과 비타민 C는 3가의 철을 2가로 바꾸어 흡수를 높인다.

오렌지 주스는 비타민 C, 구연산 등이 풍부해 식사로 섭취한 비헴철의 흡수를 도와주는 매우 유익한 음료이다. 옥살산, 피틴산, 섬유소, 탄닌 등은 철의 흡수를 방해하므로 주의한다. 칼슘과 인도 철의 흡수를 방해하는 인자이다.

2. 엽산 결핍성 빈혈

엽산결핍에 의해 일어나는 빈혈이다.

(1) 원 인

엽산이 결핍되면 적혈구 분화과정에 필요한 DNA 합성이 지연되면서 적혈구 분화가 제대로 일어나지 못해 미성숙한 적혈구가 나타난다. 미성숙한 적혈구는 크기는 크나 막이 얇고 약해 쉽게 터져 산소운반을 충분히 하지 못하는 거대적아구성 빈혈이 나타난다.

(2) 증 상

식욕부진, 체중감소, 허약, 두통, 설사, 부종, 숨이 차는 등의 증상이 나타난다.

(3) 영양관리

충분한 열량, 고단백, 비타민 B_{12}, 비타민 C, 고엽산 식품을 섭취한다.

3. 비타민 B_{12} 결핍성 빈혈

(1) 원 인

비타민 B_{12} 결핍증은 식사로부터 섭취부족과 비타민 B_{12} 흡수부족 때문이다. 채식주의자들에게 자주 발병하며, 또한 비타민 B_{12} 흡수를 위해서는 위에서 분비되는 내인자와 결합해야 하는데 위액 분비 장애, 위절제, 위암 등에 의해 위액분비 저하가 일어날 때 발생한다.

(2) 증 상

거대적아구성 빈혈(거대혈구성 빈혈), 피로, 수면장애, 무감각, 기억혼란, 기억상실 등의 신경증상이 나타난다.

(3) 영양관리

비타민 B_{12}가 많이 함유된 식품을 섭취한다.

(4) 함유식품

조개, 쇠간, 굴, 연어, 강화시리얼 등에 있다.

4. 비타민 E 결핍성 빈혈

(1) 원 인

비타민 E가 부족하면 항산화작용이 약해져 적혈구 세포막을 구성하고 있는 다가불포화지방산이 산화되어 유리기 생성이 많아져 적혈구막이 손상되며, 용혈이 늘어난다.

유아들은 불포화지방산과 철분이 풍부한 조제분유를 먹였을 때에 철분이 산화제로 작용하여 불포화지방산이 과산화되면서 용혈성 빈혈(hemolytic anemia)을 일으키기 쉽다. 특히 조산아나 저체중아들은 비타민 E가 부족하기 쉽다.

(2) 증 상

저체중, 허약 등이 나타난다.

(3) 영양관리

철분과 엽산, 비타민 B_{12}, 비타민 C, 단백질 등이 풍부한 식사를 공급한다.

표 9-2 철 함량이 높은 식품 (mg/100g)

식품명	함 량	식품명	함 량	식품명	함 량
쇠고기	3.0	콩	6.7	파래	129.5
돼지고기	4.5	푸른 채소	3.2	김	17.6
쇠 간	10.1	초콜릿	4.0	마른 미역	13.8
돼지 간	16.4	당 말	4.3~11.3	흰밥	11.7
죽조개	8.7	간 장	5.3	밀	3.2
피조개	7.3	건포도	3.3	무	0.6~0.4
바지락	13.4	검정콩	7.5	무청	7.3
달걀노른자	6.5	두 릅	37.5	쑥갓	4.2
뱅어포	7.2	들깻잎	15.0	쌀밥	0.3
뱀장어	2.0	파슬리	10.6	사과	3.5

자료 : 식품영양소 함량 자료집, 한국영양학회, 2009

표 9-3 식품에 들어 있는 엽산 (μg/100g) 및 비타민 B_{12} (μg/100g) 함량

식품명	엽 산	비타민 B_{12}	식품명	엽 산	비타민 B_{12}
쇠 간	300	50	양배추	20	0
돼지 간	220	30	상 추	20	0
굴	240	15	당 근	10	0
대 구	50	1	포 도	6	0
달걀노른자	22	1.8	딸 기	5	0
쇠고기	10	2	살 구	3	0
달 걀	8	7	자 두	5	0
돼지고기	3	0.3	사 과	1	0
우 유	0.3	0	호 두	77	0
시금치	80	0	땅 콩	55	0
파슬리	40	0			

자료 : 식품영양소 함량 자료집, 한국영양학회, 2009

적혈구 생성과 파괴

Check point

적혈구는 골수에서 생성되며 혈중 산소 농도가 떨어지면 신장에서 분비되는 에리트로포이에틴이라는 조혈 촉진물질에 의해 적혈구 생성이 촉진된다.

적혈구는 핵을 가지고 있지 않아 단백질 합성능력이 없으며 120일을 생존하다가 간, 골수, 비장의 망상 내피세포에 있는 대식세포에 의해 분해된다.

헤모글로빈의 글로빈은 분해되어 아미노산으로 되어 체내에서 재이용되며 철은 페리틴으로 저장되었다가 재이용된다.

헴에서 철이 빠져나간 나머지 프로토포피린은 간으로 가서 글루쿠론산과 결합된 빌리루빈이 된 후 담즙산의 일부로 십이지장으로 배설된다.

5. 구리 결핍성 빈혈

구리는 철분대사에 관여한다. 구리를 함유하고 있는 단백질인 셀룰로플라스민은 철분이 저장 장소에서 혈액으로 이동하는 데 필수적이다. 구리가 결핍된 식품을 섭취하는 어린이나 성인에게서 나타난다.

표 9-4 구리 급원식품과 100g당 함량

식품명	100g당 함량(mg)
굴	3.5
새 우	3.0
쇠 간	2.7
버 섯	1.9
게	0.9
코코아	4.0
토마토	0.2
쌀	0.3
바나나	0.2

이것만은 꼭 알아둡시다.

빈 혈

1. 적혈구의 크기, 수, 용적 등이 낮아져서 혈액의 산소운반능력이 떨어진 상태를 무엇이라 하는가?

① 빈혈 ② 고혈압 ③ 당뇨병 ④ 골다공증

2. 빈혈의 지표로 흔히 사용되는 것은?

① 헤모글로빈 농도
② 혈중 칼슘 농도
③ 혈중 알카라인 포스포타아제 농도
④ 혈중 구리 농도

Tip 적혈구 용적, 적혈구 농도, 헤모글로빈 농도가 사용된다.

3. 임신부와 청소년기 여자에게 많이 발생하는 빈혈을 치료하기 위해 충분히 공급해 주어야 할 두 가지 영양소는?

① 단백질, 철분 ② 탄수화물, 지방
③ 지방, 나트륨 ④ 단백질, 나트륨

Tip 빈혈은 적혈구의 수가 적거나 혈구의 기능이 저하되어서 산소의 체내공급이 제대로 일어나지 않아 나타나는 증상이다. 정상적 혈구 생성에는 적혈구 내 헤모글로빈을 구성하는 단백질과 철분이 필요하며 그 외에 구리, 엽산, 비타민 B_{12}, 비타민 C 등이 필요하다. 철분의 급원식품은 간, 짙푸른 채소이다.

4. 철의 흡수에 관한 설명 중 옳지 않은 것은?

① 소화관 내의 여러 조건 및 저장철양의 영향을 받는다.
② 식품의 종류에 따라 철의 흡수가 다르다.
③ 피틴산염이나 인산염은 철의 흡수를 촉진시킨다.
④ 혈색소의 합성이 증가될 때 흡수가 잘 된다.

Tip 피틴산염이나 인산염은 철과 결합하여 불용성 염을 형성하여 흡수를 저해한다.

5. 철 결핍성 빈혈 치료를 위해 강조해야 할 영양소와 가장 좋은 급원식품은?

① 철분과 단백질 – 간
② 철분과 칼슘 – 멸치
③ 구리와 단백질 – 청어
④ 철분과 구리 – 우유

[정답] 1. ① 2. ① 3. ① 4. ③ 5. ①

Chapter 10 알코올과 간질환

알코올은 1g당 7kcal의 에너지를 내나 다른 영양소는 함유되어 있지 않다. 알코올은 독특한 풍미를 가지고 있으며 긴장, 흥분 등을 해소시키고 편안함을 갖게 해준다. 또한 소화액의 분비를 자극하여 식욕을 증진시키는 역할을 하기도 한다.

그러나 알코올을 상습적으로 다량 마시면 필요한 에너지를 음식물로부터 얻기보다는 알코올에서 얻게 되어 탄수화물, 지방, 단백질의 에너지 섭취가 감소하고 비타민, 무기질 등의 영양소들의 섭취는 부족하게 되어 영양결핍증을 유발한다.

또한 알코올은 고혈압, 지방간, 간경화, 심장병, 치매, 암 등 질환의 원인이 될 뿐 아니라, 교통사고 등의 많은 사회문제를 일으키는 원인이 된다.

한국인의 월간 음주율은 남자 4명 중 3명, 여자 2명 중 1명으로 여성의 음주가 증가하고 있다.

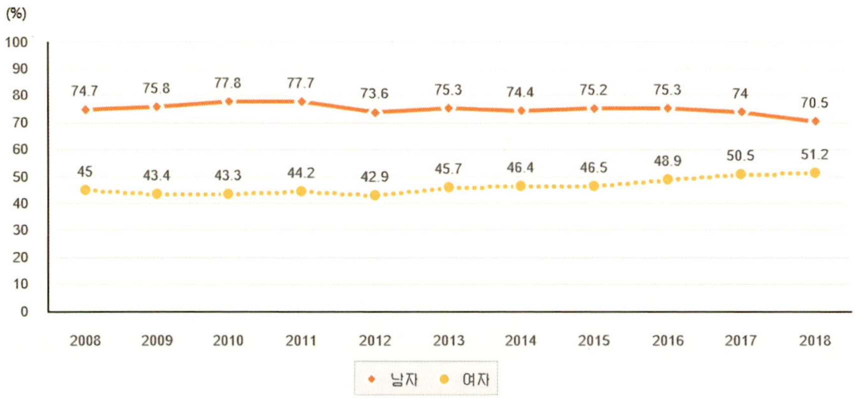

자료 : 2019 국민건강통계, 보건복지부, 질병관리청, 국민건강영양조사

그림 10-1 한국인의 월간 음주율

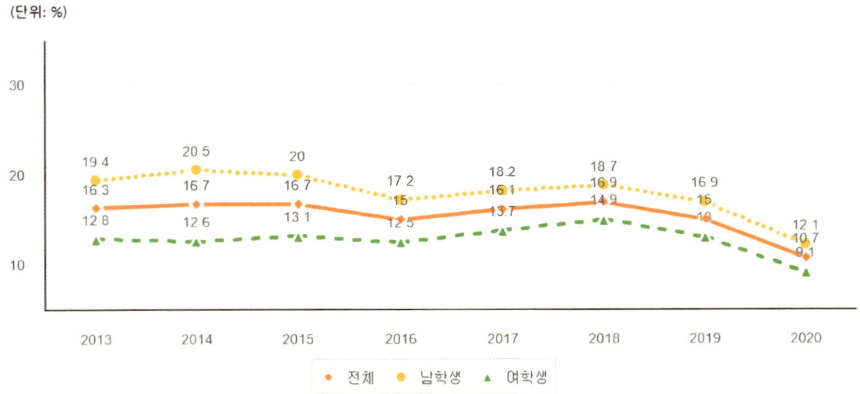

자료 : 청소년건강형태조사 2016

그림 10-2 청소년의 음주율

1. 알코올과 간질환

(1) 알코올의 대사

간에서 알코올은 알코올 탈수소효소(ADH)에 의해 아세트알데히드가 된 후 아세테이트로 변한다. 대부분의 아세테이트는 아세틸 코에이(CoA)로 전환되어 에너지를 발생하고 나머지는 지방산 합성 경로를 거쳐 중성지방으로 되어 축적된다.

흡수된 알코올의 일부와 아세테이트의 일부는 혈액을 통하여 말초조직으로 운반되어 대사되며, 소량의 알코올은 폐로 보내져 호흡할 때 배출되기도 한다.

간은 알코올 분해효소가 처리할 수 있는 이상의 알코올을 섭취하였을 때는 미크로좀 알코올 산화 효소 체계(microsomal ethanol oxidizing system, MEOS)를 이용하여 알코올을 대사시킨다.

미크로좀 알코올 산화 효소 체계는 약물과 이물질을 대사시킬 때 주로 사용되는데 많은 양의 알코올을 섭취하면 간은 알코올을 이물질로 생각하여 미크로좀 알코올 산화 효소 체계를 이용하여 대사시킨다. 미크로좀 알코올 산화 효소 체계가 활성화되면 알코올의 내성이 증가되어 알코올 대사율도 증가하므로 술은 마실수록 주량이 늘어난다.

알코올 대사는 식사에 의해 영향을 받으므로 술을 마실 때 양질의 단백질 섭취, 적당한 당질 섭취, 소량의 지질 섭취는 알코올의 산화력을 강하게 한다.

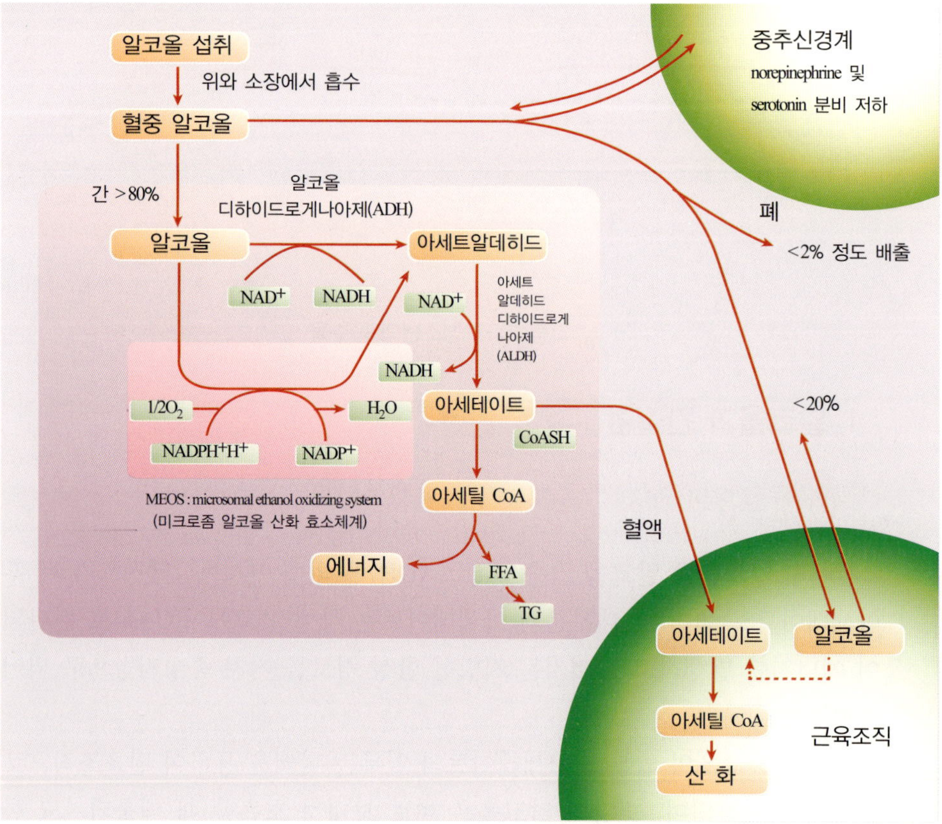

그림 10-3 간에서의 알코올 대사

특히 알코올 대사의 80% 이상이 간에서 일어나기 때문에 과량의 알코올을 섭취하게 되면 간이 손상되어 급성간염, 지방간, 간경변, 간암, 위장질환 등을 유발한다.

장기간의 지나친 음주는 뇌세포의 감소를 촉진하고 뇌의 크기를 감소시켜 회복불능의 뇌 손상을 초래한다. 지능저하, 기억력 상실, 집중력 부족 그리고 알코올성 치매를 나타낸다.

(2) 알코올의 흡수

알코올은 위(20%)와 소장(80%)에서 바로 흡수되어 혈액을 통해 간, 두뇌 및 다른 조직으로 보내진다. 흡수된 알코올의 2~10%만이 소변, 땀, 혹은 폐를 통해 체외로 배설되고, 90~98%는 대부분 간에서 산화반응을 거쳐 대사된다.

(3) 지방간 (Fatty liver)

간은 정상일 때는 2~5%의 지방을 함유하고 있으며, 지방대사에 중요한 역할을 하고 콜레스테롤이나 지단백의 생성에 관여하고 있는데, 대사이상으로 인하여 간의 지방함량이 이상적으로 증가한 것을 지방간이라 한다.

① 원 인

지방간의 원인으로는 비만, 당뇨병, 알코올 과음이 가장 많다. 콰시오커(kwashiorkor) 등의 영양불량 또는 사염화탄소 등의 약물에 의해 발생하기도 한다. 또한 콜린, 메티오닌, 비타민 E, 셀레늄 등의 항지방간 인자가 부족해도 지방간이 발생한다.

간에서의 지방대사

check point

간의 중성지방은 대체적으로 세 가지 경로에서 온다.

식이성 지방으로 장관에서 흡수되어 킬로미크론의 형태로 간으로 들어 온 것과 말초의 지방조직이 분해해서 유리지방산으로 되어 간으로 온 것, 간세포에서 합성된 내인성 중성지방이 있다.

간 밖에서 유리지방산이 과잉으로 유입되는 경우에는 비만이나 당뇨병에 의한 경우가 많으며, 알코올 섭취로 인하여 미토콘드리아에서 지방산의 산화가 저하되는 경우에는 알코올성이 된다.

다량의 알코올을 섭취하였을 때 축적되는 간의 중성지방은 주로 말초의 지방조직에서 지방산이 동원되기 때문이다. 만성적으로 알코올과 지방섭취를 많이 하게 되면 간에 축적되는 중성지방의 대부분은 식이성 지방에 유래한다. 그러나 만성 알코올 상태이면서 식이지방의 공급이 극히 적을 때는 내인성 중성 지방의 합성이 항진된다.

간은 초저밀도지단백(VLDL), 고밀도지단백(HDL)을 합성하는데, 간이 손상되어 대사가 장애를 받으면 지방이 축적된다.

② 증 상

지방간은 간 비대, 피로, 식욕부진, 메스꺼움, 복부 팽만감 등의 증상이 있으나 무증상인 경우가 많다. 알코올성 지방간은 술을 계속 마시게 되면 알코올성 간경화로 진행되기 쉬우므로 금주를 꼭 해야 한다.

③ 영양관리

금주하는 것이 꼭 필요하며 비만인 경우에는 체중을 감량하고 적당한 운동을 해야 한다. 알코올을 많이 마시는 사람들은 비타민과 무기질 등이 부족한 경우가 많으므로 영양소 섭취가 부족되지 않도록 해야 한다.

2. 알코올과 영양소

(1) 알코올과 단백질

알코올을 과다 섭취하면 전체적인 음식물의 섭취가 감소되어 영양소가 부족하여 단백질-에너지 결핍증(protein-energy malnutrition, PEM)이 나타날 수 있다. 알코올로 인한 간질환의 경우 저단백혈증, 혈청 측쇄 아미노산의 함량이 감소된다.

(2) 알코올과 비타민

알코올 중독의 경우 엽산, 비타민 B_{12}의 흡수장애로 거대적아구성 빈혈이 초래된다.

(3) 알코올과 전해질

알코올은 항이뇨호르몬(ADH) 분비의 억제로 빈번한 이뇨현상이 나타난다. 나트륨(Na), 염소(Cl) 및 수분의 흡수량이 감소하며 마그네슘, 아연, 칼륨이 소실된다.

표 10-1 혈중 알코올 농도와 신체의 상태

혈중 알코올 농도	음주량	심신상태		해독시간
		신체변화	정신변화	
0.03%	맥주 1병 혹은 소주 120mL	근육이완	기분이 고조된 상태	2시간
0.05~ 0.10%	맥주 2병(1.5L) 혹은 청주 400mL (5잔)	• 자극반응 지연 • 민첩한 근육운동 곤란 • 식별능력 저하 • 운동 조절능력 상실	• 억제감 탈피 (푸근함을 느낌) • 다행감, 자신감 커짐	4~6시간
0.10~0.15%	맥주 2L (7잔)	신체균형을 잡기 어려움	정신적인 활동능력과 판단력 저하	8시간
0.16~0.30%	맥주 3.5 ~ 4L 혹은 청주 1L	운동조절능력상실(움직이기 위해서는 도움이 필요)	정신적 활동의 혼란	9시간
0.31~0.40%	맥주 7L 혹은 청주 2L	거의 인사불성상태에서 심신을 겨우 가눔	기억상실	10~12시간
0.41~0.50%		깨어나지 못함		

표 10-2 흔히 소비되는 술의 종류 및 알코올 함량

술	계량단위(mL)	알코올 도수(%)	알코올 함량(mL)
맥 주	작은 캔 355	4.5	16
	큰 캔 500		22.5
	병 330		15
소 주	반 병 180	20	36
막걸리	한 병 750	6	45
포도주(와인)	한 병 700	13(10~14)	91(70~98)
청 주	한 병 300	16	48
브랜디	한 병 700	40	280
위스키	한 병 750	43	323

태아 알코올 증후군(fetal alcohol syndrome, FAS)

check point

임신부가 알코올을 섭취하면 태아의 성장과 건강에 영향을 미친다. 알코올은 태반을 쉽게 통과하며, 분해산물인 아세트알데히드가 태아의 세포성장을 저해하고, 모체로부터 태아로의 영양소 운반을 저해한다.

태아 알코올 증후군은 알코올 중독성 산모에서 태어난 아이에게서 나타나는 증상으로, 성장이 지연되어 체중과 신장이 정상 이하이며, 정상적인 두뇌성장이 일어나지 않아 두뇌 크기와 머리둘레가 작다. 또한 얼굴 모양이 비정상적이며 눈이 작고 사시이며 눈꺼풀의 열구가 짧아지며, 코가 작고 코 길이가 짧다. 윗입술이 아랫입술보다 길고 가늘다. 이외에도 태아의 신체적 결함, 심장병 등과 같은 선천적 이상을 초래할 수 있다.

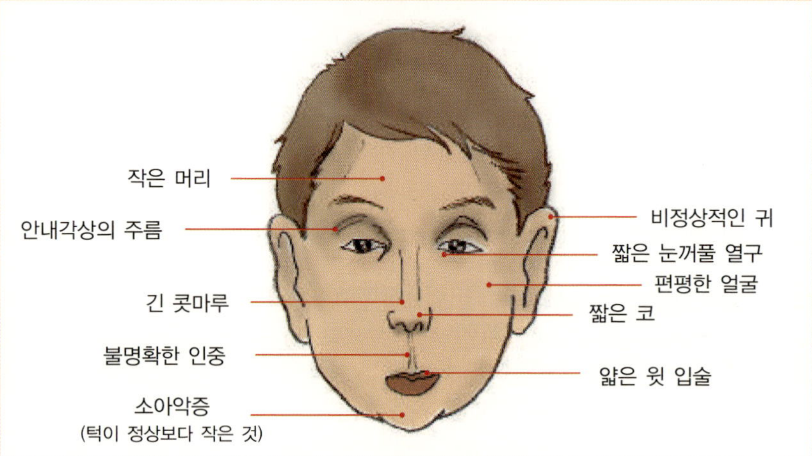

이것만은 꼭 알아둡시다.

간질환

1. 간의 기능이 아닌 것은?

① 해독작용
② 글리코겐의 합성 및 저장
③ 담즙의 생성 및 저장
④ 영양소의 저장 및 소모

Tip 담즙은 간에서 생성되지만 담낭에 저장된다.

2. 간질환 시 엄격히 제한하여야 할 식품은?

① 쇠고기 ② 술 ③ 열량 ④ 철분

Tip 간질환의 식이요법 : 열량을 충분히 섭취한다. 간질환의 종류와 정도에 따라 단백질의 양을 조절한다. 적당량의 지방을 섭취한다. 알코올은 금한다. 부종과 복수가 있을 경우에는 염분과 수분의 섭취량을 제한한다.

3. 다음 중 지방간의 원인이 아닌 것은?

① 비만 ② 당뇨병 ③ 알코올 과음 ④ 골다공증

4. 장기적인 과음이 중요원인으로 밝혀진 질병은?

① 간경변　② 폐암　③ 유방암　④ 전립선암

Tip 간경변 원인은 알코올 과음에서 오는 오랜 영양결핍과 콜린 부족 때문이다.

5. 담즙의 역할이 아닌 것은?

① 지방의 소화를 도와 줌
② 소장상부에서 비정상적인 세균번식 억제
③ 수용성 비타민 흡수
④ 지방의 유화

6. 알코올을 대사시키는 효소는?

① 알코올탈수소효소(ADH)　② 락타아제(lactase)
③ 리파아제(lipiase)　④ 프로타아제(protease)

[정답] 1. ③　2. ②　3. ④　4. ①　5. ③　6. ①

Chapter 11

암과 식생활

1. 암

암은 세계적으로 가장 사망률이 높은 질환 중의 하나로 우리나라에서도 단일 사망률로는 1위를 차지하고 있다. 남성·여성 모두 폐암이 사망률 1위다. 한국인 사망률이 높은 암은 폐암, 간암, 위암, 대장암, 췌장암 순이며 남녀 모두 폐암이 사망원인 1위이다.

암은 환경적 인자, 특히 위암, 대장암, 직장암, 유방암, 간암 등은 자극적이고 짠 음식, 고지방, 고열량 등 잘못되고 불균형한 식생활이 많은 영향을 미친다. 폐암은 흡연이 가장 강력한 발암 인자이며 스트레스 등에 의해서도 각종 암이 발생하고 있다.

(단위: 인구 10만 명당 명)

순위	사망원인	사망률	'19년 순위 대비
1	악성신생물(암)	160.1	-
2	심장 질환	63.0	-
3	폐렴	43.3	-
4	뇌혈관 질환	42.6	-
5	고의적 자해(자살)	25.7	-
6	당뇨병	16.5	-
7	알츠하이머병	14.7	-
8	간 질환	13.6	-
9	고혈압성 질환	11.9	⬆(+1)
10	패혈증	11.9	⬆(+1)

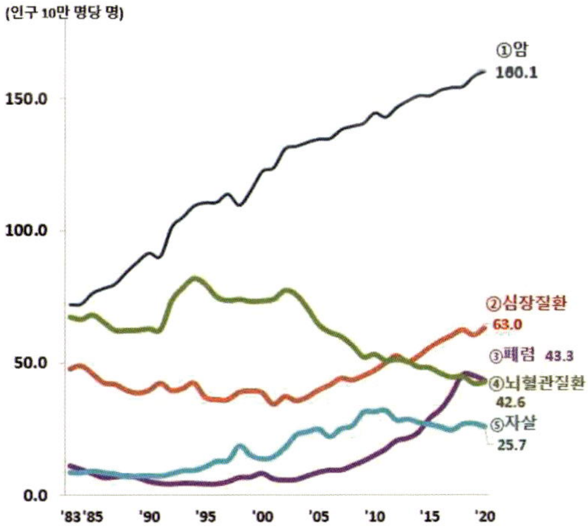

자료 : 통계청 2020

그림 11-1 한국인의 주요 사망원인

현대 과학기술의 발달로도 아직까지 암의 완치가 쉽지 않다. 그러므로 식생활과 생활습관을 바르게 하고 스트레스를 받지 않는 생활을 하여 암을 예방하고 관리하는 것이 바람직하다.

암은 세포가 제한을 받지 않고 이상 증식하여 정상적인 성장조절기능의 상실, 즉 새로운 세포의 성장과 노쇠한 세포의 소멸 사이에 균형이 깨진 상태로 세포가 자연히 사멸할 수 있는 세포자연사의 능력이 소실된 상태를 말한다.

암은 악성종양(malignant tumor)을 말하며 인체 내에서 암세포가 비정상적으로 자가증식하여, 원래의 정상조직 기능과 분화 특성을 잃어버리고 조직에 침입한 후 혈액과 림프관을 타고 신체의 다른 부위로 전이되어 조직파괴, 용혈, 감염, 빈혈, 근육약화, 악액질(cachexia) 등의 변화를 일으키는 것이다.

양성종양(benign tumor)은 주위 조직으로 전이되지 않으며 생명에 지장이 없다.

2. 암의 종류

선종은 상피세포에서 발생하는 암으로 폐암, 유방암, 대장암 등이 있으며, 조혈조직의 암은 백혈병, 림프암 등이 있다. 육종은 결합조직이나 근육에서 발생하는 암이다.

3. 암의 원인

암은 유전인자(유전적 요인, 면역기능저하, 호르몬 대사)와 환경인자(음식, 흡연, 음주, 대기오염 등의 화학물질, 바이러스 감염 등)에 의해 발생하며 생활수준, 교육, 스트레스 등의 사회심리적 요인에 의해서도 영향을 받는다.

종양유전자 : 종양 억제 유전자가 불활성화로 기능이 손실되거나 DNA 복구 유전자가 손상되면 과오를 교정하는 유전정보의 손상(단백질 손상)으로 암이 발생한다. 암은 화학물질, 방사선 등의 발암물질에 의해 초기 유전자 손상이 일어난 후 계속적으로 유전자 손상이 일어나고, 변형된 세포들이 복제 증식으로 인해 점점 악성종양으로 진행된다.

흡연은 폐암 발생의 가장 주요한 원인으로 흡연자는 비흡연자에 비해 암에 걸릴 확률이 10배 이상이며, 후두암, 구강암, 식도암, 췌장암, 신장암, 방광암, 위암, 자궁암 등과도 관련이 있다. 자외선은 피부암의 원인으로 햇빛에 반복적으로 노출될 경우 걸릴 확률이 높다고 한다.

알코올은 식도암, 후두암, 폐암, 간암, 구강암, 위암, 대장 · 직장암, 유방암의 원인으로 알려져 있고, 특히 음주와 흡연을 동시에 하였을 경우는 구강암, 후두암, 식도암, 간암의 발생률이 훨씬 높아진다.

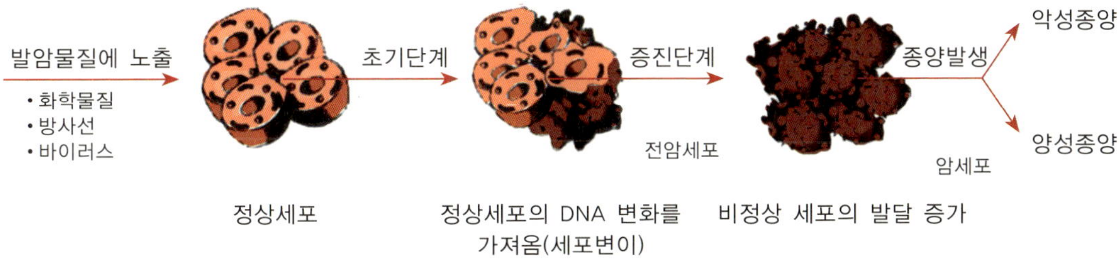

그림 11–2 암 발생과정

피토케미컬(Phytochemical) : 식물 속에 들어 있는 화학물질로서 생리활성 영양소 또는 식물내재영양소로 항산화작용, 세포손상을 억제하는 기능이 있다. 각종 미생물과 해충 등으로부터 자신을 보호하는 성분이다.

많은 양의 방사선에 노출되는 것도 발암의 원인이 되므로 방사선에 노출될 수 있는 직업에 종사하는 경우 각별히 주의해야 한다.

에스트로겐 등은 유방암, 자궁암 등의 발병과 관련 있다. 지나친 약물의 사용은 약물 대사를 수행하는 간과 같은 조직에 부담을 주어 간암 등의 원인이 될 수 있다.

산업용 물질인 석면, 가정 세척제, 시너, 해충약, 곰팡이약 등 화학물질에 과다 노출되는 것도 발암의 원인이 될 수 있다. 이렇게 암은 생활환경에서 오는 경우가 많으며 특히 잘못된 식습관과 생활습관에서 발생하는 경우가 많다.

4. 암 발생 기전

① 개시단계 : 암세포를 유발하는 원인물질이 정상세포의 DNA에 변이를 일으켜 종양세포가 되는 과정이다.

② **촉진단계** : 개시단계에서 발생한 DNA 변이 종양세포가 복제하고 증식하며 신생물이 되는 시기로 천천히 진행된다. 촉진인자에 의해 가속화되기도 한다.

③ **진행단계** : 암세포가 계속 증식하여 암이 진행되는 과정이다.

침윤은 암세포가 인접 조직으로 직접 이동하거나 침투하는 과정이고, 전이(metastasis)는 암세포가 림프관이나 혈관내로 침투하여 전신을 순환하면서 다른 정상조직으로 침습하는 과정이다.

5. 암의 진단

(1) 일반적인 검사

가족력, 개인의 습관(흡연, 음주, 자외선 조사, 식습관), 직업적 환경(방사선, 석면 등의 노출 여부) 등을 조사한다.

① 신체검사

피로, 허약, 체중감소, 우울, 두통, 통증, 배변습관의 변화, 끊임없는 기침이나 쉰 목소리, 피부나 복부의 덩어리, 기관의 비대, 림프나 혈관의 폐색, 복수유출, 코, 구강, 골반, 직장에서 나타나는 덩어리나 궤양화된 부분, 피부의 색소침착 등을 조사한다.

② 생화학적 검사

빈혈, 혈소판 감소증, 고칼슘혈증, 혈청 알칼라인 인산분해효소의 증가 등을 조사한다.

③ 방사선 진단

초음파, 컴퓨터 단층 촬영, 흉부 X-ray, 자기공명영상검사 등을 실시한다.

④ 생 검

검사물을 채취하여 조직 표본을 제작해 현미경으로 검사한다.

6. 암의 증상

(1) 악액질 상태

정상세포는 영양소 이용률이 종양세포에 비해 매우 낮아 극도의 영양결핍 상태가 된다.

체중감소, 식욕감소, 암 악액질 발생과정은 체조직 소모, 근육감소, 쇠약감, 조기만복감 등의 증상이 나타나며 그림 11–3과 같다.

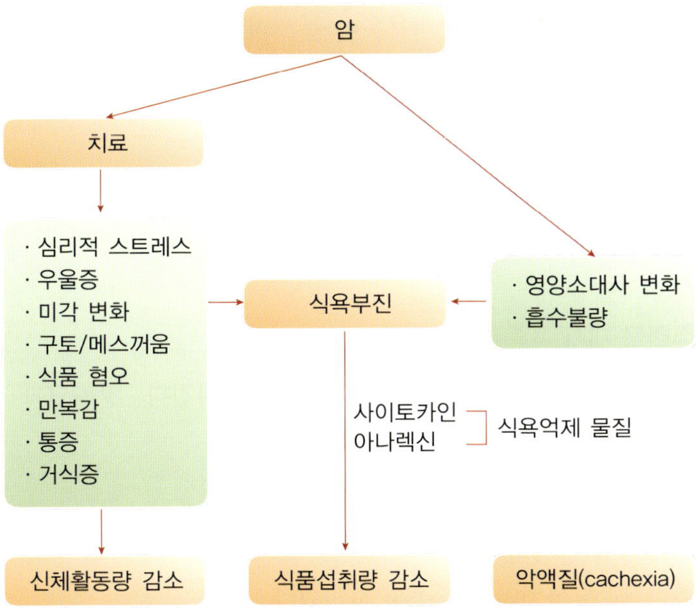

그림 11–3 암 악액질의 발생

① 식욕부진

암세포에서 식욕을 억제시키는 사이토카인(cytokine : 면역계에 의해 분비되는 단백질로 암 악액질의 매개체) 등을 방출하여 암환자는 미각 및 후각이 변하게 된다. 혈액 내 혈당, 유리지방산, 아미노산 농도의 변화로 식욕이 감소되고 식욕조절 호르몬 대사도 변화하게 된다.

병에 대한 걱정 등의 정신적 스트레스와 구토, 메스꺼움 등으로 식욕부진은 더욱 심해진다. 미각의 변화는 일반적으로 쓴맛에 예민해지고 단맛은 잘 못 느끼며 특히 냄새에 예민해진다.

② 영양소 소화흡수 불량

두경부암, 설암, 식도암, 구강암 등은 암의 진행 및 치료과정에서 저작 및 연하가 곤란한 상황이 빈번하여 식품 섭취가 감소되어 영양불량이 된다.

소화기계 암은 소화흡수 불량이 심하다. 소장 융모세포의 감소로 소화흡수가 저하되거나 췌장효소와 담즙산염의 부족 혹은 불활성화로 인해 섭취한 영양소의 이용이 낮아진다.

(2) 영양대사의 변화

① 에너지 대사

암세포는 정상세포보다 기초대사율이 높으며, 비정상적인 대사를 하기 때문에 영양소 이용효율이 저하되며 체중이 많이 감소하게 된다.

② 단백질 대사

체단백질의 소모로 저알부민 혈증이 나타나고 면역체계가 손상된다. 특히 당신생합성이 활발하여 근육소모가 크고 근육손실은 체중감소의 원인이 된다.

③ 탄수화물 대사

인슐린에 대한 민감도가 감소하며 당불내증이 생긴다. 알라닌과 젖산에서 당신생합성이 증가한다.

④ 지방대사

지방조직에서 지방합성이 감소되고 지방분해가 증가하여 혈액 내 유리지방산과 글리세롤이 높아지며 체지방이 손실된다.

⑤ 무기질·비타민 손실

설사나 구토를 하게 되면 수분과 혈중 나트륨, 칼륨 수준이 감소한다.

혈중 비타민 C, 티아민, 엽산, 비타민 A, 철분, 아연 등의 미량 영양소 수준도 감소한다.

⑥ 체중 감소

심한 체중감소의 경우 환자의 예후가 좋지 못하며 암 치료에도 견디지 못해 사망률이 높아지므로 환자의 체중 유지는 매우 중요하다.

일반적으로 소화기 계통의 암, 특히 췌장암과 위암의 경우 치료과정에서 체중 감소가 가장 심하다. 2~3주 내에 10% 이상의 체중이 감소되면 단백질이나 지방조직의 손실보다는 체액의 불균형이 있음을 나타낸다.

방사선 치료를 받은 환자는 치료 전보다 5% 이상 체중이 감소되는 일이 빈번하며 수술 후에도 심한 체중의 변화가 나타난다.

7. 암의 종류와 영양관리

(1) 위 암

① 위암의 원인

위암은 대부분 잘못된 식생활에 의해 발생하는 경우가 많다. 어육류에 함유된 아민류, 염장발효·침채류의 니트로소아민, 훈제식품에 많이 들어 있는 3,4−benzopyrene이나 다환방향족 탄화수소가 주요 발암물질로 알려져 있다.

염장발효 식품을 많이 섭취하면 위암 발병률이 높다. 소금 자체는 발암성이 없으나 높은 염분 농도는 위 점막을 보호하는 점액층을 파괴시켜 위액에 의한 점막세포의 장애를 조장하거나 염증을 일으켜 발암물질이 작용하도록 한다.

하루의 식염 섭취량은 8~10g을 권장하고 있으며, 섭취량이 이보다 낮을 수록 위암 발생률이 저하되나 음식 맛이 너무 싱거우면 맛이 없으므로 8g 내외를 권장하고 있다. 당질의 섭취량이 많고, 짜게 먹으며, 단백질이나 녹황색 채소, 비타민 등의 섭취가 적은 나라에서 위암발생이 많다.

② 위암의 치료

수술, 방사선 조사, 화학요법이 주로 이용되나, 조기에 진단해서 암 부위를 절제하는 것이 가장 바람직하다.

③ 위암 환자의 영양관리

지영양상태가 되기 쉬우므로 고영양의 소화가 잘 되는 단백질 식품으로 공급하며 섬유소가 많은 식품은 가급적 주지 않는다. 음식의 질감을 부드럽게 하고 맛도 담백하게 한다. 위 · 십이지장 궤양과는 달리 위산분비를 촉진시키기 위해 레몬 등을 사용한다.

④ 위 절제 후의 영양문제

위 절제 후에는 환자의 약 50%가 정상 체중으로 회복되지 못하는데, 이는 위산 분비 감소와 음식물 정체에 따라 박테리아가 과잉 성장하여 설사 및 흡수 불량이 되기 때문이다. 위의 용적이 감소하므로 식사 후에 만복감을 일찍 느끼고, 덤핑증후군과 설사 때문에 먹기를 두려워한다.

위산의 부족은 철분과 칼슘 흡수를 저해하여 빈혈과 골다공증이 유발되며, 펩신 분비가 부족하여 단백질 소화도 장애가 생기며, 내인자의 부족으로 비타민 B_{12} 흡수 부족이 일어나 악성빈혈이 유발될 수도 있다.

(2) 덤핑증후군

위의 2/3 이상을 절제한 환자가 음식을 섭취한 후에 유발되는 복합적인 증상으로 위 절제 후 증후군이라 한다. 수술 환자 중 20~40% 정도가 덤핑증후군을 보이며 시간이 경과하면 좋아진다.

① 원 인

일반적으로 섭취한 음식은 위에서 소화되어 미즙이 된 후 소량씩 천천히 십이지장으로 이행되나, 위 절제로 인해 위의 크기가 작아지면 위액 분비량도 감소되고 기계적인 운동도 저하된다.

따라서 위로 넘어온 음식물이 미즙이 되지 못하고 식후 덩어리째 급속히 십이지장이나 공장으로 넘어가게 된다. 갑자기 넘어온 음식물로 인한 십이지장의 팽창으로 췌액과 담즙 분비가 감소되고 췌장 효소 분비도 감소되어 단백질과 지방의 소화 흡수가 어렵다.

위산과 내인자 분비가 감소하여 비타민 B_{12} 소화 흡수가 어렵다. 또한 위산 분비 감소로 위 내의 pH는 높아지고 췌액, 담즙 분비 감소로 장내의 pH는 떨어져 장내 세균 상태가 변화를 일으킨다.

② 조기 덤핑증후군

식후 10~15분에 나타난다. 덩어리진 음식이 십이지장이나 공장으로 급속히 들어오면 공장이 팽창하고 상복부의 통증과 복부 팽만감, 메스꺼움, 구토증이 유발된다.

음식물이 가수분해되어 삼투압이 상승되고 상승된 삼투압을 정상으로 희석시키기 위해 장벽에 분포되어 있는 혈중 수분이 장내로 이동하므로 장은 팽만해져 설사와 복통을 일으킨다. 혈중 수분이 감소하면 혈액량의 감소를 초래하여 저혈압, 심장박동 항진, 발한, 허약감, 경련, 현기증 등이 일어난다.

당질은 다른 영양소에 비해 위에서 장으로 빨리 이동되어 다량의 당질이 십이지장과 공장 상부에서 신속히 흡수된다. 이로 인해 고혈당이 되고 구토, 발한, 얼굴 충혈 등이 나타난다. 또한 내용물이 빠르게 장을 지남에 따라 락타아제가 작용하지 못하므로 유당이 가수분해되지 못해 우유나 유제품을 섭취하면 설사가 빈번하다.

③ 후기 덤핑증후군

식후 2시간이 지난 후 나타난다. 조기 덤핑증후군의 증상인 고혈당이 초래되면 혈당을 낮추기 위해 인슐린이 과다 분비되고, 이로 인해 저혈당이 되어 오한, 무력감, 불안, 허기 등의 증상을 나타낸다.

(3) 덤핑증후군을 위한 영양관리

① 혈당을 급격히 올리는 단당류나 농축된 당 음식은 피하고 달지 않은 과즙이나 복합당질인 죽, 채소류 등을 공급한다. 일반적으로 당질은 위에서 장으로 빨리 유입되고 소화 흡수되어 혈당을 올리므로 하루 100~200g 정도로 줄인다.

② 섬유소는 당질의 흡수 속도를 늦출 수 있으므로 섬유소가 많은 곡류, 채소, 과실을 잘 다져서 섭취하도록 한다.

③ 지방은 음식물의 위 통과 속도를 늦추므로 음식을 천천히 장으로 내려보내고, 열량이 많아 체중을 유지하는 데 필요하므로 지방변이 심하지 않으면 중간 정도의 양을 주어도 괜찮다.

④ 단백질은 체중을 유지하고 상처를 회복하는 데 필요하며 체조직을 구성하고 위 점막을 강화시키므로 전체 에너지의 20%를 양질의 단백질로 공급한다.

⑤ 부드럽고 자극이 없는 음식을 소량씩 자주 공급하여 위에 부담을 줄이고 장으로의 다량 유입을 막는다.

⑥ 천천히 식사하게 하고 식후에는 바로 눕혀서 약 30분 정도 휴식시켜 음식이 장에 더 머물게 한다.

⑦ 식사할 때 액체를 섭취하면 위의 공복과 장으로의 빠른 유입을 촉진시키므로 식사 시에 물이나 다른 액체를 마시지 말고 식전 식후 30분 내지 1시간 전후에 저당질 음료를 공급한다. 특히 찬 음료는 빠르게 위를 통과하므로 피하고 체온과 비슷한 온도가 좋다.

⑧ 유당불내증이 일어나므로 유당이 포함된 유제품은 피한다.

⑨ 표준체중을 유지할 수 있도록 하루 에너지 및 영양소 권장량을 충분히 공급하고 개인차를 관찰한다. 너무 뜨겁거나 짠 음식은 피한다.

표 11-1 암의 종류에 따른 증상

암의 종류	증 상
위 암	초기에는 거의 증상이 없다. 암이 진행되면 구토, 연하곤란, 상복부 팽만감, 불쾌감, 소화불량 및 통증, 토혈, 흑변, 흑색 혈변, 설사, 영양실조, 식욕부진, 체중감소, 빈혈 등이 나타난다.
간 암	초기에는 거의 증상이 없다. 암이 진행됨에 따라 서서히 식욕부진과 체중감소, 간의 비대로 상복부에 딱딱한 덩어리가 만져진다.
폐 암	초기에는 증상이 없거나 기침, 가래, 혈담, 흉통 등이 생기고 암이 진행되면 체중감소, 호흡곤란, 쉰 목소리 등이 나타난다.
대장암 직장암	대체로 통증은 없으나 항문에서 출혈이 있거나 대변에 피와 점액이 섞여 나오며 심한 악취가 난다.
유방암	초기에는 통증이 없고 가슴에 잘 움직이는 덩어리가 있으며 점차 주위조직과 유착되어 고정되며 피부 또는 젖꼭지의 함몰이 나타난다. 점차 피부의 궤양, 통증 및 발적을 수반하고 유두에서 혈성 분비물이 나온다.
자궁암	초기에는 증세가 없거나 간혹 성교 후 소량의 출혈이 있다. 점차 잦은 출혈과 함께 배변, 배뇨 시에도 출혈이 있으며 악취가 나는 대하가 생긴다.
췌장암	대부분 서서히 발병하고 식욕감퇴, 이유 없는 체중감소, 오심, 허약이 나타난다. 췌장 전체에 암이 퍼지면 상복부 및 등에 둔통이 생기고 황달과 소양증을 동반한다.
피부암	가벼운 경우는 얼굴 부위에 피부궤양이 증가하며 궤양 주위에 융기된 부분이 나타난다. 심한 경우에는 몸에 검은 반점이 생기고 빛깔이 짙어지고 출혈과 함께 딱지가 생긴다.
전립선암	50세 이상의 남자에게 주로 나타난다. 처음에는 뚜렷한 자각 증상이 없다가 암이 진행되면 배뇨 장애, 신기능 장애가 일어난다.

표 11-2 암 수술 후의 영양문제

수술부위	수술 후의 영양문제
뇌와 목 부분의 수술	저작과 연하곤란이 유발되므로 정상적인 영양섭취가 어려워 심한 영양불량을 유발한다.
식도 절제	위 운동과 위산 생성이 감소한다. 누공생성, 식도협착, 조기 만복감, 구토, 지방변증, 설사 등의 증상이 나타난다.
미주신경 절제	저작과 연하곤란이 유발되며 지방의 흡수불량과 설사 등이 나타난다. 위 운동 감소, 덤핑증후군(위문 괄약근 절제 시)이 나타난다.
위 절제	조기 만복감, 덤핑증후군, 저혈당, 지방과 단백질 흡수불량, 엽산결핍, 내인자의 결핍, 비타민 B_{12}, 철분, 칼슘, 지용성 비타민 흡수불량 등의 증상이 나타난다.
소장 절제	설사, 지방변증, 지방, 지용성 비타민의 흡수불량, 담즙 손실, 탈수 등의 증상이 나타난다.
대장 절제	나트륨 및 전해질 불균형 등의 증상이 나타난다.
췌장 절제	지방, 단백질, 지용성 비타민과 무기질 흡수불량이 나타난다.

표 11-3 방사선 조사 후의 영양문제

방사선 조사 부위	급 성	만 성
혀, 편두, 인두, 후두, 턱	점막염, 구내염, 구강건조증, 미각이상, 미각상실, 우식증, 침의 점성화	인후에 궤양, 구강건조증, 이미각증, 맛을 잘 못 봄, 우식증, 치아상실
식도, 흉부 등	식도염, 실어증	식도 섬유종, 식도협착
위, 간, 췌장, 담도, 소장, 담낭	구토, 메스꺼움 , 장염, 흡수불량, 설사	궤양, 흡수불량, 천공, 섬유종, 협착, 협착 폐쇄
비뇨기계, 대장, 직장	장염, 설사	만성대장염, 만성결장염, 섬유종, 협착, 천공, 괴사

(4) 장암의 영양관리

장암은 소장, 대장의 상피성 악성 신생물이며 발생 부위에 따라 소장암과 대장암으로 분류되나 대장암이 많다.

① 원 인

육식을 위주로 한 고지방식, 채식의 부족으로 인한 저섬유소식 등에 의해 발생한다.

② 치 료

수술, 화학요법과 방사선 요법을 사용한다. 장 수술 후에는 위액분비가 증가하여 장의 운동성이 증가하고 흡수불량으로 인해 삼투 농도가 높아져 장내로 물을 끌어들이게 되어 설사가 자주 일어난다.

③ 영양관리

소화가 잘 되게 하고 설사를 줄이며 장에 부담을 줄이기 위해 섬유소가 적은 저섬유소, 저잔사식(low residue diet)과 지방이 적고 자극이 없으며 유당을 줄인 열량이 높은 음식을 제공한다. 알코올과 카페인은 장을 자극하므로 주지 않으며 소화시킬 수 있는 한 고단백, 고열량 식사를 하여 정상체중을 유지해야 한다. 수용성 비타민과 칼슘, 마그네슘 등도 충분히 공급한다.

장 절제 수술 후의 영양관리 check point

처음에는 정맥영양으로 공급하여 물과 전해질 평형을 조절하고, 상처가 감염되지 않도록 한다. 입으로 식사할 수 있게 되면 성분영양을 하다가 정상식으로 진행한다.

고체 음식은 여러 번 씹어 먹고, 위가 비는 속도를 늦추기 위해 식사할 때 물이나 액체를 먹지 않는다. 지방이 적은 단백질 식품인 흰살 생선, 두부, 달걀 등을 주고 자극성 있는 식품은 피한다.

설사를 하는 경우가 많으므로 음식공급에 주의한다. 가스를 발생시키는 콩류, 양배추, 양파, 브로콜리, 콜리플라워 등은 섭취하지 않는다. 사과주스, 포도주스 등은 변을 묽게 하므로 주의한다.

셀러리, 양송이, 호두, 밤, 옥수수, 시금치, 건포도 등 완전히 소화가 되지 않는 식품도 가급적 피한다. 복부를 따뜻하게 하고 식후 30분 가량은 안정한다.

check point

장 절제 수술 후의 문제점

횡행 또는 하행결장을 절제한 경우는 장 내용물이 어느 정도는 고형화되어 있어 배변이 가능하다. 맹장 부위를 절제했거나 상행결장을 절제한 경우는 장 내용물이 액상이어서 수분 및 전해질 손실이 크다.

왼쪽 하행결장과 S상 결장을 절제한 경우는 기질적 협착과 운동장애로 변비가 되기 쉬우므로 배변을 촉진시키는 섬유소와 잔사(residue)가 많이 남는 식품을 공급하는 것이 바람직하다. 과일, 해조류, 채소류 등을 공급한다.

단장증후군의 영양관리

회장을 절제한 경우는 당질, 단백질, 지방이 흡수되지 않아 영양불량이 초래된다. 회장을 많이 절제하게 되면 담즙산염의 손실이 많고 지방산도 흡수되기 어려워 지방변증이 생기고 설사 등이 유발되며 지용성 비타민이 흡수되지 않는다.

비타민 B_{12}도 흡수되지 않으며 흡수되지 않은 지방이 칼슘 및 마그네슘과 결합하여 배설된다. 그러므로 지방을 제한하고 흡수되기 쉬운 중간사슬지방산(MCT, Medium Chanin Triglyceride)을 사용하며 지용성 비타민을 공급한다.

8. 암환자의 영양공급

암환자들은 영양상태가 악액질인 경우가 많으므로 영양공급은 체중감소를 막고 단백질 영양상태를 잘 유지하여 면역기능이 저하되지 않게 한다.

(1) 경구식사

경구식사는 암 환자에게 영양공급뿐 아니라 음식의 소화흡수와 관련된 기능을 정상적으로 유지시킬 수 있으므로 가장 바람직하며 환자에게 식사를 할 수 있다는 자기만족 및 안도감을 줄 수 있으므로 중요하다.

환자의 상태와 적응 정도, 요구에 따라 유동식, 연식, 일반식 등 식사 종류를 결정하고, 음식의 내용, 점도 및 분량을 조절한다. 극심한 영양불량 상태이므로 필요하면 영양보충액을 이용하여 열량과 단백질 각종 영양소 등을 보충한다. 암 환자는 다른 합병증이 있어 식사제한이 필요한 경우도 있으나 가능한 한 식사제한을 완화시켜 먹을 수 있게 하는 것이 바람직하다.

(2) 경관영양

경구식사가 불가능할 때 경관급여를 통한 경장영양을 한다. 이때 위장관의 기능이 정상이어야 하며 환자 상태 및 수술 부위, 천공의 위치 등을 고려하여 튜브 삽입 위치 및 튜브 종류 등을 결정한다. 또한 환자의 소화 흡수 능력에 따라 경관급식 내용물 조성성분을 선택하여 결정한다.

암 환자가 혈당이 높은 경우는 탄수화물 함량이 비교적 낮고 단순당의 함량이 낮은 제품을 사용하여야 하며, 췌장암 등 소화흡수 상태가 극히 나쁜 환자는 영양식을 사용하고, 설사 등이 있는 환자는 삼투압이 낮거나 지방함량이 낮은 조성물을 선택하는 등 환자의 상태에 맞는 영양공급이 필요하다.

(3) 정맥영양

두경부암이나 식도암, 위암, 장암 등 소화기 계통의 암으로 인해 음식의 섭취, 연하, 소화 흡수 등에 문제가 있거나 수술 후 절식이 필요한 경우, 경구나 경장영양이 가능한 경우도 극도의 오심, 구토 등으로 식사를 할 수 없거나 경관 급여에 문제가 있을 경우 일시적으로 정맥으로 영양을 공급한다.

9. 암 환자의 영양문제

(1) 식욕부진

소량으로 자주 공급(6~8회/일)하며 고열량, 고단백의 소화되기 쉬운 간식을 주어 영양보충을 한다.

메뉴를 다양하게 하며 식사시간에 얽매이지 말고 시장할 때마다 음식을 먹도록 한다. 배고프지 않아도 영양밀도가 높은 음식을 먹도록 하며, 먹을 수 있다면 좋아하는 음식을 제공한다. 필요하면 식욕을 촉진시키는 약을 처방해 주도록 의사에게 권한다.

식욕부진의 원인(통증, 메스꺼움, 변비)을 알아보고 해결한다. 향기, 맛, 색, 식사 분위기를 조성하며 가능한 가족 및 친구들과 함께 식사하도록 하고 정상적 활동에 참여하도록 한다. 환자가 먹을 수 있으면 먹고 싶은 메뉴를 제공한다.

(2) 미각의 변화

암 환자는 미각이 변화하여 식사를 하기 어려운 경우가 많다. 특히 쓴맛에 예민해지고 단맛은 잘 못 느끼며 냄새에 대해 거부감이 생긴다.

베이킹 소다(1큰 술)를 물(1L)에 타서 식전에 입을 헹구면 도움이 된다. 입맛을 돋우기 위해 오렌지, 레모네이드 등을 사용하여 맛을 증가시킨다(입이나 목이 붓거나 염증이 있는 경우는 사용하지 말 것). 금속식기를 사용하면 쓴맛을 느끼는 경우가 많으므로 피한다. 더운 음식보다는 차거나 상온 온도의 음식을 공급한다. 불쾌한 맛을 일으키는 음식은 중단한다.

두유나 두부 등 콩 제품을 단백질 급원으로 하되, 강한 냄새가 나는 생선, 육류, 초콜릿, 커피 등은 피하고 레몬, 식초 등을 이용한다.

(3) 조기만복감

소량씩 자주 천천히 식사하게 한다. 기름진 음식은 피한다. 적은 양으로 고영양을 낼 수 있는 음식을 공급한다.

(4) 구토, 메스꺼움

음료수는 빨대를 이용해 천천히 마시며 식사 중 물을 마시지 않는다. 찬 음료를 마시며 냄새가 강한 음식은 피한다. 지방이 적은 굽거나 삶은 닭고기 등이 단백질 식품으로 적당하며 요구르트, 셔벗 등도 바람직하다.

10. 암 예방을 위한 생활지침

① 다양한 식품섭취를 통해 영양소를 골고루 섭취한다.
② 과일, 채소 및 전곡류 등을 충분히 섭취해 섬유소를 많이 섭취한다.
③ 항산화비타민(비타민 A, C, E 등) 식품들을 섭취한다.
④ 고지방, 고탄수화물 식사를 피하고 비만을 예방한다.
⑤ 맵고 뜨거운 음식은 피해 위·식도·장 질환, 고혈압 등을 예방한다.
⑥ 탄 음식과 훈제 음식의 섭취를 가급적 줄인다.
⑦ 곰팡이가 핀 음식 등은 섭취하지 않는다.
⑧ 과음, 과식을 피하고 흡연하지 않는다.
⑨ 태양광선, 특히 자외선에 과다하게 노출되지 않도록 한다.
⑩ 적당량의 운동을 꾸준히 한다. 스트레스를 피하고 잘 극복하도록 한다.

표 11-4 건강과 암예방을 위한 바람직한 식품들

식 품	체내 기능	함유 화합물
사 과	• 심장병 예방	페놀 화합물
살 구	• 노화 지연 • 폐기능 강화 및 폐암 등을 예방 • 당뇨병성 합병증 예방	베타-카로틴
블루베리	• 노화 방지 • 암 예방과 혈중 콜레스테롤 감소	안토시아닌 엘라직 산
배 추	• 암 예방	술포라팬, 인돌
브로콜리	• 노화 지연 • 암 예방 • 폐기능 향상 • 백내장으로부터 보호 • 알레르기 관련 염증 반응 저하 • 당뇨병성 합병증 예방	술포라팬 인돌 베타-카로틴 루테인 퀵세틴
양배추	암 예방	술포라팬, 인돌
당 근	• 노화 지연 • 암 예방 • 폐기능 향상 • 당뇨병성 합병증 예방	베타-카로틴
쪽 파	• 암 예방 • 혈중 콜레스테롤 수치 및 혈압 강하	알릴 화합물
감귤류(오렌지, 자몽, 귤 등)	• 항산화 작용 • 암과 심장 질환 예방 • 폐 보호기능	헤스페리딘 탄제리틴 리모넨
마 늘	• 암 예방 • 혈중 콜레스테롤 및 혈압 강하 • 알러지 관련 염증 반응 저하 • 뇌와 기관지의 종양 성장 저지 • 오염물질과 흡연으로부터 폐 보호	알릴 화합물 퀵세틴
케 일	• 노화 지연 • 암 예방 • 폐기능 향상 • 당뇨병성 합병증 예방 • 황반 퇴화 및 백내장 위험성 감소 • 알러지 관련 염증반응 저하 • 뇌와 기관지 종양의 성장 저지 • 오염물질과 흡연으로부터 폐 보호	베타-카로틴 루테인 인돌 술포라팬 퀵세틴
잎상추	• 알러지 관련 염증반응 저하 • 뇌와 기관지 종양의 성장 저지 • 오염물질과 흡연으로부터 폐 보호	퀵세틴

식 품	체내 기능	함유 화합물
부 추	· 암 예방 · 혈중 콜레스테롤 수치 및 혈압 강하	알릴 화합물
양 파	· 암 예방 · 혈중 콜레스테롤 및 혈압 강하 · 알러지 관련 염증반응 저하 · 뇌와 기관지 종양의 성장 저지 · 오염물질과 흡연으로부터 폐 보호	알릴 화합물 퀴세틴
배	· 알러지 관련 염증 반응 저하 · 뇌와 기관지 종양의 성장 저지 · 오염물질과 흡연으로부터 폐 보호	퀴세틴
수 박	· 전립선 암 예방 · 심장병 예방	라이코펜
늙은 호박	· 노화 지연 · 암 예방 · 폐기능 향상 · 당뇨병성 합병증 예방	베타-카로틴
고구마	· 노화 지연 · 암 예방 · 폐기능 향상 · 당뇨병성 합병증 예방	베타-카로틴
토마토	· 전립선암과 심장 질환 예방	라이코펜
시금치	· 노화 지연 · 암 예방 · 폐기능 향상 · 당뉴병성 합병증 예방 · 시력 감퇴 둔화 · 황반 퇴화 및 백내장 예방	베타-카로틴 루테인 시아산빈
포도, 적포도 주스	· 심장병 및 암 예방 · 알러지 관련 염증 반응 저하 · 뇌와 기관지 종양의 성장 저지 · 오염물질과 흡연으로부터 폐 보호	레스베라트롤 엘라직 산 퀴세틴
딸 기	· 노화 지연 · 암 예방 및 혈중 콜레스테롤 강하	안토시아닌 엘라직 산
토마토(케첩, 주스, 스파게티 소스 등)	· 전립선 암과 심장병 예방	라이코펜

이것만은 꼭 알아둡시다.

암

1. 암에 대해 잘못 설명한 것은?

① 체조직에 부적당한 악성의 새로운 조직이 형성되는 것이다.
② 음성종양이라고 한다.
③ 혈액이나 림프관을 따라 신체의 다른 부위로 옮겨가서 2차 성장을 한다.
④ 숙주의 정상조직을 파괴하고 용혈, 감염, 호르몬 이상 등을 일으킨다.

Tip 암은 체조직에 부적당한 악성의 새로운 조직이 형성되는 것으로 악성종양, 악성신생물이라고 한다.

2. 지방의 과다섭취가 원인이 되어 발생률이 높아지는 것이 아닌 암은?

① 유방암 ② 전립선암
③ 피부암 ④ 대장암

Tip 지방의 섭취는 유방암, 대장암, 전립선암 등의 발생을 높인다.

3. 암의 발생을 줄이기 위한 방법이 아닌 것은?

① 체중조절을 통해 비만이 되지 않도록 한다.
② 다양한 채소와 과일을 매일 식사에 포함시킨다.
③ 지방섭취량을 1일 열량 섭취량의 20% 이상이 되게 한다.
④ 1일 섬유소섭취량을 20~30g 이상으로 한다.

Tip 지방섭취가 과하면 유방암, 대장암, 전립선암 등의 발병률이 높아지므로 1일 열량섭취량의 20% 미만으로 한다.

4. 항암제의 영향으로 볼 수 없는 것은?

① 적혈구가 증가한다.
② 백혈구 감소로 염증이 잘 생긴다.
③ 입 안 궤양으로 음식섭취가 감소한다.
④ 구토와 설사로 영양불균형이 된다.

5. 암환자의 일반적인 식사지침으로 틀린 것은?

① 고열량의 식이
② 수분이 많은 음식 제공
③ 차가운 음식 제공
④ 달지 않은 음식 제공

Tip 암환자들은 쓴맛에 대한 예민도는 증가하고 단맛에 대한 예민도가 감소하므로 음식에 단맛을 주는 것이 좋다.

6. 위암 환자식의 기본 방침이 아닌 것은?

① 충분한 열량 섭취
② 충분한 섬유소 섭취
③ 부드럽고 자극 없는 음식
④ 양질의 고단백식

[정답] 1. ② 2. ③ 3. ③ 4. ① 5. ④ 6. ②

Chapter 12

운동과 건강

1 운동과 건강

건강을 결정하는 가장 중요한 두 가지 요소는 유전과 생활습관이다. 건강을 위협하는 암, 심장질환, 당뇨, 간질환, 고혈압, 동맥경화 등의 질환들은 가족력과 잘못된 생활습관 때문에 발생하는 경우가 많으므로 생활습관을 올바르게 하면 예방이 가능하다.

현대사회는 영양과잉과 운동부족이 건강을 위협하는 큰 요소인데 신체활동과 운동을 통해 에너지를 소비하여 정상체중을 유지하면 육체적으로 건강하며, 스트레스를 극복하면 정신적으로도 건강하게 생활할 수 있다.

우리가 일상생활에서 행하는 신체활동은 에너지를 소비하면서 근수축을 통해 나타나는 모든 신체 움직임이다. 이러한 모든 신체활동과 운동에는 에너지가 필요하며, 이를 위해서는 영양소 섭취를 균형 있게 해야 한다.

운동을 어느 정도 하는 것이 좋은가에 대해서는 지금까지도 연구가 진행되고 있다. 과잉의 운동이 좋은 것만은 아니다. 우리 신체에 맞는 적절한 운동을 하는 것이 건강에 바람직하다.

2 운동과 영양소

운동을 할 때 능력을 최대로 발휘하려면 체력을 최적으로 유지해야 하고, 체력을 가장 최상의 조건으로 유지하기 위해서는 영양소가 적절히 함유된 식사가 가장 중요하다.

운동을 하게 되면 체내 혈중 및 기관의 세포에서는 운동 강도와 운동기간에 따라 에너지로 소모되는 영양소가 달라진다. 장기간 운동 중에는 지방대사가 촉진되어 혈중의 유리 지방산량이 증가되어 에너지를 다량 생산함으로써 근육 중의 글리코겐을 절약하여 피로를 지연시켜 운동 지속시간을 연장시킨다.

표 12-1 운동의 종류와 체중에 따른 에너지 소비량

운동의 종류	kcal/hr/kg	체중 55kg (kcal/hr)	체중 65kg (kcal/hr)	체중 75kg (kcal/hr)	체중 85kg (kcal/hr)	체중 95kg (kcal/hr)	체중 105kg (kcal/hr)
탁 구	4.18	230	271.7	313.5	355.3	397.1	438.9
걷 기	4.80	264	312.0	360.0	408.0	456.0	504.0
배 구	4.84	266	314.6	363.0	411.4	459.8	508.2
골 프	5.06	278	329.0	380.0	430.0	481.0	531.0
속 보	5.28	290	343.2	396.0	448.8	501.6	554.4
배드민턴	5.72	315	371.8	429.0	486.2	543.4	600.6
스케이트	5.72	315	371.8	429.0	486.2	543.4	600.6
스 키	5.72	315	371.8	429.0	486.2	543.4	600.6
자전거 타기	5.94	327	386.1	445.5	504.9	564.3	623.7
테니스(단식)	6.38	351	414.7	478.5	542.3	606.1	669.9
등 산	7.26	399	472.0	545.0	617.0	690.0	762.0
수 영	7.70	424	500.5	577.5	654.5	731.5	808.5
축 구	8.14	448	529.1	610.5	691.9	773.3	854.7
농 구	8.28	455	538.0	621.0	704.0	787.0	869.0
조 깅	9.24	508	600.6	693.0	785.4	877.8	970.2
스쿼시	12.72	700	826.8	954.0	1081.2	1208.4	1335.6

1. 당 질

당질은 운동을 할 때에 빠르게 에너지원으로 이용되므로 지방에 비해 효과적이다. 마라톤 선수의 경우, 1주일 전부터 글리코겐 부하를 한다. 처음 1~2일은 달리기와 수영 등으로 체내에 글리코겐을 완전히 고갈시킨 다음, 3일간은 고지방 고단백식으로 글리코겐의 체내 합성을 억제하고, 마지막 3일간은 고당질식을 하여 한 번에 다량의 글리코겐을 축적시키는 방법이다.

운동 중 당질의 보급은 혈당치의 저하를 막고 피로의 발생을 지연시키지만, 운동 직전에 다량의 당질 섭취는 인슐린의 분비를 항진시키므로 가능한 한 가벼운 식사가 좋다.

운동 시 혈당농도를 조절하는 주요 호르몬은 다음과 같다.

① **인슐린** : 세포로 포도당을 운반하며 혈당을 감소시킨다.
② **글루카곤** : 운동을 하여 혈당이 감소하면 간에서 당신생을 증가시켜 혈당을 올린다.
③ **에피네프린** : 부신에서 분비되는 호르몬으로 운동을 하면 혈당이 감소하는데 이때 에피네프린은 간으로부터 글리코겐을 분해하고 포도당 방출을 활성화하여 혈당을 증가시킨다.
④ **코티졸** : 운동을 하면 혈당이 감소하게 되는데 이때 부신에서 분비되는 호르몬인 코티졸은 단백질을 분해하고 당신생을 활성화하여 혈당을 증가시킨다.

근운동을 할 때에는 에너지원으로 간과 근육 중에 저장된 글리코겐이 우선 동원되지만, 저장량에는 한도가 있기 때문에 장시간 운동을 계속하면 지방이 사용되고 호흡계수는 저하한다.

2. 지 방

지방은 유산소 운동을 할 때 효과적인 에너지원으로 사용된다. 지구력 운동을 하면 에너지원이 서서히 당질에서 지방으로 전환되기 때문에 체지방의 분해가 활발하다.

3. 단백질과 아미노산

(1) 트립토판

신경전달물질인 세로토닌은 트립토판에서 만들어지며 통증감지를 줄인다.

(2) 분지아미노산(BCAA, branched chain amino acid)

근 글리코겐을 보존하여 운동을 효율적으로 할 수 있게 한다.

(3) 글루타민

혈장에 많이 있는 아미노산으로 알라닌과 같이 근조직에서 합성된다. 글루타민은 근육으로부터 과다한 아미노기를 제거하며, 간과 신장으로 아미노기를 운반하여 제거한다.

글루타민을 보충해주면 단백질의 합성을 자극하고 근세포 크기를 증가시킨다. 총 신체 탄수화물 저장 효과에 도움을 주어 탄수화물과 글루타민을 함께 섭취하면 근 글리코겐을 늘릴 수 있다고 한다.

(4) 아스파르트산

아스파르트산은 글리코겐을 보존하며 암모니아의 축적을 감소시켜 운동능력을 향상시킨다고 한다.

(5) 글리신

크레아틴의 형성에 관계하므로 근력에 도움을 주는 것으로 생각되고 있다.

(6) 콘드로이틴과 글루코사민

결체조직으로부터 나오는 것으로 운동할 때 관절을 건강하게 하는데 도움이 된다. 글루코사민은 프로테오글리칸과 복합물질을 형성하며, 연골조직의 기본이 된다.

콘드로이틴은 연골에 탄력성을 부여해 충격을 흡수하며 뼈와 뼈가 맞닿는 것을 막아준다. 연골이 과다하게 손상되면 관절염과 관절의 통증이 유발되는데 이 물질들은 정상적인 연골을 유지하게 하며 관절염을 막아준다.

(7) 크레아틴

간이나 신장에서 글리신과 아르기닌으로부터 만들어져 근육으로 가며 인산과 결합되어 근육에 저장되어 있는 고에너지 포스파젠인포스포크레아틴을 형성한다. 매우 강도 높은 운동을 하는 동안 사용되는 에너지이다.

(8) 콜 린

다양한 음식에서 발견되는 질소함유물질로 레시틴 등에 많이 들어 있다. 콜린은 중추신경계의 중요한 신경전달물질인 아세틸콜린을 형성하며 피로를 회복하는데 도움이 된다고 한다.

(9) 이노신

근육에서 ATP 생산을 향상시키고 근육에 산소 전달을 향상시키므로 유산소 운동을 하는 선수에게 도움이 된다.

(10) 카르니틴

음식으로 섭취하여 얻은 지방산이 에너지를 내기 위해서는 카르니틴에 의해 미토콘드리아 막을 통과해야 한다.

지방산은 카르니틴이 없이는 에너지원으로 사용되지 못한다. 심장 근육은 에너지원으로 지방산을 선호한다. 지구력 운동 등에 의해 카르니틴 대사량이 증가하므로 카르니틴을 보충해 주는 것이 운동향상에 도움이 된다. 또한 카르니틴이 충분하면 피루브산이 원활하게 공급되어 운동수행 능력이 발휘된다.

4. 비타민

비타민과 무기질은 에너지 산화대사에 매우 중요한 영양소로 운동을 최대한 잘 수행하려면 비타민과 무기질을 적절하게 섭취해야 한다.

(1) 티아민

티아민은 에너지 대사 중 당질대사에 관여하므로 총 에너지 섭취가 증가하면 티아민 섭취량도 증가해야 한다.

(2) 리보플라빈

에너지 섭취량이 증가하면 리보플라빈 섭취를 증가시켜야 한다.

5. 무기질

(1) 칼 슘

칼슘은 골밀도 유지와 근육 수축에 중요한 역할을 하므로 충분히 공급해야 한다.

(2) 철 분

운동할 때는 산소가 꼭 필요하며 산소는 헤모글로빈에 의해 체조직으로 운반된다. 철분은 헤모글로빈의 성분으로 중요하며 근육세포가 산소를 이용하는데도 필요하다. 철분을 함유하고 있는 미오글로빈이 ATP가 생성되는 장소로 산소를 운반하여 주며 호기적 대사에서도 철분 함유 효소가 필요하다.

(3) 나트륨

격렬한 운동이나 고온 환경에서 운동하면 발한에 의해 무기질이 소실되는데 이때 체액의 평형을 위해 식염의 보충이 필요하다.

6. 수 분

운동할 때 적당한 수분공급은 체온조절을 원활하게 하고 운동 능력 저하를 막을 수 있다.

3 운동과 생활습관병

(1) 고혈압

운동은 혈압을 저하시키므로 고혈압이 있는 사람들에게 매우 도움이 된다. 그러나 과다한 운동으로 혈압이 상승되지 않도록 한다. 권장할만한 운동으로는 유산소성 운동인 걷기, 수영, 고정식 자전거 등이 좋다.

본 운동 전후에 스트레칭을 포함한 준비운동 및 정리운동을 해야 하며, 운동 후에는 말초저항이 감소할 수 있으므로 정리운동을 길게 한다.

오후 운동을 권장하며 추운 겨울에는 운동을 삼간다. 운동 강도는 최대 심박수의 50~70% 정도로 하며 혈압이 200mmHg 이상 상승하지 않도록 한다. 운동시간은 1시간 이내가 좋으며 1일 200~300kcal 정도 소비하는 운동을 주 3회 이상 하면 좋다.

(2) 당뇨병

당뇨병 환자가 운동을 하면 인슐린 저항성이 감소하며 근육세포의 당 이용을 증가시킨다. 그러나 당뇨병 환자는 운동을 하되 식사 후에 하는 것을 원칙으로 하고 너무 과다하게 하여 저혈당에 빠지지 않도록 주의한다.

당뇨병이 있는 경우는 운동 전후에 혈당검사를 해서 뇨에 케톤체가 있고 혈당이 250mg/dL 이상이면 운동을 하지 않는 것이 좋다. 당뇨환자들은 특히 발 관리에 주의해서 신발과 양말을 잘 선택해야 한다.

당뇨병 환자는 혈액순환이 원활하지 않으며 세균에 대한 저항력이 낮아 세균이 침입하면 발이 썩는 괴저 현상이 나타날 수 있다. 운동 중이나 후에 식은 땀이 나거나 손발이 떨리는 저혈당 증상이 나타나면 즉시 사탕이나 주스, 꿀물 등을 먹는다.

인슐린 의존형 당뇨병의 경우 바람직한 운동은 걷기, 조깅, 수영, 골프 등 낮은 강도의 운동을 최대 심박수의 40~50%의 강도로 1시간 정도로 주 5회 하는 것이다.
인슐린 비의존형 당뇨병의 경우 걷기, 조깅, 근력 및 근지구력 운동을 최대 심박수의 60~75% 정도의 강도와 40분 정도로 주 5회 이상 하는 것을 권장한다.

(3) 허혈성 심질환

심근경색증이나 협심증의 병력이 있는 경우 운동은 매우 조심스럽고 신중해야 한다. 체중 조절을 위해 운동보다는 식사요법에 주안점을 두고 이러한 경우는 대개 중년 이후의 연령에 해당되므로 체중 감량보다는 현재 체중의 유지에 목표를 두고 걷기나 산책 같은 부담되지 않는 운동을 하도록 한다.

협심증이 있으면 운동 강도가 높아질 때 가슴의 통증 같은 증상이 나타날 수 있으므로 협심증 유발 운동 강도를 파악하여 그보다 10% 정도 낮은 강도로 운동한다. 유산소성 운동인 걷기, 수영, 고정식 자전거 등이 좋으며 웨이트 트레이닝과 같은 저항운동은 낮은 부하를 이용하여 운동한다.

준비운동과 정리운동을 운동 전후 15분 정도로 철저히 한다. 운동 중 머리가 아래로 내려가는 동작은 머리와 안구, 흉곽 내의 압력이 높아지므로 주의한다. 1일 200kcal 정도 에너지를 소비할 수 있는 운동을 1시간 정도씩 주 3회 이상 하면 좋다.

(4) 골관절염

체중 감량을 위해 운동을 해야 하지만 이미 골관절염이 있어 운동에 제한이 있는 경우가 흔하다. 특히 무릎, 발목 등 체중 부하가 되는 관절의 통증으로 걷기, 산책 등이 어려운 경우는 수영, 물속에서 걷기 등을 하도록 한다.

혈압이 200mmHg 이상 올라가지 않는 범위에서 최대 심박수의 40~60% 정도의 강도로 하루 30분 정도씩 주 3회 이상 운동하는 것이 바람직하다.

(5) 골다공증

수영, 자전거 타기보다는 걷기, 산책, 러닝머신 등을 이용하는 것이 좋다. 근력 운동을 심하게 하거나 점프와 같이 충격이 심한 운동을 할 경우 골절이 생길 위험이 있으므로 주의한다.

4 운동의 좋은 점

운동은 생활에 활력을 주며, 긴장과 스트레스로부터 보호하며 호흡기를 튼튼하게 하고 체중조절과 혈압, 혈당 등을 정상으로 유지시키는데 도움이 된다. 또한 각종 질환을 예방할 수 있고 치료에 도움을 주며, 노화도 예방할 수 있다.

① 기초대사량을 증가시켜 에너지 소모를 원활하게 한다. 체지방을 감소시켜 비만을 예방하고 치료한다.

② 골수에서 적혈구 생산을 증가시키며 산소를 운반하는 헤모글로빈의 양도 증가되어 산소 운반 능력이 좋아진다.

③ 운동은 혈압과 혈당을 낮추며 인슐린 감수성을 높여 당뇨병을 개선시켜 준다. 혈관 벽에 콜레스테롤을 축적시키는 저밀도 지단백질을 감소시키고 콜레스테롤을 제거하는 고밀도 지단백질을 증가시켜 동맥경화를 예방한다. 또한 지방간 등 각종 대사질환의 예방 및 치료에 도움이 된다.

④ 폐의 산소 교환 능력을 향상시키고 산소 섭취량을 증가시켜 폐의 기능을 증진시킨다.

⑤ 골다공증을 예방한다.

⑥ 피로를 회복시키고 정신적 스트레스를 해소시켜 준다.

표 12-2 활동별 · 체중별 에너지 소비량

활동	kcal/hour/kg	체중 55kg (kcal/hr)	체중 65kg (kcal/hr)	체중 75kg (kcal/hr)	체중 85kg (kcal/hr)	체중 95kg (kcal/hr)	체중 105kg (kcal/hr)
누워있기	0.84	46	55	63	71	80	88
앉아있기	1.26	69	81.9	94.5	107.1	119.7	132.3
식사하기	1.38	76	90	103.5	117.3	131.1	144.9
앉아서 글쓰기	1.74	96	113.1	130.5	147.9	165.3	182.7
요리하기	2.70	149	175.5	202.5	229.5	256.5	283.5
사교춤	3.06	168	198.9	229.5	260.1	290.7	321.3
목수일	3.30	182	214.5	247.5	280.5	313.5	346.5
자동차 세차	3.30	182	214.5	247.5	280.5	313.5	346.5
산 책	3.52	194	228.8	264	299.2	334.4	369.6
집안청소	3.52	194	228.8	264	299.2	334.4	369.6
창문닦기	3.52	194	228.8	264	299.2	334.4	369.6
낚 시	3.72	205	242	279	316	353	391
장보기	3.72	205	242	279	316	353	391
노 동	4.18	230	272	314	355	397	439
농사일	7.04	387	458	528	598	669	739
정원 가꾸기	7.04	387	458	528	598	669	739

표 12-3 연령별 체력운동의 강도와 심박수

		100	80	60	40
운동강도	부하강도	최대강도	최대하강도	중간 정도	
	표어	한계값	운동의 최종 목표	안정하고 즐겁게 운동을 하기 위한 기준	
연령대	30대	179회/분	153회/분	131회/분	108회/분
	40대	172회/분	150회/분	127회/분	105회/분
	50대	165회/분	142회/분	123회/분	102회/분
	60대	158회/분	136회/분	119회/분	99회/분
	70대	151회/분	131회/분	112회/분	96회/분
운동 시의 느낌		매우 힘들고 더 못하겠다는 느낌	상당히 힘들지만 계속할 수 있다.	자기 페이스로 상당히 지속할 수 있다.	다소 운동이 되었다는 느낌. 초심자의 목표

표 12-4 연령별 권장되는 운동량과 주의사항

항 목	20~30대	40~50대	60~70대
근력 운동	아령, 역기 1회 15~20분씩 매주 2회	아령, 앉았다 일어나기, 팔굽혀펴기 등을 1회 20분씩 매주 2회 이상	가벼운 아령 1회 10~15분씩
유산소 운동	1회 30~50분씩 매주 3회	1회 25~40분씩 매주 3회	걷기, 속보 등 1회 20분 이상, 매주 3회
유연성 운동	운동 후 스트레칭 10분	스트레칭 매일 10~20분	스트레칭 1회 10~20분 매일 2회(아침, 저녁)
권장되는 맥박수	20대 : 100~180 30대 : 133~171	40대 : 126~162 50대 : 116~149	60대 : 101~139 70대 : 개인 차 심함 (숨찬 정도)
주의 사항	20대 후반부터 신체 기능이 조금씩 감소, 유산소 운동이 특히 중요	신체 기능이 빠르게 감소, 특히 여성은 근력운동이 중요, 격렬한 운동은 피할 것	노화현상 뚜렷, 안전한 운동이 최고, 일상생활에서의 많은 움직임이 중요

이것만은 꼭 알아둡시다.

운동과 건강

1. 운동하면 좋은 점이 아닌 것은?

① 근력감소　② 혈중 콜레스테롤 감소 효과
③ 심박출량 증가　④ 심폐기능 증가

2. 운동할 때의 영양소 대사에 대한 설명으로 옳지 않은 것은?

① 운동 강도가 높은 경우 젖산이 축적되어 근육피로를 초래한다.
② 지방은 지구력을 요하는 장시간의 운동에서 좋은 에너지원이다.
③ 단백질은 운동할 때 주요한 에너지원이므로 필요량이 증가한다.
④ 충분한 산소공급을 위해 철분 필요량이 증가한다.

3. 운동선수의 시합 전 영양관리 중 틀린 것은?

① 섬유소가 많은 음식은 제한한다.
② 경기 전 식사에는 당질식을 제한한다.
③ 경기 전 식사에서는 너무 많은 양의 지방 섭취를 피한다.
④ 경기 전 마지막 식사 후에 커피, 홍차 등의 음용을 피한다.

4. 운동 중의 변화가 아닌 것은?

① 체온상승　② 열량 소비 증가
③ 근육단백질 분해　④ 글리코겐 저장 증가

5. 다음 중 운동할 때 가장 나중에 사용되는 영양소는?

① 비타민　② 지방산　③ 무기질　④ 당질

[정답] 1. ①　2. ③　3. ②　4. ④　5. ②

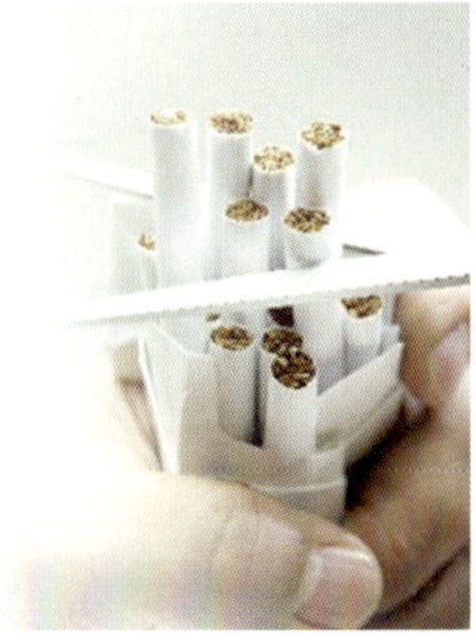

Chapter 13 흡연과 건강

1 흡연과 건강

흡연은 만성 폐쇄성 폐질환, 관상동맥 질환 등을 유발하는 원인이며, 폐암을 유발하는 가장 큰 요인이다.

최근 한국 남성의 흡연율은 꾸준히 감소하고 있으나, 아직도 2020년 국민건강영양 조사결과에 의하면 성인 남성 흡연율은 34.0%로 조사되었다(그림 13-1).

청소년 흡연은 점차 낮아지고 있으나 신체적 성장이 끝나지 않은 청소년들의 건강에 대해 피해가 우려되고 있다. 흡연은 예방 가능한 사망원인 가운데 하나이며, 금연은 건강을 증진시킬 수 있는 가장 중요한 요소이다.

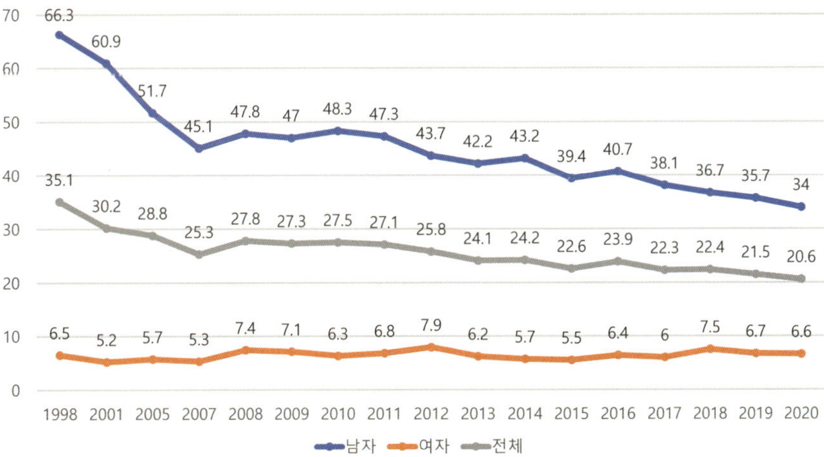

자료 : 보건복지부 '국민건강영양조사'

그림 13-1 성인의 흡연율

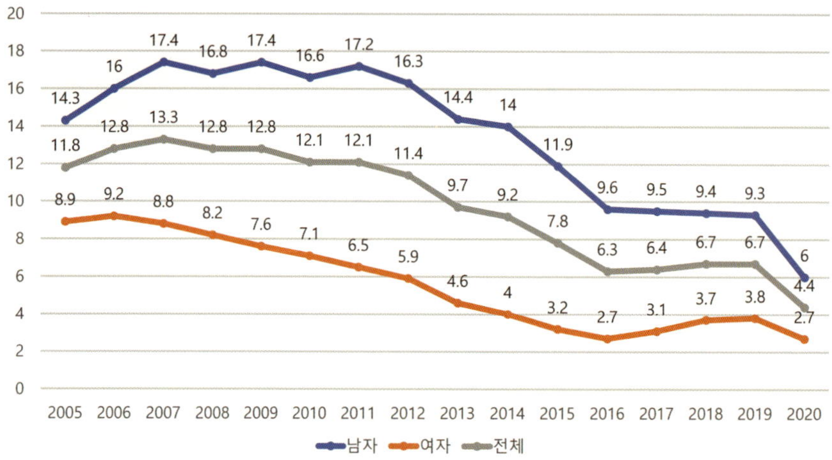

자료 : 보건복지부 '국민건강영양조사'

그림 13-2 청소년 흡연율

1. 담배의 유해물질

담배 연기에는 4,000여 종류의 인체에 유해한 화학물질이 있으며, 약 200~300종의 유독성 물질과 유독가스가 존재한다. 담배 1개비를 피울 때 나오는 연기 중의 약 90%는 가스이고 약 10%가 미립자이다.

가스 성분 중 문제되는 것은 일산화탄소와 미량의 유해가스이고 미립자 성분 중에서는 여러 가지 발암물질을 함유한 타르와 니코틴이다.

(1) 니코틴

담배 특유의 성분인 니코틴은 흡연 시 폐로 빠르게 흡입되어 체액 속으로 흡수된 후 뇌에 도달한다. 니코틴은 체내에서 각성효과와 교감신경계 항진작용, 기분을 좋게 하고 식욕부진을 일으켜 체중을 감소시킬 수 있으며, 작업 수행력과 기억력을 호전시키기도 하며, 불안과 긴장을 줄여 준다.

또한 혈압, 심박수, 심장 박출량을 증가시키며, 말초혈관을 수축시키고 혈중 고밀도지단백 농도를 저하시켜 동맥벽에 콜레스테롤 침착을 촉진함으로써 동맥경화증의 원인이 된다.

(2) 일산화탄소

담배 연기 속에 약 0.5~1%의 일산화탄소가 포함되어 있어, 한 갑을 피우면 2mg의 일산화탄소를 마시는 것이 되며 한 번 들이마신 일산화탄소는 90%가 몸 안에 남아 독성을 나타낸다.

이러한 일산화탄소는 체내에서 혈관의 내벽세포를 손상시키며 헤모글로빈, 미오글로빈, 시토크롬계 산화효소 같은 단백질과 결합하여 산소공급을 저하시킨다. 그리고 세포 내에서 산소이용을 방해하여 만성 저산소증이 나타나고 신진대사 장애와 조기 노화현상을 초래한다.

(3) 타 르

담배를 피울 때 파이프나 필터를 검게 하는 담뱃진의 성분이며, 담배 맛과 향을 결정하는 주요 인자로서 흡연 욕구를 충동하는 역할을 한다.

타르의 주성분은 주로 방향성 고리화합물로서 상당수가 발암물질이다. 니트로소아민, 방향성 아민은 방광암을 유발하며, 벤조피렌은 폐암을 유발한다. 담배꽁초가 남으면 타르와 일산화탄소의 농도가 연기 속에 진해져 인체에 더욱 유해하다.

(4) 그 밖의 기체성분

니트로소아민계 물질, 포름알데히드와 아크롤레인계 물질, 수소화시안화물, 산화질소, 암모니아 등의 유해물질들이 있다.

2. 니코틴의 치사량

인체에 대한 니코틴의 치사량은 약 40mg으로 담배 1개비에는 약 1mg이 함유되어 있다. 한 번 들이마신 니코틴의 약 90%는 몸 안에 남아 독성을 나타낸다. 반복적으로 니코틴을 흡입하면 뇌에 니코틴 수용체가 생기며, 니코틴 내성이 생겨서 습관성 중독을 일으키기 때문에 마약으로 분류된다. 금단현상으로 정신불안증, 신경질, 불안감 등을 유발한다. 금연하면 금단증상은 24~48시간에 최대에 이르며 서서히 감소한다.

2 흡연과 영양소

(1) 식습관과 영양섭취 실태

스트레스는 흡연과 음주를 증가시키며 미각을 둔화시켜 전반적인 식품선택에 영향을 준다. 흡연자들은 탄수화물, 알코올 등의 고열량 식품을 많이 섭취하고, 비타민, 무기질 등이 많은 채소류, 과실류는 많이 섭취하지 않는 것으로 알려져 있다.

(2) 혈중 지질

흡연하는 사람들은 고밀도지단백이 낮고 중성지방과 저밀도지단백은 높다. 이는 흡연으로 인해 지방조직에서 지방의 분해가 촉진되어 혈중 유리지방산을 증가시켜 간에서 중성지방과 초저밀도지단백의 합성을 증가시켜 혈중 지질 농도가 증가하며, 간에서 고밀도지단백 합성을 억제하기 때문이다.

(3) 항산화 비타민

담배 연기에는 지질을 산화시키는 유리기가 다량 함유되어 있으므로 지질의 산화를 방지하기 위해 흡연자는 비흡연자보다 체내 항산화 영양소의 필요량이 증가한다.

흡연자들은 비타민 A와 비타민 C를 충분히 섭취하여야 한다. 특히 흡연자들의 혈청 비타민 C 농도는 비흡연자에 비해 낮으며, 비타민 C 결핍 증세가 흡연자에게서 더 많이 보고되어 있다.

(4) 무기질

산화된 저밀도지단백이 동맥 내벽에 침착하게 되면 콜레스테롤이 축적되어 동맥경화증이 나타난다. 저밀도지단백은 유해산소에 의해서 과산화지질이 되며, 구리·철 같은 금속이온에 의해서 산화가 촉진된다.

흡연은 혈청 구리 농도를 상승시키고, 셀룰로플라즈민(구리 운반 단백질)의 농도를 높인다. 왜냐하면 담배가 포함하고 있는 산소라디칼과 산화를 촉진시키는 다른 물질들이 셀룰로플라즈민과 알부민으로부터 구리를 유리시켜 혈청 내 구리 농도를 높이기 때문이다. 혈청 중 구리 농도가 높은 사람은 심혈관계 질환으로 인한 사망 위험과 급성 심근경색증의 발병 위험이 높다.

3 흡연과 질환

폐는 공기 중의 산소를 흡입하여 이산화탄소를 배출하는 주된 호흡기관이다. 흡연은 폐의 이러한 작용에 영향을 주어 장기간 흡연하면 폐암, 폐기종 등의 원인이 된다.

(1) 폐 암

흡연은 폐암·후두암·구강암·식도암·췌장암 등 여러 종류의 암을 유발하는 원인이다. 타르는 점액과 섬모운동에 의한 이물질 제거 기능의 장애를 초래하여 상피세포에 흡입된 담배연기 속에 있는 여러 가지 발암물질에 대한 노출시간을 길게 한다. 또한 여러 종류의 발암물질이 담배연기에 존재하여 발암효과를 가중시킴으로써 폐암을 유발한다.

(2) 만성폐기종

폐조직 사이에 가스가 차서 팽창하는 것으로 폐포부피가 비정상적으로 증가하며 폐포가 터져 영구적으로 호흡곤란, 폐의 탄력성이 감소된다. 원인은 대기오염, 유전, 노화, 감염 등이 있지만 특히 흡연에 의해서 발생하는 것으로 세기관지에 공기가 유통되지 않아 폐포벽의 많은 부분이 파괴되어 있다. 증상으로는 호흡하는 데 힘이 들며, 폐의 호흡곤란 확산 능력이 감소되어 혈액의 산소공급과 이산화탄소 제거 능력이 감소된다.

폐 일부에서 공기 유통이 두절되어 조직이 사멸되고 폐동맥수가 감소하며 폐순환 혈관의 저항력이 증가되어 폐동맥의 고혈압이 유발되고 오른쪽 심장의 부담을 증가시켜 우심장부전의 원인이 된다. 금연하고 폐실질조직의 보수·재생을 위하여 고열량·고단백질 식사를 한다.

(3) 동맥경화증과 심장순환계 질병

심장혈관 질환의 유발은 흡연량에 따라 증가하며, 대다수 관상동맥질환 환자는 흡연 중이거나 흡연 경력이 있다.

흡연 여성의 심근경색증의 위험도는 비흡연자에 비해 3배나 높다. 하루에 1~4개비의 적은 양도 관상동맥질환의 위험도를 2배나 증가시킨다고 한다.

금연하고 운동을 규칙적으로 하며 지방의 과잉섭취를 줄인다. 특히 콜레스테롤이 많은 육류식품과 포화지방이 많은 식품, 트랜스지방 함량이 많은 튀김류 등의 음식을 가급적 섭취하지 않는다.

탄수화물을 과잉섭취하지 않으며 정백당 등의 식품은 주의한다. 비타민과 무기질을 충분히 섭취하는 등 식생활을 개선한다.

4 금연에 도움이 되는 식생활

(1) 물과 녹차 등을 많이 마신다.

물은 체내의 노폐물과 유해물질을 배설하므로 충분히 마시고 녹차에 들어있는 카테킨 등의 성분은 유해물질과 독소를 제거하는데 효능이 있으므로 흡연욕구가 있을 때마다 마시는 것도 도움이 된다.

(2) 비타민 C와 비타민 C가 풍부한 식품을 섭취한다.

비타민 C는 강력한 항산화제로 체내에서 작용하며, 흡연으로 인해 부족된 비타민 C를 보충해 줄 수 있다. 비타민 C가 풍부한 과일, 야채 등을 섭취한다.

(3) 베타카로틴을 섭취한다.

베타카로틴은 체내에서 비타민 A로 전환되어 폐와 기관지의 기능을 보호해주므로 베타카로틴이 풍부한 식품을 섭취한다.

(4) 식이섬유소를 섭취한다.

식이섬유소는 유해물질을 흡착하여 배설해주는 기능이 있으므로 흡연으로 인해 체내에 쌓인 독성물질들을 배출한다. 금연 후에 식욕이 증가하는 경우 칼로리가 낮고 포만감을 주어 체중증가를 막아주는 섬유소가 함유된 식품을 먹는다.

(5) 해조류를 충분히 섭취한다.

해조류는 혈액을 깨끗하게 하며 체내 유해물질을 배출하는 효과가 있으므로 충분히 섭취하는 것이 바람직하다.

(6) 증상과 치료

① 기관지 천식

공기 중의 이물질에 대한 민감성에 의해 발생한다.

꽃가루에 의해 면역블로블린 E(Immunoglobulin E, IgE) 항체가 형성되고 과민성 물질 히스타민이 생성하여 폐포벽 부종과 폐포강에 점성물질이 분비되고 폐포연근육강직이 나타난다.

증상으로는 날숨이 힘들어 폐안에 잔존하는 공기량이 많아진다.

치료로는 금연, 항히스타민제, 비타민, 무기질의 섭취이다.

② 만성 폐쇄성 폐질환

기도폐쇄 진행, 흡연, 공해, 노화, 감염, 유전 등의 원인으로 호흡곤란, 만성기침, 객담, 식욕부진, 체중감소, 호식·흡식 근육의 이화작용이 증가하는 증상이 생긴다.

치료로는 항생제, 기관지 확장제, 가래제거제를 복용한다.

영양관리로는 바람직한 체중을 유지하고, 호흡기에 부담을 주지 않는 소화가 잘 되는 소량의 식사를 자주 공급한다.

이것만은 꼭 알아둡시다.

흡연

1. 흡연에 의해 발생할 수 있는 질환이 아닌 것은?

① 폐암 ② 만성 폐기종

③ 동맥경화증 ④ 당뇨병

Tip 흡연에 의해 발생할 수 있는 질환에는 폐암, 만성 폐기종, 동맥경화증 등이 있다.

[정답] 1. ④

Chapter 14

알레르기 및 스트레스와 식생활

1 식품 알레르기

1. 식품 알레르기란?

식품 알레르기란 음식의 특정 단백질(allergen)에 대하여 체내 면역계가 반응하여 나타나는 여러 가지 증상이다. 식품 알레르기는 대부분의 사람들은 아무런 반응이 없는 어떤 음식을 일부 사람들이 섭취하거나 혹은 접촉하면 천식, 가려움을 동반한 발진, 발열 등의 전신증상과 신경증상, 설사, 복통, 구토 등이 유발되는 것을 말한다. 단백질이 체내에 들어오면 이에 대한 항체가 생성되어 다시 항원이 들어오면 과잉의 항원항체 반응으로 알레르기(특히 당단백이 중요 알레르기 물질)가 발생한다.

2. 식품 알레르기의 증상

소화관 내에서 반응이 일어나면 설사, 복통 등이 생기며, 재채기나 두드러기, 심하면 호흡곤란 등의 증상도 일어난다. 또한 항원과 반응하는 T세포는 시간이 지난 후에 반응을 나타내 피부가 붉어지거나 붓고 가려운 증상 등을 나타내기도 한다.

식품에 함유되어 있는 알레르기성 물질에 반응을 나타내는 경우도 있다. 시금치, 가지, 토마토 등에는 히스타민이 많고 바나나, 파인애플, 키위 등에는 세로토닌 등이 많아 알레르기를 일으킬 수 있다.

3. 식품 알레르기의 종류

(1) 달걀 알레르기

달걀 알레르기는 유아와 어린이들에게 가장 발생 빈도가 높은 대표적인 식품 알레르기의 하나이다. 달걀 알레르기를 일으키는 물질은 난백에 있는 오브알부민, 오브뮤코이드 등이 있다.

유아들에게는 달걀 흰자보다는 노른자를 주는 것이 바람직하다. 이는 달걀 흰자의 아비딘이 비오틴의 흡수를 방해하기 때문이다.

(2) 우유 알레르기

우유 알레르기는 락타아제가 부족하여 우유를 분해하지 못해 설사, 복통 등의 증상이 나타나는 것을 말한다. 우유 알레르기가 있는 사람들은 두유나 두유 제품으로 대체하면 증상이 완화되는 경우가 많다.

(3) 메밀 알레르기

메밀이 함유된 식품을 섭취하면 천식, 발작, 두드러기, 구토, 혈압저하 등의 증상이 나타나며 유아기에 주로 많이 발생한다.

(4) 글루텐 알레르기

글루텐 단백질은 알레르기 증상을 일으킨다. 실리악 질환(celiac disease)은 매우 심한 위장증상으로 소맥류(밀, 보리, 귀리 등)를 섭취하면, 소장에서 염증과 흡수불량이 나타난다. 주로 서구인에게서 발생하며 한국인에게서는 거의 나타나지 않는다. 글루텐 알레르기가 있는 사람은 밀가루를 이용해 만든 식품을 섭취하지 않도록 한다.

(5) 신경성 알레르기

알레르기 반응은 자율신경과 밀접한 관계가 있으며, 특히 부교감신경의 긴장이 쉽게 항진하는 사람 또는 자율신경이 불안정한 사람, 스트레스를 많이 받는 사람에게서 식사성 알레르기가 잘 일어난다.

4. 식품 알레르기의 영양관리

식품 알레르기의 원인이 되는 식품 항원을 섭취하지 않도록 하며, 제한되는 식품으로 인한 영양부족을 대체할 수 있는 식품을 잘 선택해 섭취하도록 한다.

대부분의 식품은 시간이 지나면 알레르기가 사라지지만 땅콩, 견과류(나무열매, 견과류), 해산물 등은 변화가 없는 경우도 많다.

① 식품 재료는 신선한 것을 선택하고, 부패성이 높은 동물성 단백질 식품은 주의한다.

② 가공식품, 조리된 식품은 되도록 피하고 사용할 때에는 첨가되는 물질을 확인한다.

③ 채소류는 향기가 강한 채소를 피하고 가능한 가열 조리를 한다.

④ 기름은 신선한 것을 이용하고 향신료 및 자극성 있는 식품 등도 주의한다.

⑤ 소화 흡수가 잘 되는 식품을 섭취하도록 하며, 알레르기는 밤에 잘 일어나므로 저녁 식사에는 소화 흡수가 잘 되는 식품을 이용한다.

⑥ 어린이의 간식, 음료에 있는 알레르기 유발물질의 유무를 충분히 확인한다.

⑦ 과음이나 과식, 알코올 음료, 단백질과 지방 식품 섭취에 유의하고, 장내 가스 형성 식품 등을 금한다.

이외에도 알레르기성 질환을 막기 위해서 신선한 과실과 채소 등을 충분히 섭취하고, 규칙적인 식생활을 유지하는 것이 중요하다.

2 스트레스

현대인들은 생활 속에서 많은 스트레스를 받고 있으며, 이를 극복하기 위해 체내에서는 여러 가지 반응이 일어난다. 스트레스를 극복하지 못하고 오래 두면 각종 질환의 원인이 되기도 한다. 신체가 질병 등으로 스트레스를 받을 경우 방어기전으로 각종 호르몬을 분비하고 혈액을 통해 각 기관 및 장기에 작용해 스트레스를 극복해 항상성을 유지한다.

1. 스트레스에 대한 반응기전

신체는 스트레스를 받으면 중추신경계, 시상하부, 뇌하수체, 부신 등의 기관을 활성화시켜 각종 호르몬을 분비하고, 혈액을 통해 분비된 호르몬을 각 기관에 전달하여 스트레스를 극복하는 반응을 보인다. 질병이나 외상 등에 의한 스트레스를 받으면 교감신경계 말단에서 카테콜아민이 분비된다.

카테콜아민은 당신생합성과 간 글리코겐의 분해를 증가시키고 인슐린의 분비를 저해한다. 근육에서의 포도당 이용률을 저하시키고 대사속도와 열 발산을 촉진시킨다.

지방 분해를 증가시키고 뇌하수체로부터 부신피질자극호르몬의 분비를 촉진시켜 글루코코티코이드(glucocorticoid)의 생성을 유도한다. 부신피질에서 분비되는 글루코코티코이드인 코티졸(cortisol)은 단백질 합성을 저해하고 골격근으로부터 아미노산의 이동을 도와주며 당신생합성을 증진시킨다.

또한 글루카곤을 분비하며 지방분해를 촉진시키고 인슐린 분비를 억제시켜 저혈당증을 예방한다. 글루카곤은 인슐린과 길항적으로 혈당을 조절하는데 인슐린의 농도가 높을수록 단백질의 합성은 증가된다.

부신피질에서 분비되는 알도스테론은 카테콜아민, 흥분, 수술, 외상 등에 의해 분비가 촉진되며, 신장에서 나트륨과 염소의 재흡수를 촉진시킨다. 증가된 혈청 염소와 나트륨은 항이뇨 호르몬의 생성을 촉진한다. 알도스테론이 분비되면 나트륨과 수분이 보유되어 세포외액을 증가시키고 칼슘의 배설을 증진시킨다.

뇌하수체 후엽에서 분비되는 항이뇨호르몬은 저혈당, 고삼투질, 외상 등에 의해 분비되어 신장에서 수분이 제거되는 것을 저해하고, 요배설량을 감소시켜 세포 내 체액량을 증가시키고, 삼투압 농도를 감소시킨다.

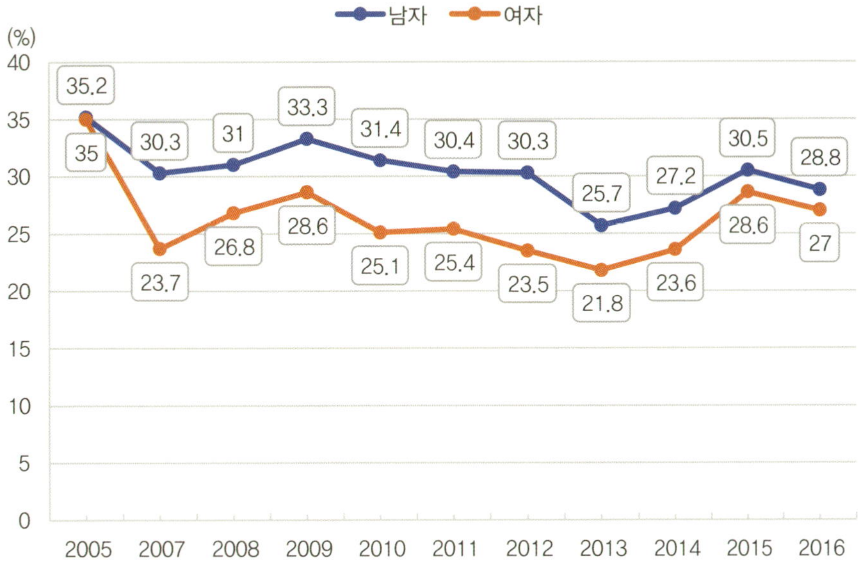

자료 : 2016, 질병관리청, "국민건강영양조사"

그림 14-1 성별 스트레스 인지율

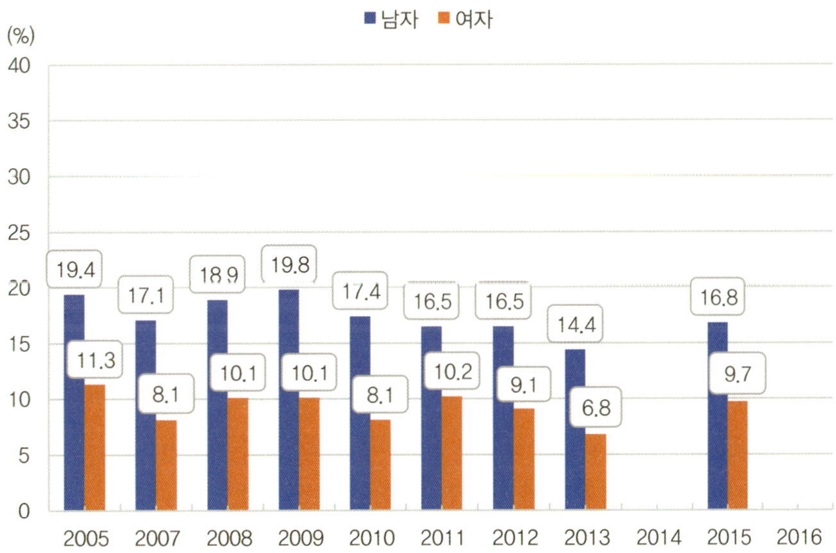

자료 : 2016, 질병관리청, "국민건강영양조사"

그림 14-2 성별 우울감 경험률

2. 스트레스에 의한 대사변화

(1) 에너지 대사

산소소비가 증가하고 기초대사량이 증가된다. 스트레스를 많이 받게 되면 글리코겐이 빠르게 분해되며 중성지방과 체단백질이 분해된다. 에너지원인 포도당의 공급은 주로 간의 당신생합성 작용에 의해서 이루어지며, 뇌, 신경계, 적혈구 세포는 포도당을 에너지원으로 이용한다.

(2) 당질대사

스트레스를 받으면 에피네프린에 의해 인슐린 분비가 저해되고, 글루카곤의 분비는 증가해 포도당 생성이 증가한다.

젖산과 알라닌은 당신생합성의 재료로 쓰인다. 근육에서는 포도당 생성을 할 수 없으며, 포도당 신생에 필요한 알라닌을 제공한다.

스트레스를 받으면 인슐린 저항성의 증가로 골격근과 간에서는 포도당이 이용되지 못하고 지방이 주요 에너지원으로 이용된다.

(3) 지질대사

지방의 분해가 빨라지고 지방산의 분해가 증가하여 혈중 지방산 농도가 증가한다. 카테콜아민이 증가하고 인슐린 분비가 감소해 중성지방이 지방산과 케톤체 등으로 분해된다.

(4) 단백질대사

스트레스를 받게 되면 단백질 분해가 빠르게 일어나며 코티졸에 의해 이동된 골격근에서 온 아미노산들은 포도당신생에 이용된다. 또한 골격근에서는 분지아미노산(branched chain amino acid)의 산화가 증가되어 단백질 합성에 필요한 질소와 포도당생합성에 필요한 탄소를 제공한다.

분지아미노산이 탈아미노화되어 생성된 케토산들은 TCA 회로의 중간체로 역할을 한다. 유리된 아미노기들은 피루브산과 글루타민산에 결합되어 알라닌과 글루타민을 형성한다.

알라닌은 당신생합성에 이용되고 글루타민은 포도당생합성의 기질로 작용하며 산염기 평형을 유지한다. 골격근이 고갈되면 내장기관이 분해되어 아미노산을 제공하게 되어 3-메틸히스티딘(methylhistidine)과 크레아틴(creatine)이 신장에서 많이 배설된다.

이렇게 외상 등에 의한 스트레스와 정신적인 스트레스 등은 체내 기관을 손상시키고, 근육소비 등을 일으킨다.

(5) 비타민과 무기질 대사

외상 등의 외부적 스트레스를 심하게 받으면 수분과 마그네슘, 칼륨 등의 손실이 크다. 또한 칼슘과 철의 배설도 증가하게 된다.

아연은 인슐린 분비에 관여하므로 아연이 부족하게 되면 당대사가 영향을 받고, 크롬 결핍은 포도당 이용에 손상을 준다.

스트레스를 받게 되면 각종 비타민 손실이 늘고 간의 모든 대사가 영향을 받는다. 글루코코티코이드는 비타민 D 활성을 저해해 칼슘흡수를 감소시킨다.

3. 스트레스의 영양관리

스트레스를 받게 되면 각종 분해반응이 증가하고 대사가 항진되므로 열량과 단백질 요구량이 증가하게 된다.

(1) 열 량

스트레스를 받게 되면 열량을 약 20% 정도 증가시켜야 한다고 알려져 있다. 기초 열량 소비량(basal energy expenditure, BEE)은 헤리스-베네딕트(Harris-Benedict)식을 이용해 열량을 결정한다.

여자 : 655 + [9.6×체중(kg)] + [1.8×신장(cm)] − [4.7×연령(세)]

남자 : 66.4 + [13.8×체중(kg)] + [5×신장(cm)] − [6.8×연령(세)]

(2) 단백질

스트레스를 받게 되면 단백질 요구량이 증가한다. 스트레스를 많이 받는 환자는 총 열량의 20% 정도를 단백질로 공급하는 것이 바람직하다. 특히 감염 등에 의해 단백질 소모가 많은 스트레스 환자들에게는 글루타민을 적절히 공급하는 것이 질소평형을 개선시키고 건강을 회복하는 데 꼭 필요하다.

(3) 지 방

필수지방산을 전체 열량의 2~4%를 공급하는 것이 필요하다.

(4) 비타민과 무기질

외상 등의 스트레스에는 면역기능을 증강시키기 위해 비타민 A, C 등의 항산화비타민 공급이 필요하다. 또한 아연은 면역기능을 개선하는 데 도움이 되므로 아연이 함유된 식품을 섭취하는 것이 도움이 된다.

이것만은 꼭 알아둡시다.

알레르기

1. 알레르겐이란?

① 알레르기 반응의 원인이 되는 물질
② 체질성 알레르기 반응
③ 유전성 알레르기 반응
④ 식사성 알레르기 반응

2. 알레르기를 일으키는 성분과 식품은?

① 유황화합물 – 상한 밥
② 질소화합물 – 어육류 상한 것
③ 인 화합물 – 채소 상한 것
④ 칼슘화합물 – 과일 상한 것

3. 고추, 겨자, 와사비 등이 알레르기를 일으키는 이유는?

① 콜린 함유
② 히스타민 함유
③ 자율신경을 흥분시키므로
④ 아민류 다량 함유

Tip 자율신경을 자극하는 식품들에는 매운 음식 등이 있다.

4. 식사성 알레르기 진단 방법이 아닌 것은?

① 유발식사에 의한 시험은 의심스러운 식품을 환자 몰래 소량 주어보고 알레르기 반응을 관찰하는 것이다.

② 제거식사에 의한 시험은 의심스러운 식품을 발견하면 이 식품을 식이에서 완전히 제거하고 경과를 관찰하는 것이다.

③ 유발식사와 제거식사의 응용식사는 항원으로 의심되는 식품을 모두 주어보고 한 가지씩 제거해 나가면서 경과를 관찰하는 것이다.

④ 환자가 싫어하는 식품 중에 알레르기를 일으키는 식품이 있는 경우가 많으므로 기호조사를 한다.

5. 알레르기 환자에 대한 식이요법이 아닌 것은?

① 원인식품을 제거한다.

② 과음 과식을 피한다.

③ 조리법을 항상 일정하게 한다.

④ 유사 식품으로 대치한다.

[정답] 1. ① 2. ② 3. ③ 4. ③ 5. ③

Chapter 15 기능성 식품과 건강

1 건강기능식품

식품과 음식을 통해 건강을 유지하고 증진시키고자 하는 요구에 부응하여, 식품이 가진 생체조절 기능을 좀 더 발휘할 수 있도록 하는 많은 기능성 식품들이 지속적으로 개발되고 있다.

노인들은 소화흡수 기능이 떨어지거나 치아가 소실되어 음식을 제대로 섭취하지 못해 영양결핍이 오기도 하며, 질환으로 인해 음식을 섭취할 수 없는 경우도 많이 있다. 또한 어린이나 젊은 사람들이 질병으로 인해 영양을 골고루 섭취할 수 없을 때도 기능성 식품은 생체기능을 원활하게 하는 데 유용하게 사용될 수 있다.

기능성 식품(functional food)이란 인체에 유용한 기능성을 가진 원료나 성분을 사용하여 정제·캡슐·분말·과립·액상환 등의 형태로 제조·가공한 식품을 말한다고 정의하고 있다.

2 건강기능식품 기능성 원료

1. 고시형 원료

건강기능식품공전에 등재되어 있는 기능성 원료이다. 공전에서 정하고 있는 제조기준, 규격, 최종제품의 요건에 적합할 경우 별도의 인정절차가 필요하지 않다. 영양소 등 약 95여 종의 원료가 등재되어 있다.

표 15-1 건강기능식품과 유사한 개념으로 사용되는 용어

식이보충제 (dietary supplements)	미국에서 사용되고 있는 식품군으로 1990년 NLEA(Nutrition Labeling and Education Act)와 1994년 DSHEA(Dietary Supplement Health and Education Act)에 의해 식품에 건강강조표시(health claim)가 허용되면서 용어를 사용하기 시작하였다. 식이보충제는 '식품성분 중 한 가지 이상을 함유하면서 식사를 보충하는 식품을 말하며 식품성분이란 비타민, 무기질, 허브 또는 그 밖의 식물성분, 아미노산, 식사의 섭취량을 증가시키기 위해 사용되는 음식물 또는 이들 성분의 농축 대사물, 구성 물질, 추출물 혹은 혼합물 중 한 가지 이상을 함유하면서 식사를 보충하는 식품'으로 정의되어 있다.
보건기능 식품	일본에서 사용하는 개념으로 특정 보건용 식품과 영양기능식품으로 분류된다. 특정 보건용 식품은 생리적 기능이나 특정 보건기능을 나타내는 식품이고 영양기능식품은 특정 영양성분을 포함하는 식품이다.
식이보충제	유럽에서 사용되는 개념으로 식사를 보충하는 목적을 가진 모든 식품을 의미하여 영양 또는 생리학적으로 효과를 가진 영양소 또는 그 밖의 성분/물질을 농축한 것을 단일 또는 복합적으로 농축한 제품으로 캡슐, 정제, 알약 환 등과 같은 형태로 소량 섭취하는 식품이 해당된다.

2. 개별인정형 건강기능식품

개별인정원료는 건강기능식품공전에 등재되지 않은 원료로 개별적으로 식품의약품안전처장이 인정한 원료를 말한다.

개별인정원료로 인정받기 위해서는 영업자가 해당원료의 기능성, 안전성, 기준 및 규격 등의 자료를 제출해야 하며 제출된 자료는 관련 규정에 따른 평가를 통해 기능성 원료로 인정받을 수 있다.

인정받은 원료는 인정받은 업체만이 해당원료를 제조 판매할 수 있다. 현재까지 200여종의 개별인정 기능성 원료가 있다. 개별인정 된 기능성원료는 기능성 원료로 인정받은 날로부터 6년이 경과되고 품목제조신고 50건 이상인 경우, 고시된 원료에 대한 기능성 내용 또는 제조기준 중 원재료 추가는 최초로 인정받은 영업자의 인정일을 기준으로 1년이 경과한 경우이다.

표 15-2 건강기능식품 공전의 분류 및 고시형 건강기능식품의 분류

Ⅰ. 영양소

1. 비타민 및 무기질
2. 식이섬유
3. 단백질
4. 필수지방산

Ⅱ. 기능성 음료

1. 터핀류
   - 인삼
   - 클로렐라
   - 스피루리나
   - 엽록소 함유식물
   - 홍삼
2. 폴리페놀류
   - 녹차 추출물
   - 프로폴리스 추출물
   - 알로에 전잎
3. 지방산 및 지질류
   - 감마리놀렌산 함유 유지
   - 매실추출물
   - 식물 스테롤/식물 스테롤에스테르
   - 옥타코사놀 함유 유지
   - 레시틴
   - 스쿠알렌
   - 알콕시글리세롤 함유 상어간유
   - 오메가-3 지방산 함유 유지
4. 당 및 탄수화물류
   - 글루코사민
   - 뮤코다당 단백
   - N-아세틸글루코사민
   - 식이섬유 : 구아검/구아검 가수분해물, 글루코만난(곤약, 곤약만난), 귀리, 난소화성 말토덱스트린, 대두식이섬유, 목이버섯, 밀 식이섬유, 보리 식이섬유, 아라비아 검, 옥수수겨, 이눌린/치커리 추출물, 차전자피, 폴리덱스트로스, 호로파 종자
   - 알로에 겔
   - 키토산/키토올리고당
   - 영지버섯 자실체 추출물
   - 프락토 올리고당
5. 발효미생물류
   - 프로바이오틱스
   - 홍국
6. 엽록소류
   - 엽록소 함유식물
7. 아미노산 및 단백질류
   - 대두단백
8. 일반원료
   - 로열젤리
   - 식물 추출물 발효
   - 효모
   - 화분
   - 버섯
   - 자라
   - 효소

표 15-3 고시형 건강기능식품의 예(영양보충용)

표시 가능한 기능성 내용	비타민 C 보충용 제품
• 수용성 비타민의 하나로 항산화작용을 하며 균형잡힌 식사를 통해 적절한 비타민 C를 섭취하도록 권장하고 있다. • 항산화작용(세포손상을 유발시키기도 하는 자유기-유해산소로부터 인체를 보호)	• 항산화 작용 • 유해산소로부터 인체를 보호 • 비타민 C : 500mg 함유

표 15-4 개별인정형 건강기능식품 현황

원료명	기능 정보
정어리 펩타이드	혈압 조절
자일리톨	충치발생 위험 감소
테아닌 등 복합추출물	기억력 개선
알로에 추출물	콜레스테롤 개선
알로에 복합추출물	콜레스테롤 개선
참당귀뿌리 추출물	인지능력
히비스커스 등 복합추출물	체지방 감소
초록입홍합 추출오일 복합물	관절/뼈 건강
난소화성 말토덱스트린	혈중 중성지방 개선
대나무잎 추출물	콜레스테롤 및 혈중 중성지방 개선, 항산화
바나바 추출물	혈당 조절
황금추출물 등 복합물	관절/뼈 건강
피브로인효소 가수분해물	기억력 개선
빌베리 추출물	눈 건강
솔잎 증류추출물	혈당 조절
콩발효 추출물	혈당 조절
크레아틴	운동수행능력 향상
루테인 복합물	눈 건강
정어리 정제어유	혈중 중성지방 개선, 혈행 개선
소나무껍질 추출물 등 복합물	피부 건강
헤마토코쿠스 추출물	눈 건강
분말한천	장 건강
차조기 등 복합추출물	관절/뼈 건강
게르마늄 효모	면역 기능
유단백 가수분해물	긴장 완화
알부민	혈당 조절

원료명	기능 정보
가르시니아캄보지아껍질 추출물	체지방 감소
대두배아 추출물 등 복합물	체지방 감소
멜론 추출물	항산화
히알루론산나트륨	피부 건강
대두이소플라본	관절/뼈 건강
표고버섯균사체 추출물	간 건강
금사상황버섯	면역기능
곤약감자 추출물	피부보습
L-테아닌	긴장 완화
토마토 추출물	항산화
고농축녹차 추출물	항산화
홍삼, 사상자, 산수유 복합추출물	피부 건강
액상 프락토 올리고당	장 건강, 칼슘흡수 도움
쏘팔메토 열매 추출물 등 복합물	전립선 건강
L-글루타민산 유래 GABA 함유 분말	혈압 조절
지방산 복합물	관절/뼈 건강
구아검 가수분해물	장 건강
원지 추출분말	기억력 개선
커피만노 올리고당 분말	장 건강
구아바잎 추출물 등 복합물	면역기능
보이자 추출물	콜레스테롤 개선
다래 추출물	면역기능
홍국쌀	콜레스테롤 개선
식물성 유지 디글리세라이드	혈중 중성지방 개선, 체지방 감소
중쇄지방산 함유 유지	체지방 감소
밀크씨슬 추출물	간 건강
호프 추출물	관절/뼈 건강
프로바이오틱스	장 건강
홍삼농축액	기억력 개선
정제 오징어유	혈행 개선
nopal 추출물	혈당 조절
락추로스 파우더	장 건강
콜레우스 포스콜리 추출물	체지방 감소
나토배양액	혈행 개선

원료명	기능 정보
칼슘-PGA	칼슘흡수 도움
쌀겨 추출물	피부보습
동결건조 누에분말	혈당 조절
보리 베타글루칸 추출물	콜레스테롤 개선
홍경천 추출물	스트레스로 인한 피로 개선
인삼 · 가시오가피 등 혼합추출물	기억력 개선
자일로 올리고당	장 건강
깻잎 추출물	체지방 감소
크랜베리 분말	요로 건강
올리고펩티드	혈압 조절

3. 건강기능식품 기능성 표시에 의한 분류

(1) 기능성 종류

① 영양소 기능

인체의 성장발달 및 정상적인 기능에 대한 영양소의 생리학적 작용을 나타낸다. 비타민, 무기질, 단백질, 식이섬유, 필수지방산의 기능이 있다.

② 생리활성 기능

인체의 구조 및 기능에 대해 건강상의 기여를 하거나 생리학적 작용 등을 통한 건강유지 개선기능이다. (표 15-5)

③ 질병 발생위험 감소 기능

특정 질병을 표시할 수 있으며 질병에 대한 발생위험을 감소시킬 수 있음을 직접적으로 표시할 수 있다. 현재까지 2건에 대해서만 인정되어 있다.

- 골다공증 발생위험 감소에 도움을 줌
  - 칼슘 일일 섭취량 : 210~800 mg
  - 비타민 D 일일 섭취량 : 1~10 μg
- 충치 발생위험 감소에 도움을 줌
  - 자일리톨 개별인정원료

표 15-5 기능성 표시에 의한 기능성 원료 분류

건강기능식품 분류와 표시 내용	기능성 원료
① 장의 건강에 도움을 주는 건강기능식품 • 유익한 균을 장까지 살아서 가게 하여 장 건강을 도움 • 장내의 유익한 균을 증식시켜 장 건강을 도움 • 배변활동을 개선하여 장 건강에 도움을 준다.	유산균, 프락토 올리고당, 목이버섯, 알로에, 이소말토올리고당, 대두올리고당, 라피노스, 분말 한천
② 건강한 콜레스테롤 유지에 도움을 주는 건강기능식품 • 식사와 같이 섭취 시 소장의 콜레스테롤 흡수를 어렵게 하여 콜레스테롤 수치를 낮춤 • 담즙산의 재흡수를 방해하여 콜레스테롤 수치를 낮추는 데 도움을 줄 수 있다. • HDL과 LDL을 조절하여 혈액 중 콜레스테롤 수치 개선에 도움	감마 리놀렌산, 레시틴, 키토산, 키토올리고당, 대두단백, 식물 스테롤, 홍국
③ 건강한 혈액의 흐름에 도움을 주는 건강기능식품 • 혈액응고작용에 관여하여 혈액이 원활히 흐르는 데 도움을 줄 수 있다. • 혈액 중에 콜레스테롤과 중성지방을 줄여주는 데 도움을 줄 수 있다.	EPA/DHA 함유유지, 감마 리놀렌산 함유유지
④ 혈압을 조절하는 데 도움을 주는 건강기능식품 • 체액의 항상성 유지에 관여하여 약간 높은 혈압 조절을 도움	정어리 펩타이드, 카제인 가수분해물, 올리브잎, 주정 추출물
⑤ 건강한 체중과 체지방 유지에 도움을 주는 건강기능식품 • 당질과 지방의 소화 · 흡수를 어렵게 하여 체지방 감소 • 지방의 합성을 방해하여 체지방 감소 • 지방의 분해를 촉진하여 체지방 감소를 도움	히비스커스 등 복합추출물, 공액 리놀레산, 식이섬유
⑥ 건강한 혈당유지에 도움을 주는 건강기능식품 • 식사에 들어있는 당의 흡수를 방해하여 식후 혈당 조절에 도움을 줄 수 있다. • 세포에서 포도당을 잘 이용할 수 있게 해 주어 혈당 조절에 도움을 줄 수 있다.	난소화성 덱스트린, 바나바주정 추출물
⑦ 인체에 유해한 활성산소 제거에 도움을 주는 건강기능식품 • 과량의 활성산소 제거에 도움을 줄 수 있다.	녹차 추출물, 엽록소, 베타카로틴, 프로폴리스 추출물, 끼꼬망 포도종자 추출물, 코엔자임 Q10
⑧ 뼈와 관절건강에 도움을 주는 건강기능식품 • 뼈와 관절에 필요한 구성성분을 공급하여 뼈 건강에 도움을 줄 수 있다. • 염증반응에 영향을 줌으로써 관절건강에 도움을 줄 수 있다.	뮤코다당, 단백, 글루코사민, 프락토 올리고당, N-아세틸글루코사민, 유니베스틴케이황금 등 복합추출물, 디메틸썰폰(MSM), 초록잎홍합추출오일 복합물

건강기능식품 분류와 표시 내용	기능성 원료
⑨ 인지 능력에 도움을 주는 건강기능식품 · 유해물질을 조절하여 인지 능력의 유지에 도움을 줄 수 있다. · 뇌의 신경전달물질을 조절하여 저하된 인지능력 개선에 도움 · 뇌의 신경세포나 뇌기능에 필요한 물질의 구성성분으로 뇌기능 유지에 도움	참당귀뿌리 주정 추출분말
⑩ 치아건강에 도움을 주는 건강기능식품 · 치아에서 플라크(치태, plaque) 생성을 감소시키고 산의 생성을 어렵게 하여 충치발생 감소 · 치아의 재석회화와 침의 분비를 촉진	자일리톨

출처 : 소비자를 위한 건강기능식품 기능정보, 식품의약품안전처(http://hfoodi.kfda.go.kr)

3 건강기능식품의 조건

건강기능식품은 먹어서 효과가 나타나야 하며, 화학구조가 밝혀져 있는 기능성 인자가 들어 있어야 하고, 식품 중에서 결합형으로 있는지 유리형으로 있는지 밝혀야 한다. 그리고 기능성 성분의 작용 기전이 밝혀져 있어야 하고, 식품 중에 안정해야 하며, 누구나 식품으로 받아들일 수 있어야 한다.

4 건강기능식품의 분류

1. 체지방 감소에 도움되는 기능성 원료와 식소재

(1) 녹차(caffeine, cathechin)

알킬로이드(티오필린, 티오브로민)에 의한 지방 가수분해를 촉진하며 식이섭취 감소 작용이 있다. 녹차의 카테킨류(EGCG)는 항산화 효과가 있다. 카테킨의 종류에는 카테킨, 갈로카테킨, 에피카테킨 갈레이트, 에피갈로카테킨 갈레이트 등이 있다. 이것은 식욕을 억제하고 항산화 작용이 있으며 항암예방효과가 있다.

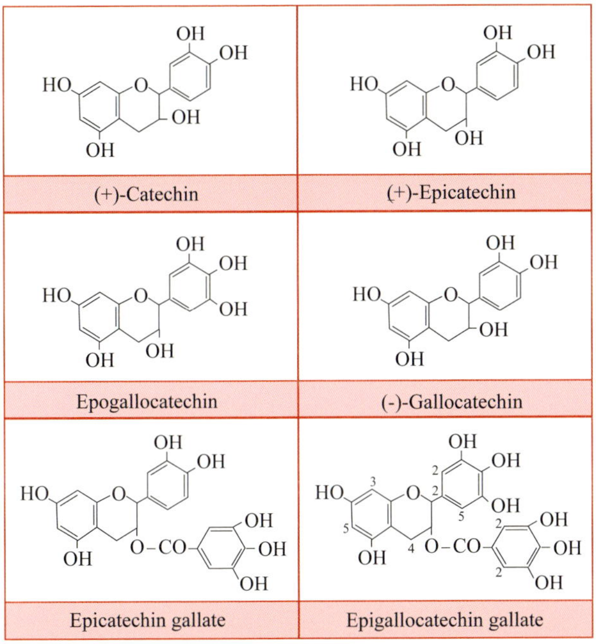

그림 15-1 카테킨의 종류

표 15-6 녹차의 성분과 효능

Catechin	항산화, 항암, 혈중 콜레스테롤 저하, 혈압상승 억제, 혈당상승 억제, 혈소판 응집 억제, 항균, 항바이러스, 충치 예방, 항알레르기, 항궤양 작용이 있다.
Caffeine	중추신경 흥분, 이뇨, 항천식, 대사활성화 작용이 있다.
Vit-C	항괴혈병, 항산화, 암 예방, 콜레스테롤 저하 작용이 있다.
Vit-E	항산화, 암 예방 작용이 있다.
Flavonol	모세혈관 저항성 증가, 항산화, 혈압강하 작용이 있다.
Polysaccharide	혈당 상승 억제 작용이 있다.
β-carotein	항산화, 암 예방, 면역반응 증강 작용이 있다.
γ-Amino butyrate	혈압 상승 억제 작용이 있다.
Saponin	항암, 항염증 작용이 있다.

(2) HCA (hydroxycitric acid)

HCA는 오렌지나 밀감류에 존재하는 구연산(citric acid)과 비슷한 물질로, 남아시아에 있는 가르시니아 캄보지아(garsinia cambogia, G.C)의 과피에 10~30%(건조 중량) 함유되어 있다. 지방합성을 차단하고 에너지 생산을 증가시키며 식욕을 억제하고 지방분해를 촉진하고 기초대사를 항진시켜 체중감소에 효과가 있다.

(3) 치커리

열에 안정하고, 체내에서 분해되지 않으며, 열량은 제공하지 않고, 식후 혈당 상승을 억제하며, 콜레스테롤 합성을 억제하고, 지방합성을 억제한다.

(4) 연잎추출물

연잎은 연꽃의 잎을 건조한 것으로 결명자, 보이차, 뽕나무잎 등과 함께 차의 형태로 복용하고 있다. 지방 분해 효소인 리파아제 활성을 저해하여 체내에 지방의 흡수를 억제하는 효과가 있다.

(5) 키토산

키토산은 새우, 게 등의 갑각류와 곤충 등에서 단백질과 복합체를 이루어 골격과 외피를 구성하는 키틴(chitin, homopolymer of N-acetylglucosamine)이 탈아세틸화한 글루코사민(glucosamine)의 폴리머(polymer)이다.

지방을 흡착하여 배설시키며 콜레스테롤과 지질의 흡수를 방해한다.

(6) L-카르니틴(L-carnitine)

음식으로 섭취하거나 체내에서 리신과 메티오닌으로부터 간에서 합성된다. 대부분이 골격근에 존재한다. L-카르니틴은 세포 내에서 중간 사슬, 긴 사슬 지방산을 미토콘드리아로 운반하여 베타-산화를 거쳐 에너지를 낸다.

즉, 지방산의 체내 산화에 필요한 물질로 지질의 재합성 방지, 중성지방의 축적을 억제한다.

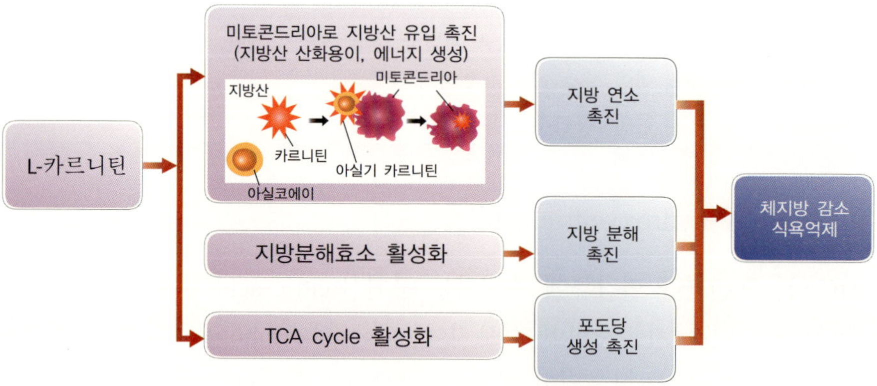

그림 15-2 L-카르니틴과 지방대사

(7) 크 롬

지단백 분해효소의 활성(Lipoprotein lipase activity)을 증진한다.

(8) 공액 리놀레산 (conjugated linoleic acid)

리파아제와 카르니틴 팔미토일 트랜스퍼래이즈(carnitine palmitoyl transferase)의 활성을 증가시켜 체지방을 감소시키며 에너지 소비를 증가시킨다.

(9) 캡사이신 (capsaicin)

고추에 들어 있는 성분으로 항산화, 항균작용이 있다. 타액 및 위액의 분비를 촉진하고 식욕 증진 작용을 한다. 캡사이신은 부신을 자극하여 아드레날린 분비를 촉진하고 백색 지방조직의 지방 분해와 갈색 지방조직의 열 생산량을 높여서 지방 축적량을 감소시킨다.

(10) 구아바잎 추출물

지방 분해 효소인 리파아제 활성을 저해하여 지방의 흡수를 억제하며 지방세포로부터의 유리지방산 방출을 억제한다.

2. 당 조절에 도움되는 기능성 원료와 식소재

(1) 누에가루

누에가루의 데옥시노지리마이신(dcoxynojirimycin)은 혈당 상승 속도를 조절한다고 알려져 있다.

(2) 비타민 E

근육세포에서 인슐린 저항성을 감소시킨다.

(3) 셀레늄(Se)

당분해 효소활성을 증가시키고, 당신생합성 관여 효소의 활성을 저하시킨다.

(4) 크 롬

인슐린의 세포 내 유입을 도와주고 인슐린 수용체의 효소활성을 증가시켜 혈당을 저하시키며 합병증을 예방한다.

(5) 아 연

베타세포에서 인슐린의 생성과 분비를 촉진하며 Cu, Zn, 수퍼옥사이드 디스뮤타아제(superoxide dismutase) 구성성분으로 합병증을 예방한다.

(6) 비타민 B_6

인슐린의 합성과 활성을 좋게하여 포도당 내성을 개선시킨다.

3. 동맥경화, 고혈압, 뇌졸중, 이상지질혈증에 도움되는 기능성 원료와 식품

(1) EPA (eicosapentaenoic acid)

고도 불포화지방산으로 고밀도지단백 함량을 증가시키고 저밀도지단백 콜레스테롤 배설을 촉진하며, 혈관을 확장하고, 혈액의 점도를 저하시켜 혈전 생성을 억제하며, 혈액순환을 좋게 한다.

(2) 키토산

키토산과 키틴은 5,000개 이상의 글루코사민(glucosamin)과 아세틸-글루코사민(acetyl-glucosamine)으로 되어 있는 다당류로 콜레스테롤을 낮추어 주는 작용이 있다.

(3) 리놀레산

리놀레산은 콜레스테롤 양을 저하시키고 혈관 벽에서 프로스타글란딘을 합성하여 혈전을 방지하고 혈관을 확장하여 혈액순환을 원활히 한다. 고혈압, 심근경색, 뇌졸중을 예방한다.

(4) 식이섬유소

수용성 식이섬유소는 대변으로 담즙산이 배설되는 것을 증가시키고 혈중 콜레스테롤을 낮춘다.

(5) 비타민 E

과산화지질의 생성을 억제하고 저밀도지단백 콜레스테롤의 산화를 방지하며 혈소판에 의한 트롬복산(thromboxane) A_2 합성을 감소시키며 동맥경화 진전을 지연시킨다. 너트류, 콩, 소맥배아, 식물유, 브로콜리 등에 많다.

(6) 콜 린

세포막을 구성하는 레시틴의 성분이며, 레시틴은 콜레스테롤이 혈관벽에 침착하는 것을 방지한다. 달걀, 돼지 간, 쇠 간 등에 많다.

(7) 대두사포닌

과산화지질의 작용을 억제하며, 콜레스테롤과 중성지방을 저하시킨다. 콩, 청국장, 된장, 두부 등에 많다.

(8) 폴리페놀

폴리페놀 화합물은 차류에 많이 함유되어 있다. 항산화 작용이 있어 노화를 방지하고 암 예방 작용을 할 수 있다고 알려져 있다. 콜레스테롤의 산화를 방지한다. 레드와인, 녹차, 홍차, 시금치, 쑥갓 등에 많다.

(9) 비타민 C

강력한 환원제로 작용하여 산화를 방지하는 항산화제이다. 저밀도지단백 콜레스테롤의 산화를 방지하며 혈중 콜레스테롤을 감소시킨다. 또한 철분의 흡수를 증가시키며 면역증강에도 도움을 준다. 신경전달물질인 세로토닌을 합성한다.

(10) 베타카로틴

유리기를 제거하여 동맥 내 혈액응고를 방지하여 혈전의 생성을 예방한다.

(11) 셀레늄(Se)

글루타티온 퍼옥시다아제(glutathion peroxidase)를 구성하며 유해산소에 의해 생성된 과산화수소를 분해하여 세포손상을 방지한다. 또 유해산소에 의해 생성된 과산화물이 단백질과 결합하여 생긴 리포푸신(lipofuscin)이라는 노화색소를 분해하기도 한다.

혈중 콜레스테롤의 산화적 손상을 방지하며, HDL 콜레스테롤을 상승시키고 LDL 콜레스테롤을 저하시킨다. 염증과 혈소판 응집을 억제한다.

(12) 엽 산(folic acid)

엽산은 호모시스테인을 메티오닌으로 대사하는 데 관여하여 호모시스테인 농도를 저하시킨다.

(13) 비타민 B_{12}

호모시스테인 메틸 전이효소의 작용을 도와 혈중 호모시스테인 농도를 저하시킨다.

(14) 비타민 B_6

호모시스테인을 시스테인으로 전환시키는 데 조효소로 관여하여 혈중 호모시스테인 농도를 저하시킨다.

(15) 토마토

강한 항산화력이 있어 LDL 콜레스테롤의 산화를 방지하며 혈액순환을 개선하여 심혈관질환을 예방한다.

(16) 귤

귤은 탄수화물, 펙틴, 유기산, 단백질 카로티노이드계, 플라보노이드계 색소와 정유성분을 함유하고 있다. 당분이 10% 내외이며 이 중 90% 이상이 포도당과 과당이고, 미량의 무기질이 함유되어 있다.

귤껍질 내부의 하얀 부분에 들어 있는 플라보노이드계 색소인 헤스페리딘(hesperidin)은 모세혈관을 튼튼하게 보호하는 비타민 P의 기능을 하여 혈관손상을 방지하며 심혈관계 질환을 예방한다.

(17) 미 역

미역의 요오드는 아미노산과 결합하여 신진대사를 촉진시킨다. 미역 특유의 미끈거리는 성분은 알긴산으로 혈중 콜레스테롤치를 감소시킨다.

(18) 당 근

항산화제인 카로틴, 비타민 A가 풍부해 혈중 지질의 산화를 방지한다.

(19) 꽁 치

불포화 지방이 풍부하여 콜레스테롤을 제거하고 HDL 콜레스테롤은 증가시켜주므로 동맥경화 예방 효과가 있다.

(20) 칼슘(Ca)

칼슘은 막의 투과성을 낮추고 나트륨의 소변으로의 배설을 촉진하여 혈압을 낮춘다. 고혈압 환자는 혈청 칼슘 농도가 낮은데 혈청의 총 칼슘양이 증가할수록 혈압이 감소한다.

(21) 다시마

다시마는 각종 무기질이 풍부한 알칼리성 식품으로 특히 칼륨이 많아 혈압을 상승시키는 나트륨을 몸 밖으로 배출시키는 작용이 있어 과도한 소금 섭취로 인한 혈압 상승을 억제시켜 준다.

다시마는 또한 염분이 적으며 표면의 미끌미끌한 섬유질인 알긴산은 혈액에 과잉으로 있는 콜레스테롤을 배출시켜 혈관의 탄력성을 유지시켜 주고 나트륨과 결합하여 배출시킨다.

(22) 파슬리

칼슘, 칼륨, 철의 함량이 많은 알칼리성 식품이며, 혈압강하에 도움이 된다.

(23) 쑥 갓

항산화제인 비타민 A, C의 함량이 풍부하며 혈압을 내려 주는 칼륨과 모세혈관을 넓혀주는 마그네슘이 풍부하다.

4. 골다공증에 좋은 기능성 식품

(1) 칼슘함유 식품

골 손실과 골절 위험을 감소시킨다.

(2) 비타민 D가 풍부한 식품

장에서 칼슘 흡수와 신장에서 칼슘의 재흡수를 증가시키며, 조골세포의 분화를 자극하여 뼈를 튼튼하게 한다.

(3) 마그네슘이 풍부한 식품

칼슘과 인의 균형을 유지하고 혈중에서 뼈 및 연조직으로 칼슘을 운반하는데 관여한다. 신장 결석과 담석 등을 예방한다.

(4) 이소플라본 (isoflavone)이 풍부한 식품

조골세포에 발현되어 있는 에스트로겐 수용체에 결합하여 뼈를 만드는 골아세포를 증가시켜 골다공증을 예방한다.

(5) 비타민 C

콜라겐 형성에 보조인자로 작용한다.

5. 관절염에 좋은 기능성 원료와 식소재

(1) 글루코사민 (glucosamine)

체내에서 생성되는 아미노당으로 건, 인대, 연골의 구성성분인 글루코사미노글리칸의 주요 전구체로서 연골세포를 자극하며, 관절염의 통증을 감소시키고 관절 기능을 향상시킨다.

(2) 콘드로이틴 (condroitin)

새로운 연골을 만드는데 필요한 프로테오글리칸, 콜라겐 생성을 촉진한다.

(3) EPA

소염작용을 하는 프로스타글란딘을 증가시켜 관절 통증과 염증을 조절한다.

(4) 베타카로틴

관절의 파괴를 가속화시키는 유해산소를 제거한다.

(5) 비타민 B_6

프로스타글란딘 대사에 관여하여 관절 등의 염증을 완화시켜 준다.

6. 암 예방에 도움되는 기능성 원료와 식소재

(1) 셀레늄 함유식품

글루타치온 과산화효소는 항산화효소로서 과산화물을 물과 같은 독성이 없는 물질로 바꾸는 작용을 한다. 과산화물은 반응성이 큰 자유기로 전환되어 세포막을 파괴하고 세포를 손상시키는 물질로, 셀레늄은 이런 과산화물로부터 세포를 보호하여 암 등의 질환을 미연에 방지하고 글루타치온 과산화효소의 성분으로 면역 기능도 향상시킨다.

(2) 해조류

해조류의 알긴산과 다당체인 푸코이딘은 체내의 면역력을 높여 암을 억제하는 것으로 알려져 있다. 또 해조류에 들어 있는 셀레늄, 요오드, 망간 등과 같은 풍부한 무기질도 면역기능 증진에 도움을 준다.

(3) 베타카로틴

T세포 증식을 자극하여 면역기능을 향상시키는 카로틴은 α, β, γ 세 종류가 있다. 대부분의 녹황색 채소에 들어 있는 것은 베타카로틴이다.

소장 점막의 효소에 의해 카로틴 분자들은 단계적 산화과정을 거쳐 레티날이나 레티노익산(비타민 A)으로 전환된다. 비타민 A는 세포분화과정 전 단계에 있는 세포를 특정 기능을 가진 세포로 발달시키는 분화과정에 주된 기능을 한다.

(4) 비타민 E

비타민 E는 항산화 작용으로 암 발생을 억제한다. 자유기는 하나의 라디칼에서 몇 분 안에 수천 개의 라디칼을 생성하는 연쇄 반응을 할 수 있으므로 세포에 매우 파괴적인 발암물질 중의 하나인 하이드록시 라디칼(hydroxy radical)을 형성한다.

자유기는 세포막이나 미토콘드리아 막을 산화시켜 막의 안정성에 손상을 준다. 비타민 E는 자신이 산화되어 과산화 지질에 의한 손상을 막는다. 산화된 비타민 E는 반응성이 약해 다른 물질에 손상을 주지 못한다.

이와 같이 비타민 E는 세포막을 보호함으로써 면역세포를 포함한 세포들의 작용을 정상화시키며, 세포 내 소기관 막의 변성과 유리기 발생을 억제하여 발암물질화 되는 것을 예방한다.

(5) 십자화과 식물

벤질 아이소티오사이어네이트(benzyl isothiocyanate)와 페네틸 아이소티오사이어네이트(phenethyl isothiocyanate), 올티프라즈(oltipraz) 등의 성분은 체내 노폐물과 발암 물질을 대사시켜 배출시키는 작용이 있다고 한다.

(6) 브로콜리

베타카로틴과 비타민 C가 풍부해 점막을 정상으로 유지하고 위암을 일으키는 니트로소아민을 무력화해 암을 예방한다.

(7) 사 과

사과 껍질에는 펙틴과 식이섬유가 풍부해 변비를 예방하고 장 속 유산균 증식을 도우며 장의 운동을 원활히 하고 유해한 물질을 배설하여 대장암 예방에 도움이 된다.

(8) 요구르트

유산균이 변비를 예방, 배변을 도와 장내 발암물질을 빨리 배출하게 하고 장에서 발암물질이 생기는 것도 줄여준다.

표 15-7 암 예방에 도움이 되는 식품들

	성　분	식　품
카로티노이드	α-카로틴, β-카로틴	당근, 시금치, 브로콜리, 호박
	γ-카로틴	토마토, 살구
	라이코핀	토마토, 수박, β-카로틴
	캡사이신	붉은 고추
함유황 화합물	알리신	마늘
	알린	양파
	아이소타이오사이안산염	양배추, 무, 브로콜리
폴리페놀	안토시아닌	가지, 적포도주
	아이소플라본	대두
	카테킨	녹차
	탄닌	녹차, 커피
	퀘르세틴	양파, 사과
	시네올	생강
	세사미놀	참깨
	루틴	메밀
식이섬유	셀룰로이스	야채, 곡물, 콩류
	펙틴	과일
	리그린	콩류, 밀기울
	이눌린	우엉
	키틴	새우 · 게 껍질
테르페노이드	카르본 리모닌	감귤류
	글리시르리진	감초

7. 노화예방을 위한 기능성 원료와 식소재

(1) 카로티노이드 (carotenoids)

카로티노이드(carotenoids)는 활성산소(reactive oxygen species, ROS) 중 일중항 산소(singlet oxygen)에 대해 효율적 항산화 능력을 보이고, 비타민 E의 항산화 작용을 상승시키는 역할을 한다.

(2) 비타민 C (ascorbic acid)

항산화제로 활성산소를 제거하며 지질과산화 효소의 활성을 저해한다.

(3) 플라보노이드(flavonoids)

케르세틴(quercetin)은 자유기를 제거함으로써 항산화작용을 하여 노화를 예방한다. 녹차나 포도주 등에 포함되어 있는 플라보노이드가 항산화작용이 있는 것으로 알려져 있다.

(4) 안토시아닌(anthocyanidin)

활성산소 발생을 억제하며 과일류에 많이 함유되어 있다.

(5) 카테킨(cathechin)

활성산소를 제거하며 녹차에 많다.

(6) 인 삼

수삼, 백삼(공기 중 건조), 홍삼(백삼을 증기로 처리)이 있으며 사포닌(saponin) 또는 진세노사이드(ginsenosides)가 생리활성물질이다.

운동 시 지구력을 증가시키며, 활력을 주고, 심장기능을 향상시키며, 암 예방 효과가 있는 것으로 알려져 있다.

(7) DHEA(dehydroepiandosterone)

DHEA는 부신에서 분비되는 인체에 가장 많이 존재하는 호르몬이며, DHEAS(dehydroepiandosterone-3-sulfate)는 DHEA의 전구물질이다.

활력, 기억력을 향상시키며 노화방지, 면역증강 등의 작용이 있다고 알려져 있다.

(8) 멜라토닌 (melatonin)

뇌의 송과선(솔방울샘, pineal gland)에서 분비되는 세로토닌계 호르몬으로 트립토판에서 합성된다. 이 호르몬은 나이가 증가함에 따라 감소하며 알츠하이머 병, 당뇨, 암, 심혈관질환이 있는 경우에 감소되어 있다. 수면조절, 노화지연 등에 도움이 된다.

Chapter 16
피부와 모발건강을 위한 식생활

피부는 외면의 아름다움을 표현할 뿐만 아니라 내면의 건강 상태를 나타낸다. 피부는 신체의 가장 큰 기관으로 여러 생리기능을 수행한다. 피부 건강은 영양 상태, 육체적·정신적 스트레스 등 환경에 의해 크게 영향을 받는다.

영양적으로 균형 있는 식사는 피부를 아름답고 건강하게 하지만, 영양소가 결핍되거나 과잉된 식사, 잘못된 식습관, 생활습관, 운동부족 등은 모두 피부 건강에 바람직하지 못하다.

영양 상태가 원활하지 않으면 각종 피부질환이 많이 발생하고, 감염으로부터 보호하는 기능과 상처 등의 치유도 지연된다. 그러므로 건강한 피부를 위해서는 영양소가 골고루 함유된 식사와 운동 등을 통해 좋은 생활습관을 유지하는 것이 필요하다.

1 피부의 기능

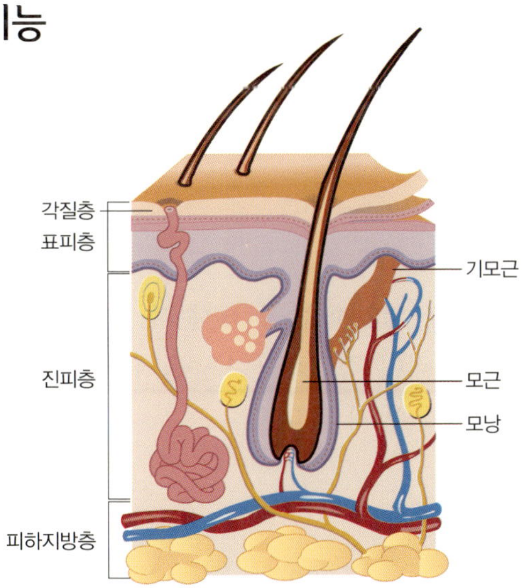

그림 16-1 피부의 구조

(1) 보호기능(protection)

외부로부터의 손상, 이물질의 침입 등으로부터 인체 내부기관을 보호한다. 피부의 지방, 섬유조직은 쿠션 역할을 하며 피부 표면의 산성 지방막, 정상피부 세균총 등은 미생물과 한냉, 온열, 화학물질로부터의 침입을 막아준다. 표피의 멜라노사이트는 피부를 자외선으로부터 보호한다.

(2) 흡수 분비기능(absorption and secretion)

피부표면의 지방막은 모낭, 피지선 등을 통해 지용성 물질을 흡수한다. 피부에는 한선과 피지선이 있어 피지와 땀이 분비되어 지방막을 형성한다.

(3) 체온조절기능(heat regulation)

피부에는 많은 혈관이 분포하여 체온 변화에 적응을 빨리할 수 있다. 열 발산이 필요하면 혈관이 확장되고 땀 분비가 증가하며, 열의 방출을 막기 위해서는 피부의 혈관이 수축하며 땀 분비가 감소한다.

(4) 감각기능(sensation)

촉각, 압각, 통각, 온각, 냉각의 감각을 받아들이는 감각 수용체가 있다.

(5) 대사기능

한선을 통해 물과 나트륨을 배설하며 혈액과 전해질 농도를 조절한다. 피부에 자외선을 쪼이면 비타민 D가 합성된다.

2 피부와 영양소

피부는 혈액으로부터 영양소를 공급받는다. 음식물 섭취를 통한 영양소의 공급이 좋으면 피부조직이 정상적인 기능을 유지하나, 영양소가 결핍되거나 과잉되면 피부가 영향을 받게 된다.

1. 탄수화물

당질은 에너지원으로 쓰이고 남은 당질은 간에 글리코겐 형태로 저장되고 지방으로 전환되어 피하지방조직에 저장된다. 당질은 피부에 활력을 주며 보습효과를 줌으로써 건강한 피부를 만드는데 도움이 된다.

그러나 당질을 과다하게 섭취하면 체액을 산성화시키며 비만의 원인이 되기도 하고, 피부를 지성피부로 변하게 하여 피지 분비를 증가시키기도 한다. 그러므로 피부 건강을 위해서는 과다한 당질 섭취를 하는 것은 피해야 한다.

2. 지 방

지방은 1g당 9kcal로 에너지 밀도가 높으며, 이용되고 남은 지방은 피하에 저장되었다가 필요할 때 사용하게 된다. 체온을 조절하고 피부나 모발을 윤기 있게 하며 건조를 방지한다.

과도하게 동물성 지방을 많이 섭취하면 콜레스테롤이나 지방이 체내에 침착되어 모세혈관의 노화가 일어나고 피부 탄력이 저하된다. 식물성 기름에 많은 필수지방산은 피부 내에서 인지질 생성을 촉진하고 피부 유연효과와 세포 활성 효과가 뛰어나 화장품의 원료로 많이 사용된다.

체지방은 외부환경에 대한 절연체 역할을 하며 신체 장기를 외부 충격으로부터 보호한다. 지방이 결핍되면 체중은 감소하나 피부 윤기는 저하되고 쉽게 거칠어지므로 무리한 다이어트를 하여 지방섭취를 억제하는 것은 피부 노화를 초래하는 원인이 된다. 그러므로 포화지방과 필수지방산의 균형 있는 섭취가 필요하다.

필수지방산과 피부

check point

불포화지방산은 피부에 생기와 영양을 주고 저항력을 증강시켜 탈모와 피부병 증상을 완화시킨다. 콜레스테롤의 축적을 방지하며 혈액순환을 원활히 하고 피부 건조를 방지하고 탄력을 유지시켜 피부노화를 방지한다.

피지선의 작용을 정상화하여 건선, 지루성 피부염, 피부건조증, 습진, 탈모를 예방한다.

3. 단백질

피부, 모발, 손톱, 발톱, 내장, 골격, 뇌 조직 등을 구성한다. 피부의 구성성분은 거의 단백질이며 표피를 이루는 각질세포는 케라틴으로 되어 있고 진피의 주요성분인 콜라겐과 엘라스틴도 단백질이며 탄력을 유지한다.

단백질은 특히 피부조직의 재생작용에 중요하며 부족하면 진피세포의 노화가 촉진되어 잔주름이 형성되고 피부와 모발의 탄력을 상실하여 거칠어지고 빈혈을 일으키며 얼굴색도 나빠진다.

과잉섭취하면 색소침착의 원인이 되기도 하므로 동물성 단백질과 식물성 단백질을 균형 있게 섭취한다.

4. 비타민

미량으로 생리작용을 조절하는 중요한 영양소로 체내에서 합성되지 않으므로 반드시 음식물로 섭취한다. 비타민은 피부에 활력을 주고 산화를 방지하며, 콜라겐 합성을 촉진하는 등 노화방지 효과가 뛰어나다.

(1) 비타민 A

피부나 모발의 신진대사를 원활히 하고 눈 건강에 좋다. 상피조직의 신진대사를 원활히 한다. 비타민 A는 건성피부의 표피에 각질이 생기거나 주름이 형성될 때 각화를 정상화시켜 피부의 재생을 돕고 노화를 방지한다. 또한 세포의 저항력을 증가시켜 여드름을 방지한다. 그러나 과잉섭취는 탈모를 유발한다.

비타민 A가 결핍되면 한선과 피지선의 활동이 저하되고 피부가 착색되며 모발이 조기 퇴색하고 손톱이 갈라지며 피부가 두껍고 건조해지며 야맹증, 피부 건조증, 각화증, 안구건조증이 유발된다.

(2) 비타민 D

피부의 7-디하이드로콜레스테롤은 자외선을 받으면 비타민 D로 활성화되어 칼슘과 인의 대사에 관여하며, 습진과 각화증, 건선 등을 예방한다. 부족하면 표피가 두껍고 거칠어지며 구루병과 골연화증을 초래할 수 있다. 간, 난황, 표고버섯, 참치, 꽁치 등에 많이 있다.

(3) 비타민 E

토코페롤은 불포화지방산의 산화를 방지하여 세포막이 산화되는 것을 방지해 준다. 여성호르몬의 분비를 증진하여 피부를 부드럽게 한다.

피부노화를 방지하며 세포의 재생을 도와주며 항염증 작용이 있다. 비타민 E가 결핍되면 피부가 건조하고 노화되기 쉽다. 콩기름, 옥수수유, 콩, 두유, 두부, 아몬드, 밀배아유 등에 많다.

(4) 비타민 B_1

신진대사를 원활히 하고 신경계를 안정시키며 피부의 저항력과 항염 효과가 있다. 피부 트러블을 예방하며, 건강한 피부를 만들어 준다. 부족하면 피부에 부스럼이 생기거나 피부 발진 등이 나타날 수 있다. 밀이나 쌀의 배아 등에 많이 있고 돼지고기 등에도 풍부하다.

(5) 비타민 B_2

항피부염 비타민으로 피부의 보습을 증가시키며 탄력감을 준다. 비타민 B_2는 알레르기성 피부, 지루성 피부, 사춘기 여드름 피부에 효과적이며 피부 노화를 방지한다. 결핍되면 피부가 각질화되고 구순 구각염을 유발하며, 일광과민증이 생기게 된다. 우유, 치즈, 쇠고기 등에 많이 함유되어 있다.

(6) 비타민 B_6

과다한 피지 분비를 억제하며 지루성 피부에 효과가 있다. 부족하면 지루성 피부염을 유발하며 피부점막에 염증이 발생기도 한다. 탈모, 부종 등의 원인이 되기도 한다. 간, 우유, 달걀, 밀가루, 돼지고기, 양배추 등에 많이 있다.

(7) 비타민 B_{12}

여드름성 피부, 건성 및 지루성 피부, 모세혈관 확장 피부에 진정효과가 있다. 피부재생을 촉진하므로 결핍되면 피부에 질환이 오거나 악성빈혈이 발생한다. 간, 두류, 우유, 생선 등에 많다.

(8) 판토텐산

흡습성이 뛰어나 수분을 효과적으로 유지하고, 피부에 탄력을 준다. 자외선 차단효과가 있으며 피부, 모발, 손톱의 각질화에 영향을 준다. 결핍되면 성장 장애, 모발의 조기 퇴색 등을 유발한다.

(9) 비오틴

체내 신진대사를 활성화시키고 피부에 탄력을 주며 염증을 가라앉히는 효과가 있다. 결핍되면 피부가 건조해지고 피지 분비가 잘 되지 않는다. 효모, 난황, 간, 우유 등에 많다.

(10) 비타민 C

인간을 제외한 대부분의 포유류는 포도당으로부터 비타민 C를 합성할 수 있다. 비타민 C는 피부, 골격, 혈관, 연골 등의 결합조직을 구성하는 주요 단백질인 콜라겐의 합성에 관여한다. 아미노산인 프롤린(proline)과 리신(lysine)이 수산화되어 하이드록시프롤린(hydroxyproline)과 하이드록시리신(hydroxylysine)을 형성할 때 비타민 C가 수산화효소(hydroxylase)의 철분을 환원형으로 유지시킨다.

피부, 골격, 치아, 모세혈관을 튼튼하게 해주고, 자외선에 대한 피부저항력을 높여주며 피부의 미백효과가 있다. 또한 멜라닌 색소의 증식을 억제하며, 진피조직을 강화시켜 피부재생 효과가 있고, 피부의 탄력을 증가시키며, 피로회복에도 효과가 있다.

(11) 비타민 P

모세혈관벽을 튼튼하게 해주며, 피부 저항력을 강화시켜 주고 노화를 방지한다. 부족하면 출혈이 자주 생기고 모세혈관의 저항력이 약해진다. 녹황색 채소, 귤 등에 많이 함유되어 있다.

수분을 많이 섭취하지 않거나 염분이 많은 음식을 먹게 되면 주름이 빨리 생기게 된다. 건조한 실내에서 장시간 근무하거나 환절기에는 수분을 충분히 섭취하고 과일과 채소를 잘 섭취하여 피부에 수분을 보충해 주어야 한다.

표 16-1 피부에 도움이 되는 비타민 함유식품

종 류	식 품
비타민 A	동물의 간, 우유, 버터, 달걀, 대구(간유), 장어, 등황색 과일 · 채소(호박, 당근, 토마토, 감, 딸기, 복숭아, 살구, 앵두), 완두, 시금치, 감귤류, 해조류 등
비타민 B_1	동물의 간, 식용 효모를 이용한 조미료, 곡류의 배아
비타민 B_2	쇠고기, 달걀, 우유, 산양유, 조개류, 오징어, 등푸른 생선류, 채소류, 콩류, 발효식품, 김
비타민 B_6	쇠고기, 참치, 등푸른 생선류, 양배추, 땅콩, 피망, 참깨
비타민 C	우유, 신선한 채소, 과일, 감귤류, 무, 배추, 상추, 양파, 우엉, 당근, 감자, 마늘, 토마토, 콩류, 콩나물, 딸기, 감, 밤

5. 수 분

수분은 신체의 약 60%를 차지한다. 노폐물을 배설시키며 체온을 일정하게 유지시키고 피부를 윤기 있게 한다. 사람의 피부 각질층에는 수분이 약 12~20% 정도 함유되어 있다. 수분이 1% 미만이 되면 피부가 건성화되고 탄력이 떨어지게 되므로 수분은 피부에 매우 중요한 요소이다.

3 피부 타입별 영양

(1) 건조한 피부

건성피부는 동물성 단백질, 식물성 지방, 수분이 많은 과일, 채소와 물을 충분히 섭취하며 비타민 A와 E를 섭취한다. 염분이 많은 식품은 주의하고 건조가 심해 각질이 일어날 때에는 비타민 B군이 많이 함유된 식품을 섭취한다.

(2) 지성피부와 여드름성 피부

여드름은 비타민 B_1 결핍에 의해서도 생기며 피지분비를 촉진시키는 과다한 지방과 당질의 과잉섭취에 의해서도 발생한다. 그러므로 지방과 당질의 과도한 섭취를 줄인다. 야채와 과실을 충분히 섭취하고 비타민 B군을 많이 섭취한다.

(3) 민감성 피부

피부의 저항력을 증강시켜주는 비타민 B군과 P를 많이 섭취한다. 커피, 담배 등의 자극적인 음식은 피하고 가공식품의 과다한 섭취도 피하는 것이 좋다.

4 연령에 따른 피부변화

(1) 태아의 피부

태아는 자궁 안에서 피부를 보호하기 위한 왁스 같은 물질이 출생 시 태아의 몸을 덮고 있다가 1주일 정도 지나면 벗겨지기 시작한다.

(2) 아동의 피부

성장하면서 피부가 강해지고 방어력이 강해진다.

(3) 청소년기 피부

성호르몬의 분비가 왕성해져 피지선을 통한 피지 분비가 많아지게 된다.

남자는 피부결이 거칠어지고 안드로겐으로 인해 피지선의 활동이 활발해서 여드름이 나기 쉽다.

10대 여자는 에스트로겐이 여드름을 억제하여 남자보다는 덜 하나 배란 시기나 생리 중에는 피지 분비가 왕성해지고 색소침착이 생기기 쉽다. 피지 분비로 인해 두피가 지성이 되기 쉬우며 아포크린선의 활동이 활발해서 체취가 나기도 하므로 피부를 청결히 관리해야 한다.

(4) 임신부의 피부

에스트로겐 분비가 많아져 피부가 부드러워지며 색소침착이 일어나는 경우도 있다. 임신선은 진피가 얇아지고 탄력성을 잃어 생긴다.

(5) 중년의 피부

각화과정이 길어지게 되므로 각질이 두꺼워지면 제거하는 것이 좋으며, 자외선은 피부를 노화시키는 원인이 되므로 주의한다.

(6) 노년기의 피부

피지 분비가 감소하여 피부가 건조해지고 얇아지며 진피의 구조가 파괴되어 주름이 많이 생기고 반점이 많이 생기며 피부결이 두꺼워진다. 콜라겐 섬유가 감소하여 탄력성이 떨어지고 피부재생이 잘 되지 않으므로 자외선을 차단하고 항산화제 등을 충분히 섭취한다.

5 피부에 영향을 미치는 요소

(1) 흡 연

흡연은 진피의 콜라겐과 엘라스틴을 파괴하여 탄력성을 저하시키며, 혈액순환을 방해하여 생긴 파열된 정맥이 보인다. 얼굴색이 밝지 않고 연기를 마실 때의 입모양 때문에 입 주위에도 주름이 생기며 치아가 변색된다. 이마에도 주름이 생기고 흡연할 때 연기 때문에 눈을 가늘게 뜨게 되므로 눈가에 잔주름이 생긴다.

흡연은 유리기 생성을 촉진하여 노화가 빨리 오게 하며 피부암에 걸릴 확률을 높힌다. 담배의 니코틴은 혈관을 수축시켜 산소공급을 방해하며 혈중 콜레스테롤을 상승시킨다. 또한 니코틴은 비타민 C를 파괴시키므로 담배를 피우는 경우에는 비타민 C 등을 충분히 섭취해야 한다.

(2) 알코올

알코올 섭취는 비타민 B군 등의 영양소 결핍을 유발할 수 있으며 피부를 건조하게 하여 주름의 원인이 된다. 또한 유리기 생성을 촉진시켜 노화를 진행시키며 피부의 모세혈관을 확장시켜 붉은 피부로 만든다.

(3) 카페인

카페인 함량이 많은 커피 등을 과도하게 마시면 이뇨작용으로 인해 수분이 지나치게 손실되어 건성피부가 되기 쉽다.

(4) 피부와 녹차

녹차는 피부의 주름 생성을 예방하고, 기미나 주근깨를 방지하여 미백효과를 나타내며, 알레르기성 피부염을 방지하는 등 피부건강에 매우 좋은 식품이다.

특히 피부노화를 촉진시키는 유리기는 자외선 조사에 의해 많이 생성되며 이는 멜라닌 색소 합성에서 조절효소인 티로시나아제의 활성을 증가시킨다고 한다. 멜라닌 색소는 자외선으로부터 피부를 보호하기도 하지만 기미, 주근깨, 노인성 색소 같은 색소침착을 일으킨다.

이러한 색소침착을 예방하기 위한 멜라닌 형성을 억제하는 물질에는 비타민 C 유도체, 레티놀, 하이드로퀴논 등이 있다. 녹차에 많은 비타민 C는 멜라닌 색소 억제 활성이 크고 폴리페놀을 많이 함유하고 있어 피부노화를 방지한다. 또한 현대사회는 여러 공해와 환경오염으로 인해 각종 알레르기성 피부염, 비염, 천식 등 각종 알레르기 질환이 많이 발생하고 있다.

녹차는 알레르기 반응에서 가려움증을 유발하는 물질인 히스타민의 방출을 억제시켜 알레르기성 피부염을 예방한다. 피부에 염증이 생겼을 때도 녹차의 폴리페놀 성분은 염증 반응을 억제할 수 있어 항염효과도 가지고 있다고 한다.

녹차는 기호면으로 볼 때 향기와 맛도 있으며 갈증을 해소하고 열량이 거의 없어 저칼로리 음료로 체중 조절에 좋으며 지방을 산화시키는 효과가 있어 비만예방에도 많은 도움이 된다.

6 모발건강을 위한 영양

사람의 신체에 분포되어 있는 털은 남녀에 따라 차이는 있으나 대개 100만 개 전후로 알려져 있다. 모발은 사람에 따라 차이는 있지만 약 10만~12만 개 정도이며 두피를 외부로부터 보호하고 자외선을 차단한다. 모발은 대부분이 케라틴 단백질로 구성되어 있고, 그 밖에 지질, 미량원소, 색소 그리고 수분으로 이루어져 있다.

케라틴을 구성하고 있는 아미노산에는 산성아미노산인 아스파라긴산, 글루타민산, 중성아미노산인 알라닌, 시스틴, 글리신, 이소루이신, 루이신, 메티오닌, 페닐알라닌, 프로린, 세린, 트레오닌, 트립토판, 티로신, 발린, 염기성 아미노산인 알기닌, 히스티딘, 리신이나 시스틴이 대부분을 차지하고 있다.

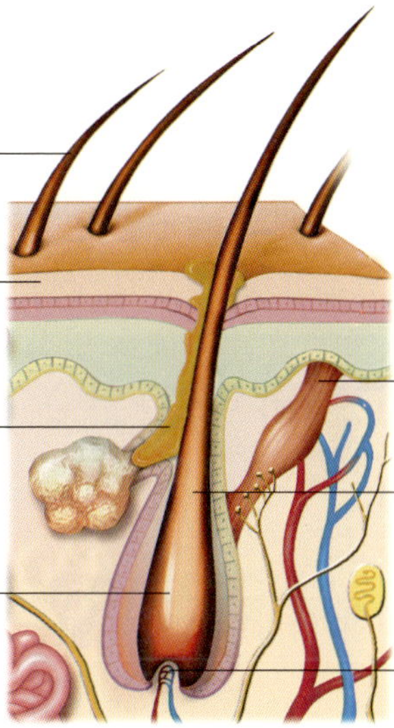

그림 16-1 모발의 구조

1. 모발과 영양

(1) 식생활

고지방, 고열량 식품을 많이 섭취하면 지방이 혈관에 부착되어 혈류의 흐름이 나빠져 모발을 생성하는 모모세포에도 영향을 끼쳐 세포증식 기능의 저하를 가져오게 되며 모빌의 노화가 촉진된다.

또한 인스턴트, 패스트푸드 식품의 섭취 증가로 인해 이들 식품에 함유된 첨가물 등의 유해한 성분이 체내에 흡수 축적되어 모발에도 영향을 미치게 된다.

(2) 스트레스

스트레스는 여러 질환의 원인이다. 특히 스트레스로 인한 탈모가 문제가 되고 있는데, 최근에는 여성들도 스트레스로 인한 탈모가 많다.

충분한 수면을 취하지 못하는 경우 아드레날린이 과잉 분비되어 혈관 내의 중성지방이 증가하여 혈액의 흐름이 나빠져 산소와 영양공급이 체내 장기에 충분히 공급되지 않아 체온 저하가 일어나게 된다. 또한 면역기능이 떨어지게 되며 세포활성이 저하되어 신진대사 기능이 떨어지고 체온이 저하된다.

체온이 0.5℃ 떨어지게 되면 면역력은 65%로 낮아지고 체온이 1℃ 떨어지면 대사능력은 75%로 떨어진다. 그로 인해 혈색이 나빠지고 만성피로 등의 증상이 나타난다.

체온의 저하와 함께 두피의 온도(두피의 온도는 체온보다 약간 낮다. 평상시 31~32℃)도 저하된다. 빈모, 탈모가 진행 중인 두피의 온도는 평균온도보다 낮은 27~28℃이다. 모발과 혈액의 흐름은 매우 밀접하며 중요한데 혈액의 흐름이 원활하면 모발이 건강하고 윤기가 있다.

(3) 화학약품

염색이나 탈색, 퍼머 등으로 인한 화학약품에 의해 모발은 손상을 입는다. 계속되는 퍼머는 모발을 가늘게 하며, 탈모를 유발한다. 퍼머약은 두 종류의 약품을 사용하여 모발에 웨이브를 넣게 된다.

제 1액은 알칼리 환원제로서 모발의 아미노산 결합을 분해시키며, 제 2액은 산화제로 끊어진 아미노산 결합을 재생시킨다. 퍼머약제를 자주 사용하면 모발의 윤기는 사라지고 건조모가 되기 쉬우며 모발이 부서지기 쉽다. 또한 컬러링, 염색제, 탈색제 사용도 모발에 큰 손상을 주어 모발의 광택은 사라지고, 뻣뻣해지며, 쉽게 끊어진다.

(4) 지나친 다이어트로 인한 체중감소

다이어트를 심하게 하면 영양결핍으로 인해 머리칼의 변색과 탈모를 초래할 수도 있다.

2. 영양소

(1) 비타민 A

모발의 건조를 막아주므로 부족하면 모공 각화증을 유발하여 탈모가 촉진된다. 비타민 A는 장어, 간, 당근, 난황, 우유, 시금치, 호박 등의 식품에 많이 함유되어 있다.

(2) 비타민 B_1

비듬을 방지한다. 부족하면 두피 건조증으로 인한 비듬이 발생한다.

(3) 비타민 C

스트레스를 예방하는 비타민으로 스트레스로 인한 백모현상을 억제한다.

(4) 비타민 D

모발의 재생에 효과가 있으며 두피의 혈액순환을 도와 모발을 윤택하게 한다.

(5) 비타민 E

모발 성장에 관여하며 모발을 아름답게 유지한다.

표 16-2 모발건강에 좋은 비타민

영양소	기 능	함유식품	하루권장 섭취량
비타민 A	피부와 두피의 피지선을 건강하게 유지	간, 달걀 노른자, 우유, 오렌지, 녹황색 야채류	650μg RE
비타민 C	피부의 콜라겐 성분을 유지하고 과도한 손상으로부터 모발 보호	토마토, 딸기, 피망, 감자와 진녹색을 띤 야채류	100mg
비타민 E	두피의 혈액순환을 향상시킴, 모발의 질에 영향을 미침	식물성 기름, 통밀, 말린 콩류, 녹색 야채류	10mg α-TE
비타민 B_5	피부와 모발의 건강에 유익한 호르몬의 조절 도움	고기의 내장류, 이스트, 달걀 노른자, 통밀류	5~7mg
비오틴	모발 변색을 막아줌	우유, 간, 달걀 노른자, 통밀	30μg 충분 섭취량
이노시톨	모낭의 건강을 유지	닭고기, 칠면조, 생선류	
니아신	두피의 혈액순환 기능을 향상시킴	고기의 내장류, 이스트, 달걀 노른자, 통밀류	14~16mg

(6) 요오드, 철 , 칼슘

두피의 신진대사 작용을 촉진하여 모발의 성장에 도움을 준다. 해조류, 어패류, 쇠고기, 새우, 난황, 당밀, 우유, 굴, 조개 등에 많다.

(7) 아 연

흰머리 예방 및 모발의 생장을 촉진한다. 참깨, 콩, 간, 시금치 등에 많다. 참깨에는 철분, 칼슘, 비타민 B_1 등이 풍부하고 식이섬유도 많이 들어 있다.

(8) 단백질

모발의 구성성분은 케라틴 단백질이 90%로 18종의 아미노산으로 구성되어 있으며, 특히 황이 함유된 시스틴이 많이 들어 있다.

시스틴은 모발 내에서 시스틴 결합을 이루면서 모발의 강도와 탄성을 유지한다. 알기닌, 메티오닌, 리신, 트립토판, 발린 등의 아미노산을 섭취하면 모발 건강에 좋다. 단백질이 부족하면 모발이 변색되며 윤기가 없고 머리카락이 빠지게 되며 노화하게 된다.

3. 호르몬

모발관련 호르몬으로는 뇌하수체 호르몬, 갑상선 호르몬, 부신피질 호르몬, 성호르몬 등이 있다. 모발에 관여하고 있는 것은 뇌하수체 전엽호르몬이다.

(1) 뇌하수체 호르몬

뇌하수체 전엽호르몬은 성장호르몬을 분비하며 갑상선, 부신피질, 성선 등의 내분비계를 자극하여 호르몬을 분비하게 하고 다른 내분비계 호르몬들이 정상적으로 분비되도록 도와주어 모발의 생장에 간접적으로 관여한다.

(2) 갑상선자극 호르몬

세포의 신진대사를 촉진시키는 호르몬으로 탄수화물, 지방, 단백질 대사에 관여하며 모발 생장에 중요하다. 갑상선 호르몬이 과잉 분비되면 바세도우씨병을 유발하고 탈모가 되며 분비가 저하되면 모발이 연모화 되기도 한다.

(3) 부신피질 호르몬

부신피질 호르몬은 염분이나 당, 단백질 등의 대사에 작용하는 호르몬이다. 여성의 경우 이 호르몬이 과잉분비되면 탈모되거나 수염이 나기도 한다.

(4) 성호르몬

여성호르몬의 작용은 눈썹을 기준으로 위쪽 모발의 생장을 촉진시키며 눈썹 아래의 털에 대해서는 발육을 억제하는 효과가 있다.

모발과 관련 있는 호르몬은 에스트로겐으로 결핍되면 모발이 거칠어지며 빠지기 쉽고 피부노화가 촉진된다.

여성들은 출산 후 1~2개월 뒤에 갑자기 모발이 빠지는 산후 탈모증이 있으나 이는 병이 아니고 임신 중 여성호르몬이 과다 분비되었다가 출산 후 여성호르몬이 정상적으로 분비되면서 일어나는 일시적 탈모 현상이다. 남성호르몬은 여성호르몬과 반대 작용을 한다.

사람의 눈썹을 기준으로 위쪽 모발의 생장을 억제하며 눈썹 아래의 털의 생장을 촉진하여 남성의 제 2차 성징인 수염이 자라며 사람에 따라 다소 차이는 있지만 팔, 다리, 가슴 등에 털이 많이 자라게 된다.

수염과 가슴 털의 성장은 고환에서 생성된 호르몬의 작용이며 팔, 다리 등의 털의 성장은 부신피질에서 생성된 호르몬의 작용에 의한 것으로 알려져 있다. 지나친 남성 호르몬 분비는 피지 분비를 왕성하게 하여 지루성 탈모의 원인을 제공한다. 탈모가 진행되고 있는 남자의 경우 남성 호르몬의 분비를 차단하면 탈모가 중단된다.

4. 모발과 두피질환

모발질환으로 가장 큰 것은 탈모이며 탈모는 유전이나 생리적으로 발생하는 자연 탈모와 병이나 환경에 의한 이상 탈모로 나눌 수 있다. 탈모의 원인으로는 동물성 단백질의 과잉 섭취, 위장 장애, 호르몬의 이상, 스트레스에 의한 교감신경 장애 등이 있다.

(1) 원형탈모증

탈모의 부위가 원형 또는 타원형으로 탈모가 한 장소에서만 일어나면 단발성 원형탈모증이라고 하며 여러 곳에 동시다발적으로 탈모가 일어나면 다발성 원형탈모증이라고 한다.

원인은 스트레스로 인해 자율신경이 저하되어 두피에 영양을 공급하는 혈관이 위축되어 모발이 영양부족을 일으키는 것으로 보고 있다. 원형탈모증은 남녀 모두에게 나타나며 여성에게 더 자주 나타난다. 스트레스를 해소하는 것이 가장 좋은 방법이라고 한다.

(2) 비만성 탈모증

탈모 부위가 원형을 이루지 않고 경계가 불분명하며 두피 전체에서 탈모가 일어나거나 두피의 여러 부위에서 탈모가 진행되면서 전체적으로 탈모가 번지게 된다. 여성에게 많이 나타난다고 하며 식생활이 불규칙하거나 갑상선 이상에 의해서도 발생한다고 한다.

(3) 비강성 탈모증

건강한 모발을 가진 사람이라도 신진대사의 이상에 의해 비듬이 발생한다. 비강성 탈모는 마른 비듬이 대량으로 발생하는 것이 특징이다.

이 비듬이 모근으로 침투하여 모발의 성장에 이상을 초래하여 점점 모발이 가늘어지고 힘이 없어지며 모발이 쉽게 빠진다. 방치하면 새롭게 자라는 모발도 가늘어지며 탈모로 이어지게 되므로 비타민 A와 D를 충분히 공급한다.

(4) 지루성 탈모증

기름기가 많은 지성비듬이 원인으로 이것이 모공을 막아 외부로 분비되어야 할 피지를 차단하여 모근을 싸고 있는 모낭에 쌓이면서 모발의 고착력을 약하게 하여 탈모로 이어지게 된다. 이 탈모는 여성에게 자주 나타나며 이때에는 식물성 식품 위주의 식사를 하는 것이 좋다.

(5) 반흔성 탈모증

화상이나 상처에 의해 두피의 표면에 상처가 남아 일어나는 탈모로 상처가 모유두나 피하조직에 이상이 없으면 모발 재생이 가능하다고 한다.

표 16-3 주요 케라틴의 아미노산 조성

아미노산	모 발	표 피	양 모
Valine	5.5	4.2	5.0~5.9
Leusine	6.4	8.3	7.6~8.1
Isoleusine	4.8	6.8	3.1~4.5
Phenylalanine	2.4~3.6	2.8	3.4~4.0
Proline	4.3	3.2	5.3~8.1
Serine	7.4~10.6	16.5	7.2~9.5
Threonine	7.0~8.5	3.4	6.6~6.7
Throsine	2.2~3.0	3.4~5.7	4.0~6.4
Aspartate	3.9~7.7	6.4~8.1	6.4~7.3
Goutamate	13.6~14.2	9.1~15.4	13.1~16
Argine	1.9~3.1	3.1~6.9	2.8~3.3
Lysine	1.9~3.1	3.1~6.9	2.8~3.3
Histidine	0.6~1.2	0.6~1.8	0.7~1.1
Tryptophane	0.4~1.3	0.5~1.8	1.8~2.1
Cystine	16.6~18.0	2.3~3.8	11.0~13.7
Methionine	0.7~1.0	1.0~2.5	1.0~2.5

표 16-4 모발건강에 좋은 식품

식 품 군		모발건강에 좋은 식품
곡류군		율무, 현미, 검은 쌀, 수수, 녹두
어육류군	저지방	오징어, 굴, 돼지고기
	중지방	검은콩, 고등어, 노란콩
	고지방	돼지 족, 참치, 장어
채소군		연근, 다시마, 더덕, 버섯, 호박
과일군		사과, 토마토, 석류
우유군		우유
지방군		검은깨, 잣, 식물성 기름

부 록

2020 한국인 영양소 섭취기준 - 에너지와 다량영양소

보건복지부, 2020

성별	연령	에너지(kcal/일)				탄수화물(g/일)				식이섬유(g/일)			
		필요추정량	권장섭취량	충분섭취량	상한섭취량	평균필요량	권장섭취량	충분섭취량	상한섭취량	평균필요량	권장섭취량	충분섭취량	상한섭취량
영아	0-5(개월)	500						60					
	6-11	600						90					
유아	1-2(세)	900				100	130					15	
	3-5	1,400				100	130					20	
남자	6-8(세)	1,700				100	130					25	
	9-11	2,000				100	130					25	
	12-14	2,500				100	130					30	
	15-18	2,700				100	130					30	
	19-29	2,600				100	130					30	
	30-49	2,500				100	130					30	
	50-64	2,200				100	130					30	
	65-74	2,000				100	130					25	
	75 이상	1,900				100	130					25	
여자	6-8(세)	1,500				100	130					20	
	9-11	1,800				100	130					25	
	12-14	2,000				100	130					25	
	15-18	2,000				100	130					25	
	19-29	2,000				100	130					20	
	30-49	1,900				100	130					20	
	50-64	1,700				100	130					20	
	65-74	1,600				100	130					20	
	75 이상	1,500				100	130					20	
임신부[1]		+0 +340 +450				+35	+45					+5	
수유부		+340				+60	+80					+5	

성별	연령	지방(g/일)				리놀레산(g/일)				알파-리놀렌산(g/일)				EPA+DHA(mg/일)			
		평균필요량	권장섭취량	충분섭취량	상한섭취량	평균필요량	권장섭취량	충분섭취량	상한섭취량	평균필요량	권장섭취량	충분섭취량	상한섭취량	평균필요량	권장섭취량	충분섭취량	상한섭취량
영아	0-5(개월)			25				5.0				0.6				200[2]	
	6-11			25				7.0				0.8				300[2]	
유아	1-2(세)							4.5				0.6					
	3-5							7.0				0.9					
남자	6-8(세)							9.0				1.1				200	
	9-11							9.5				1.3				220	
	12-14							12.0				1.5				230	
	15-18							14.0				1.7				230	
	19-29							13.0				1.6				210	
	30-49							11.5				1.4				400	
	50-64							9.0				1.4				500	
	65-74							7.0				1.2				310	
	75 이상							5.0				0.9				280	
여자	6-8(세)							7.0				0.8				200	
	9-11							9.0				1.1				150	
	12-14							9.0				1.2				210	
	15-18							10.0				1.1				100	
	19-29							10.0				1.2				150	
	30-49							8.5				1.2				260	
	50-64							7.0				1.2				240	
	65-74							4.5				1.0				150	
	75 이상							3.0				0.4				140	
임신부								+0				+0				+0	
수유부								+0				+0				+0	

1) 1,2,3 분기별 부가량
2) DHA

보건복지부, 2020

성별	연령	단백질(g/일)				메티오닌(g/일)				류신(g/일)			
		평균 필요량	권장 섭취량	충분 섭취량	상한 섭취량	평균 필요량	권장 섭취량	충분 섭취량	상한 섭취량	평균 필요량	권장 섭취량	충분 섭취량	상한 섭취량
영아	0-5(개월)			10				0.4				1.0	
	6-11	12	15			0.3	0.4			0.6	0.8		
유아	1-2(세)	15	20			0.3	0.4			0.6	0.8		
	3-5	20	25			0.3	0.4			0.7	1.0		
남자	6-8(세)	30	35			0.5	0.6			1.1	1.3		
	9-11	40	50			0.7	0.8			1.5	1.9		
	12-14	50	60			1.0	1.2			2.2	2.7		
	15-18	55	65			1.2	1.4			2.6	3.2		
	19-29	50	65			1.0	1.4			2.4	3.1		
	30-49	50	65			1.1	1.3			2.4	3.1		
	50-64	50	60			1.1	1.3			2.3	2.8		
	65-74	50	60			1.0	1.3			2.2	2.8		
	75 이상	50	60			0.9	1.1			2.1	2.7		
여자	6-8(세)	30	35			0.5	0.6			1.0	1.3		
	9-11	40	45			0.6	0.7			1.5	1.8		
	12-14	45	55			0.8	1.0			1.9	2.4		
	15-18	45	55			0.8	1.1			2.0	2.4		
	19-29	45	55			0.8	1.0			2.0	2.5		
	30-49	40	50			0.8	1.0			1.9	2.4		
	50-64	40	50			0.8	1.1			1.9	2.3		
	65-74	40	50			0.7	0.9			1.8	2.2		
	75 이상	40	50			0.7	0.9			1.7	2.1		
임신부[1]		+12 +25	+15 +30			1.1	1.4			2.5	3.1		
수유부		+20	+25			1.1	1.5			2.8	3.5		

성별	연령	이소류신(g/일)				발린(g/일)				라이신(g/일)			
		평균 필요량	권장 섭취량	충분 섭취량	상한 섭취량	평균 필요량	권장 섭취량	충분 섭취량	상한 섭취량	평균 필요량	권장 섭취량	충분 섭취량	상한 섭취량
영아	0-5(개월)			0.6				0.6				0.7	
	6-11	0.3	0.4			0.3	0.5			0.6	0.8		
유아	1-2(세)	0.3	0.4			0.4	0.5			0.6	0.7		
	3-5	0.3	0.4			0.4	0.5			0.6	0.8		
남자	6-8(세)	0.5	0.6			0.6	0.7			1.0	1.2		
	9-11	0.7	0.8			0.9	1.1			1.4	1.8		
	12-14	1.0	1.2			1.2	1.6			2.1	2.5		
	15-18	1.2	1.4			1.5	1.8			2.3	2.9		
	19-29	1.0	1.4			1.4	1.7			2.5	3.1		
	30-49	1.1	1.4			1.4	1.7			2.4	3.1		
	50-64	1.1	1.3			1.3	1.6			2.3	2.9		
	65-74	1.0	1.3			1.3	1.6			2.2	2.9		
	75 이상	0.9	1.1			1.1	1.5			2.2	2.7		
여자	6-8(세)	0.5	0.6			0.6	0.7			0.9	1.3		
	9-11	0.6	0.7			0.9	1.1			1.3	1.6		
	12-14	0.8	1.0			1.2	1.4			1.8	2.2		
	15-18	0.8	1.1			1.2	1.4			1.8	2.2		
	19-29	0.8	1.1			1.1	1.3			2.1	2.6		
	30-49	0.8	1.0			1.0	1.4			2.0	2.5		
	50-64	0.8	1.1			1.1	1.3			1.9	2.4		
	65-74	0.7	0.9			0.9	1.3			1.8	2.3		
	75 이상	0.7	0.9			0.9	1.1			1.7	2.1		
임신부		1.1	1.4			1.4	1.7			2.3	2.9		
수유부		1.3	1.7			1.6	1.9			2.5	3.1		

[1] 2,3 분기별 부가량

보건복지부, 2020

성별	연령	페닐알라닌+티로신(g/일)				트레오닌(g/일)				트립토판(g/일)			
		평균 필요량	권장 섭취량	충분 섭취량	상한 섭취량	평균 필요량	권장 섭취량	충분 섭취량	상한 섭취량	평균 필요량	권장 섭취량	충분 섭취량	상한 섭취량
영아	0-5(개월)			0.9				0.5				0.2	
	6-11	0.5	0.7			0.3	0.4			0.1	0.1		
유아	1-2(세)	0.5	0.7			0.3	0.4			0.1	0.1		
	3-5	0.6	0.7			0.3	0.4			0.1	0.1		
남자	6-8(세)	0.9	1.0			0.5	0.6			0.1	0.2		
	9-11	1.3	1.6			0.7	0.9			0.2	0.2		
	12-14	1.8	2.3			1.0	1.3			0.3	0.3		
	15-18	2.1	2.6			1.2	1.5			0.3	0.4		
	19-29	2.8	3.6			1.1	1.5			0.3	0.3		
	30-49	2.9	3.5			1.2	1.5			0.3	0.3		
	50-64	2.7	3.4			1.1	1.4			0.3	0.3		
	65-74	2.5	3.3			1.1	1.3			0.2	0.3		
	75 이상	2.5	3.1			1.0	1.3			0.2	0.3		
여자	6-8(세)	0.8	1.0			0.5	0.6			0.1	0.2		
	9-11	1.2	1.5			0.6	0.9			0.2	0.2		
	12-14	1.6	1.9			0.9	1.2			0.2	0.3		
	15-18	1.6	2.0			0.9	1.2			0.2	0.3		
	19-29	2.3	2.9			0.9	1.1			0.2	0.3		
	30-49	2.3	2.8			0.9	1.2			0.2	0.3		
	50-64	2.2	2.7			0.8	1.1			0.2	0.3		
	65-74	2.1	2.6			0.8	1.0			0.2	0.2		
	75 이상	2.0	2.4			0.7	0.9			0.2	0.2		
임신부		0.8	1.0			3.0	3.8			0.3	0.4		
수유부		0.8	1.1			3.7	4.7			0.4	0.5		

성별	연령	히스티딘(g/일)				수분(mL/일)					
		평균 필요량	권장 섭취량	충분 섭취량	상한 섭취량	음식	물	음료	충분섭취량		상한 섭취량
									액체	총수분	
영아	0-5(개월)			0.1					700	700	
	6-11	0.2	0.3			300			500	800	
유아	1-2(세)	0.2	0.3			300	362	0	700	1,000	
	3-5	0.2	0.3			400	491	0	1,100	1,500	
남자	6-8(세)	0.3	0.4			900	589	0	800	1,700	
	9-11	0.5	0.6			1,100	686	1.2	900	2,000	
	12-14	0.7	0.9			1,300	911	1.9	1,100	2,400	
	15-18	0.9	1.0			1,400	920	6.4	1,200	2,600	
	19-29	0.8	1.0			1,400	981	262	1,200	2,600	
	30-49	0.7	1.0			1,300	957	289	1,200	2,500	
	50-64	0.7	0.9			1,200	940	75	1,000	2,200	
	65-74	0.7	1.0			1,100	904	20	1,000	2,100	
	75 이상	0.7	0.8			1,000	662	12	1,100	2,100	
여자	6-8(세)	0.3	0.4			800	514	0	800	1,600	
	9-11	0.4	0.5			1,000	643	0	900	1,900	
	12-14	0.6	0.7			1,100	610	0	900	2,000	
	15-18	0.6	0.7			1,100	659	7.3	900	2,000	
	19-29	0.6	0.8			1,100	709	126	1,000	2,100	
	30-49	0.6	0.8			1,000	772	124	1,000	2,000	
	50-64	0.6	0.7			900	784	27	1,000	1,900	
	65-74	0.5	0.7			900	624	9	900	1,800	
	75 이상	0.5	0.7			800	552	5	1,000	1,800	
임신부		1.2	1.5							+200	
수유부		1.3	1.7						+500	+700	

2020 한국인 영양소 섭취기준 - 지용성비타민

보건복지부, 2020

성별	연령	비타민 A(μg RAE/일)				비타민 D(μg/일)			
		평균 필요량	권장 섭취량	충분 섭취량	상한 섭취량	평균 필요량	권장 섭취량	충분 섭취량	상한 섭취량
영아	0-5(개월)			350	600			5	25
	6-11			450	600			5	25
유아	1-2(세)	190	250		600			5	30
	3-5	230	300		750			5	35
남자	6-8(세)	310	450		1,100			5	40
	9-11	410	600		1,600			5	60
	12-14	530	750		2,300			10	100
	15-18	620	850		2,800			10	100
	19-29	570	800		3,000			10	100
	30-49	560	800		3,000			10	100
	50-64	530	750		3,000			10	100
	65-74	510	700		3,000			15	100
	75 이상	500	700		3,000			15	100
여자	6-8(세)	290	400		1,100			5	40
	9-11	390	550		1,600			5	60
	12-14	480	650		2,300			10	100
	15-18	450	650		2,800			10	100
	19-29	460	650		3,000			10	100
	30-49	450	650		3,000			10	100
	50-64	430	600		3,000			10	100
	65-74	410	600		3,000			15	100
	75 이상	410	600		3,000			15	100
임신부		+50	+70		3,000			+0	100
수유부		+350	+490		3,000			+0	100

성별	연령	비타민 E(mg α-TE/일)				비타민 K(μg/일)			
		평균 필요량	권장 섭취량	충분 섭취량	상한 섭취량	평균 필요량	권장 섭취량	충분 섭취량	상한 섭취량
영아	0-5(개월)			3				4	
	6-11			4				6	
유아	1-2(세)			5	100			25	
	3-5			6	150			30	
남자	6-8(세)			7	200			40	
	9-11			9	300			55	
	12-14			11	400			70	
	15-18			12	500			80	
	19-29			12	540			75	
	30-49			12	540			75	
	50-64			12	540			75	
	65-74			12	540			75	
	75 이상			12	540			75	
여자	6-8(세)			7	200			40	
	9-11			9	300			55	
	12-14			11	400			65	
	15-18			12	500			65	
	19-29			12	540			65	
	30-49			12	540			65	
	50-64			12	540			65	
	65-74			12	540			65	
	75 이상			12	540			65	
임신부				+0	540			+0	
수유부				+3	540			+0	

2020 한국인 영양소 섭취기준 – 수용성비타민

보건복지부, 2020

성별	연령	비타민 C(mg/일) 평균필요량	비타민 C 권장섭취량	비타민 C 충분섭취량	비타민 C 상한섭취량	티아민(mg/일) 평균필요량	티아민 권장섭취량	티아민 충분섭취량	티아민 상한섭취량
영아	0-5(개월)			40				0.2	
	6-11			55				0.3	
유아	1-2(세)	30	40		340	0.4	0.4		
	3-5	35	45		510	0.4	0.5		
남자	6-8(세)	40	50		750	0.5	0.7		
	9-11	55	70		1,100	0.7	0.9		
	12-14	70	90		1,400	0.9	1.1		
	15-18	80	100		1,600	1.1	1.3		
	19-29	75	100		2,000	1.0	1.2		
	30-49	75	100		2,000	1.0	1.2		
	50-64	75	100		2,000	1.0	1.2		
	65-74	75	100		2,000	0.9	1.1		
	75 이상	75	100		2,000	0.9	1.1		
여자	6-8(세)	40	50		750	0.6	0.7		
	9-11	55	70		1,100	0.8	0.9		
	12-14	70	90		1,400	0.9	1.1		
	15-18	80	100		1,600	0.9	1.1		
	19-29	75	100		2,000	0.9	1.1		
	30-49	75	100		2,000	0.9	1.1		
	50-64	75	100		2,000	0.9	1.1		
	65-74	75	100		2,000	0.8	1.0		
	75 이상	75	100		2,000	0.7	0.8		
임신부		+10	+10		2,000	+0.4	+0.4		
수유부		+35	+40		2,000	+0.3	+0.4		

성별	연령	리보플라빈(mg/일) 평균필요량	리보플라빈 권장섭취량	리보플라빈 충분섭취량	리보플라빈 상한섭취량	니아신(mg NE/일)[1] 평균필요량	니아신 권장섭취량	니아신 충분섭취량	니아신 상한섭취량 니코틴산/니코틴아미드
영아	0-5(개월)			0.3				2	
	6-11			0.4				3	
유아	1-2(세)	0.4	0.5			4	6		10/180
	3-5	0.5	0.6			5	7		10/250
남자	6-8(세)	0.7	0.9			7	9		15/350
	9-11	0.9	1.1			9	11		20/500
	12-14	1.2	1.5			11	15		25/700
	15-18	1.4	1.7			13	17		30/800
	19-29	1.3	1.5			12	16		35/1000
	30-49	1.3	1.5			12	16		35/1000
	50-64	1.3	1.5			12	16		35/1000
	65-74	1.2	1.4			11	14		35/1000
	75 이상	1.1	1.3			10	13		35/1000
여자	6-8(세)	0.6	0.8			7	9		15/350
	9-11	0.8	1.0			9	12		20/500
	12-14	1.0	1.2			11	15		25/700
	15-18	1.0	1.2			11	14		30/800
	19-29	1.0	1.2			11	14		35/1000
	30-49	1.0	1.2			11	14		35/1000
	50-64	1.0	1.2			11	14		35/1000
	65-74	0.9	1.1			10	13		35/1000
	75 이상	0.8	1.0			9	12		35/1000
임신부		+0.3	+0.4			+3	+4		35/1000
수유부		+0.4	+0.5			+2	+3		35/1000

[1] 1 mg NE(니아신 당량)=1 mg 니아신=60 mg 트립토판

보건복지부, 2020

성별	연령	비타민 B_6(mg/일)				엽산(μg DFE/일)[1]			
		평균 필요량	권장 섭취량	충분 섭취량	상한 섭취량	평균 필요량	권장 섭취량	충분 섭취량	상한 섭취량[2]
영아	0-5(개월)			0.1				65	
	6-11			0.3				90	
유아	1-2(세)	0.5	0.6		20	120	150		300
	3-5	0.6	0.7		30	150	180		400
남자	6-8(세)	0.7	0.9		45	180	220		500
	9-11	0.9	1.1		60	250	300		600
	12-14	1.3	1.5		80	300	360		800
	15-18	1.3	1.5		95	330	400		900
	19-29	1.3	1.5		100	320	400		1,000
	30-49	1.3	1.5		100	320	400		1,000
	50-64	1.3	1.5		100	320	400		1,000
	65-74	1.3	1.5		100	320	400		1,000
	75 이상	1.3	1.5		100	320	400		1,000
여자	6-8(세)	0.7	0.9		45	180	220		500
	9-11	0.9	1.1		60	250	300		600
	12-14	1.2	1.4		80	300	360		800
	15-18	1.2	1.4		95	330	400		900
	19-29	1.2	1.4		100	320	400		1,000
	30-49	1.2	1.4		100	320	400		1,000
	50-64	1.2	1.4		100	320	400		1,000
	65-74	1.2	1.4		100	320	400		1,000
	75 이상	1.2	1.4		100	320	400		1,000
임신부		+0.7	+0.8		100	+200	+220		1,000
수유부		+0.7	+0.8		100	+130	+150		1,000

성별	연령	비타민 B_{12}(μg/일)				판토텐산(mg/일)				비오틴(μg/일)			
		평균 필요량	권장 섭취량	충분 섭취량	상한 섭취량	평균 필요량	권장 섭취량	충분 섭취량	상한 섭취량	평균 필요량	권장 섭취량	충분 섭취량	상한 섭취량
영아	0-5(개월)			0.3				1.7				5	
	6-11			0.5				1.9				7	
유아	1-2(세)	0.8	0.9					2				9	
	3-5	0.9	1.1					2				12	
남자	6-8(세)	1.1	1.3					3				15	
	9-11	1.5	1.7					4				20	
	12-14	1.9	2.3					5				25	
	15-18	2.0	2.4					5				30	
	19-29	2.0	2.4					5				30	
	30-49	2.0	2.4					5				30	
	50-64	2.0	2.4					5				30	
	65-74	2.0	2.4					5				30	
	75 이상	2.0	2.4					5				30	
여자	6-8(세)	1.1	1.3					3				15	
	9-11	1.5	1.7					4				20	
	12-14	1.9	2.3					5				25	
	15-18	2.0	2.4					5				30	
	19-29	2.0	2.4					5				30	
	30-49	2.0	2.4					5				30	
	50-64	2.0	2.4					5				30	
	65-74	2.0	2.4					5				30	
	75 이상	2.0	2.4					5				30	
임신부		+0.2	+0.2					+1.0				+0	
수유부		+0.3	+0.4					+2.0				+5	

1) Dietary Folate Equivalents, 가임기 여성의 경우 400 μg/일의 엽산보충제 섭취를 권장함.

2) 엽산의 상한섭취량은 보충제 또는 강화식품의 형태로 섭취한 μg/일에 해당됨

2020 한국인 영양소 섭취기준 - 다량무기질

보건복지부, 2020

성별	연령	칼슘(mg/일)				인(mg/일)				나트륨(mg/일)			
		평균필요량	권장섭취량	충분섭취량	상한섭취량	평균필요량	권장섭취량	충분섭취량	상한섭취량	필요추정량	권장섭취량	충분섭취량	만성질환위험감소섭취량
영아	0-5(개월)			250	1,000			100				110	
	6-11			300	1,500			300				370	
유아	1-2(세)	400	500		2,500	380	450		3,000			810	1,200
	3-5	500	600		2,500	480	550		3,000			1,000	1,600
남자	6-8(세)	600	700		2,500	500	600		3,000			1,200	1,900
	9-11	650	800		3,000	1,000	1,200		3,500			1,500	2,300
	12-14	800	1,000		3,000	1,000	1,200		3,500			1,500	2,300
	15-18	750	900		3,000	1,000	1,200		3,500			1,500	2,300
	19-29	650	800		2,500	580	700		3,500			1,500	2,300
	30-49	650	800		2,500	580	700		3,500			1,500	2,300
	50-64	600	750		2,000	580	700		3,500			1,500	2,300
	65-74	600	700		2,000	580	700		3,500			1,300	2,100
	75 이상	600	700		2,000	580	700		3,000			1,100	1,700
여자	6-8(세)	600	700		2,500	480	550		3,000			1,200	1,900
	9-11	650	800		3,000	1,000	1,200		3,500			1,500	2,300
	12-14	750	900		3,000	1,000	1,200		3,500			1,500	2,300
	15-18	700	800		3,000	1,000	1,200		3,500			1,500	2,300
	19-29	550	700		2,500	580	700		3,500			1,500	2,300
	30-49	550	700		2,500	580	700		3,500			1,500	2,300
	50-64	600	800		2,000	580	700		3,500			1,500	2,300
	65-74	600	800		2,000	580	700		3,500			1,300	2,100
	75 이상	600	800		2,000	580	700		3,000			1,100	1,700
임신부		+0	+0		2,500	+0	+0		3,000			1,500	2,300
수유부		+0	+0		2,500	+0	+0		3,500			1,500	2,300

성별	연령	염소(mg/일)				칼륨(mg/일)				마그네슘(mg/일)			
		평균필요량	권장섭취량	충분섭취량	상한섭취량	평균필요량	권장섭취량	충분섭취량	상한섭취량	평균필요량	권장섭취량	충분섭취량	상한섭취량[1]
영아	0-5(개월)			170				400				25	
	6-11			560				700				55	
유아	1-2(세)			1,200				1,900		60	70		60
	3-5			1,600				2,400		90	110		90
남자	6-8(세)			1,900				2,900		130	150		130
	9-11			2,300				3,400		190	220		190
	12-14			2,300				3,500		260	320		270
	15-18			2,300				3,500		340	410		350
	19-29			2,300				3,500		300	360		350
	30-49			2,300				3,500		310	370		350
	50-64			2,300				3,500		310	370		350
	65-74			2,100				3,500		310	370		350
	75 이상			1,700				3,500		310	370		350
여자	6-8(세)			1,900				2,900		130	150		130
	9-11			2,300				3,400		180	220		190
	12-14			2,300				3,500		240	290		270
	15-18			2,300				3,500		290	340		350
	19-29			2,300				3,500		230	280		350
	30-49			2,300				3,500		240	280		350
	50-64			2,300				3,500		240	280		350
	65-74			2,100				3,500		240	280		350
	75 이상			1,700				3,500		240	280		350
임신부				2,300				+0		+30	+40		350
수유부				2,300				+400		+0	+0		350

[1] 식품외 급원의 마그네슘에만 해당

2020 한국인 영양소 섭취기준 - 미량무기질

보건복지부, 2020

성별	연령	철(mg/일)				아연(mg/일)				구리(μg/일)			
		평균 필요량	권장 섭취량	충분 섭취량	상한 섭취량	평균 필요량	권장 섭취량	충분 섭취량	상한 섭취량	평균 필요량	권장 섭취량	충분 섭취량	상한 섭취량
영아	0-5(개월)			0.3	40			2				240	
	6-11	4	6		40	2	3					330	
유아	1-2(세)	4.5	6		40	2	3		6	220	290		1,700
	3-5	5	7		40	3	4		9	270	350		2,600
남자	6-8(세)	7	9		40	5	5		13	360	470		3,700
	9-11	8	11		40	7	8		19	470	600		5,500
	12-14	11	14		40	7	8		27	600	800		7,500
	15-18	11	14		45	8	10		33	700	900		9,500
	19-29	8	10		45	9	10		35	650	850		10,000
	30-49	8	10		45	8	10		35	650	850		10,000
	50-64	8	10		45	8	10		35	650	850		10,000
	65-74	7	9		45	8	9		35	600	800		10,000
	75 이상	7	9		45	7	9		35	600	800		10,000
여자	6-8(세)	7	9		40	4	5		13	310	400		3,700
	9-11	8	10		40	7	8		19	420	550		5,500
	12-14	12	16		40	6	8		27	500	650		7,500
	15-18	11	14		45	7	9		33	550	700		9,500
	19-29	11	14		45	7	8		35	500	650		10,000
	30-49	11	14		45	7	8		35	500	650		10,000
	50-64	6	8		45	6	8		35	500	650		10,000
	65-74	6	8		45	6	7		35	460	600		10,000
	75 이상	5	7		45	6	7		35	460	600		10,000
임신부		+8	+10		45	+2.0	+2.5		35	+100	+130		10,000
수유부		+0	+0		45	+4.0	+5.0		35	+370	+480		10,000

성별	연령	불소(mg/일)				망간(mg/일)				요오드(μg/일)			
		평균 필요량	권장 섭취량	충분 섭취량	상한 섭취량	평균 필요량	권장 섭취량	충분 섭취량	상한 섭취량	평균 필요량	권장 섭취량	충분 섭취량	상한 섭취량
영아	0-5(개월)			0.01	0.6			0.01				130	250
	6-11			0.4	0.8			0.8				180	250
유아	1-2(세)			0.6	1.2			1.5	2.0	55	80		300
	3-5			0.9	1.8			2.0	3.0	65	90		300
남자	6-8(세)			1.3	2.6			2.5	4.0	75	100		500
	9-11			1.9	10.0			3.0	6.0	85	110		500
	12-14			2.6	10.0			4.0	8.0	90	130		1,900
	15-18			3.2	10.0			4.0	10.0	95	130		2,200
	19-29			3.4	10.0			4.0	11.0	95	150		2,400
	30-49			3.4	10.0			4.0	11.0	95	150		2,400
	50-64			3.2	10.0			4.0	11.0	95	150		2,400
	65-74			3.1	10.0			4.0	11.0	95	150		2,400
	75 이상			3.0	10.0			4.0	11.0	95	150		2,400
여자	6-8(세)			1.3	2.5			2.5	4.0	75	100		500
	9-11			1.8	10.0			3.0	6.0	80	110		500
	12-14			2.4	10.0			3.5	8.0	90	130		1,900
	15-18			2.7	10.0			3.5	10.0	95	130		2,200
	19-29			2.8	10.0			3.5	11.0	95	150		2,400
	30-49			2.7	10.0			3.5	11.0	95	150		2,400
	50-64			2.6	10.0			3.5	11.0	95	150		2,400
	65-74			2.5	10.0			3.5	11.0	95	150		2,400
	75 이상			2.3	10.0			3.5	11.0	95	150		2,400
임신부				+0	10.0			+0	11.0	+65	+90		
수유부				+0	10.0			+0	11.0	+130	+190		

보건복지부, 2020

성별	연령	셀레늄(μg/일)				몰리브덴(μg/일)				크롬(μg/일)			
		평균 필요량	권장 섭취량	충분 섭취량	상한 섭취량	평균 필요량	권장 섭취량	충분 섭취량	상한 섭취량	평균 필요량	권장 섭취량	충분 섭취량	상한 섭취량
영아	0-5(개월)			9	40							0.2	
	6-11			12	65							4.0	
유아	1-2(세)	19	23		70	8	10		100			10	
	3-5	22	25		100	10	12		150			10	
남자	6-8(세)	30	35		150	15	18		200			15	
	9-11	40	45		200	15	18		300			20	
	12-14	50	60		300	25	30		450			30	
	15-18	55	65		300	25	30		550			35	
	19-29	50	60		400	25	30		600			30	
	30-49	50	60		400	25	30		600			30	
	50-64	50	60		400	25	30		550			30	
	65-74	50	60		400	23	28		550			25	
	75 이상	50	60		400	23	28		550			25	
여자	6-8(세)	30	35		150	15	18		200			15	
	9-11	40	45		200	15	18		300			20	
	12-14	50	60		300	20	25		400			20	
	15-18	55	65		300	20	25		500			20	
	19-29	50	60		400	20	25		500			20	
	30-49	50	60		400	20	25		500			20	
	50-64	50	60		400	20	25		450			20	
	65-74	50	60		400	18	22		450			20	
	75 이상	50	60		400	18	22		450			20	
임신부		+3	+4		400	+0	+0		500			+5	
수유부		+9	+10		400	+3	+3		500			+20	

식품 중 총 식이섬유 함량 (가식부 100g기준)

식품명	총 식이섬유 g /100g 가식부	식품명	총 식이섬유 g /100g 가식부
냉면	3.73	가래떡	1.06
밀가루(중력분)	3.36	떡, 시루떡	4.95
빵가루	4.46	떡, 인절미	1.73
국수(마른 것)	2.64	옥수수	3.75
라면	3.09	조	4.56
빵, 소보로빵	4.51	혼합잡곡	6.88
도넛(링도넛)	2.12	감자	1.42
롤빵	2.80	고구마	3.76
스낵과자-감자스낵	3.01	당면	1.56
스낵과자-새우깡	2.69	초콜릿	1.59
스낵과자-옥수수	1.71	강낭콩	19.15
식빵	3.45	녹두(깐 녹두)	8.15
식빵-옥수수식빵	4.28	대두	16.67
초코파이	2.05	두부	2.47
카스텔라	1.79	두유	1.52
케이크-생크림케이크	0.60	완두콩	6.75
케이크-파운드케이크	0.74	팥	17.59
과자, 버터링쿠키	2.85	묵, 노노리묵	1.21
크래커, 에이스크래커	2.52	들깨가루	13.38
빵, 단팥빵	4.71	땅콩	3.32
피자	2.72	밤	3.59
햄버거	2.98	참깨	11.81
보리	11.20	가지	1.85
수수	6.95	고구마줄기(익힌 것)	3.90
시리얼-콘푸로스트	1.77	고사리(익힌 것)	5.14
시리얼-아몬드후레이크	3.07	풋고추	4.68
현미	3.29	고춧잎	4.56
백미	1.51	근대	2.95
찹쌀	0.60	갓김치	3.97
깍두기	2.84	나박김치	1.54

식품명	총 식이섬유 g /100g 가식부	식품명	총 식이섬유 g /100g 가식부
배추김치	2.98	취나물	5.80
백김치	1.43	콩나물	2.55
열무김치	3.32	토란대(익힌 것)	4.41
오이소박이	2.50	토마토	1.34
총각김치	2.89	토마토주스	0.76
파김치	5.05	파	2.63
깻 잎	7.90	피 망	2.43
냉 이	5.68	늙은 호박	3.43
당 근	3.06	애호박	1.40
더 덕	5.10	느타리버섯	1.70
도라지	3.99	양송이버섯	2.36
마 늘	5.90	팽이버섯	2.94
마늘쫑	5.35	표고버섯(생것)	2.44
무	1.49	감	2.46
무 청	2.26	귤	1.12
미나리	2.46	대추(건과)	12.75
배 추	1.50	딸 기	1.82
부 추	2.11	멜 론	0.89
브로콜리	2.86	바나나	1.85
상 추	1.83	배	1.76
생 강	2.88	복숭아	2.05
셀러리	1.38	사 과	1.40
숙주나물	1.81	수 박	0.16
시금치	3.24	오렌지	1.95
쑥	8.55	오렌지주스	0.10
쑥 갓	2.27	자 두	2.18
아 욱	4.21	참 외	1.13
양배추	2.18	포 도	1.93
양 파	1.47	건포도	3.58
연 근	2.31	포도주스	0.02
오 이	1.46	우 엉	4.10

식품명	총 식이섬유 g /100g 가식부
소시지(비엔나소시지)	0.00
햄	0.00
돼지고기가공품 (런천 미트)	0.00
어묵(튀김어묵)	0.00
김(조선 김)	33.60
다시마(말린 것)	27.56
미역(말린 것)	43.43
파 래	4.60
요구르트(호상)	0.18
당근주스	0.04
식혜(캔)	0.14
막걸리	0.62
녹차음료	0.01
유자차(분말)	2.86
율무차(분말)	5.40
커피음료	0.03
커피믹스	0.82
홍차음료	0.06
기능성 음료	2.50
고춧가루	39.69
고추장	4.17
된 장	4.16
쌈장(혼합 장)	5.00
춘 장	3.44
카레분말	6.89
토마토케첩	0.79
만두(고기만두)	4.63
동치미	0.79

1 실생활에서 이용하기 쉬운 식품교환표(대한당뇨병학회, 2010년)

1. 식품교환표

우리가 일상생활에서 섭취하고 있는 식품들을 영양소의 구성이 비슷한 것끼리 6가지 식품군으로 나누어 묶은 표이다. 6가지 식품군은 곡류군, 어육류군, 채소군, 지방군, 우유군, 과일군으로 균형 잡힌 식사가 되기 위해서는 6가지 식품군을 골고루 섭취해야 한다.

2. 교환단위

같은 식품군 안에 있는 식품들은 영양소의 구성이 비슷하므로 열량이 같으면 서로 바꾸어 먹을 수 있다. 1회의 섭취량이나 거래 단위 등을 기준으로 영양소 함량이 동일한 중량을 결정하여 1교환단위라고 한다. 같은 식품군내에서 같은 교환단위끼리는 서로 자유롭게 바꾸어 먹을 수 있다.

(1) 곡류군

곡류군 한 단위는 열량이 100칼로리이며 같은 단위수끼리는 서로 바꾸어 먹을 수 있다.

곡류군 : 당질 23g, 단백질 2g, 100kcal

식품명	무게(g)	목측량	식품명	무게(g)	목측량
밥	70	1/3 공기	삶은국수	90	1/2 공기
보리밥	70	1/3 공기	시루떡	50	썬 것 11개
쌀	30	3 큰 스푼	인절미	50	3개
백 미	30	3 큰 스푼	마른국수	30	1/2 공기
현 미	30	3 큰 스푼	메밀국수(건조)	30	1/2 공기
보 리	30	3 큰 스푼	당 면(생것)	30	1/2 공기
미숫가루	30	5 큰 스푼			

식품명	무게(g)	목측량	식품명	무게(g)	목측량
밀가루	30	5 큰 스푼	메밀묵	200	1/2모
율 무	30	3 큰 스푼	도토리묵	200	1/2모
차 수수	30	3 큰 스푼	녹두묵	200	1/2모
차 조	30	3 큰 스푼	감 자	140	중 1개
팥	30	3 큰 스푼	고구마	70	중 1/2개
녹말가루	30	5 큰 스푼	토 란	140	1컵
모닝빵	35	중 1개	찰옥수수 (생것)	70	1/2개
식 빵	35	1쪽	콘푸레이크	30	3/4컵
햄버거빵	35	1쪽	밤	60	중 6개
가래떡	50	썬 것 11개	크래커	20	5개

(2) 어육류군

① 저지방 어육류군

단백질 8g, 지방 2g, 50kcal

식품명	무게(g)	목측량	식품명	무게(g)	목측량
쇠 간*	40		광 어	50	
돼지고기	40	3.5×3.5×3.5cm	대 구	50	한 토막
닭고기	40	小 한 토막 (탁구공 크기)	동 태	50	
닭 간	40	깐 새우 1/4컵 중 새우 4마리	복 어	50	
새 우*	50		조 기	50	한 토막
굴 비	15	1/2 토막	굴	70	3/1 컵(소)
가자미	50				

*은 콜레스테롤이 많은 식품

② 중지방 어육류군

단백질 8g, 지방 5g, 75kcal

식품명	무게(g)	목측량	식품명	무게(g)	목측량
소고기 등심, 안심	40g	로스용 1장 (12×10×0.3cm로 썬 것 3~4쪽)	갈 치	50	한 토막
돼지고기 안심	40	로스용 1장	청어	50	한 토막
고등어	50	한 토막	달 걀	55	中 1개
꽁 치	50	한 토막	메추리알	40	5개
민 어	50	한 토막	검정콩	20	2 큰술
삼 치	50	한 토막	두 부	80	1/6모
준 치	50	한 토막	순두부	200	1컵

③ 고지방 어육류군

단백질 8g, 지방 8g, 100kcal

고지방 어육류군은 포화지방이 많고 열량이 높아 주의해야 한다.

식품명	무게(g)	목측량	식품명	무게(g)	목측량
닭고기 (껍질포함)	40		런천 미트	40	5.5×4×1.8cm
돼지 족, 돼지 머리, 삼겹살	40		참치 통조림	50	1/3컵
			꽁치 통조림	50	1/3컵
			고등어 통조림	50	1/3컵
소갈비	40	한 토막	뱀장어	50	小 1토막
소꼬리	40		치즈	30	1.5장
우 설	40		유 부	30	유부 6장

(3) 채소군

당질 3g, 단백질 2g, 20kcal

채소군은 양에 비해 칼로리가 많지 않아 충분히 섭취할 수 있다.

식품명	무게(g)	목측량
가 지	70	지름 3cm × 길이 10cm
깻 잎	40	20장
고구마 순	70	익혀서 1/3컵
고사리 삶은 것	70	1/2컵
당 근	70	지름 4cm × 길이 5cm
무	70	익혀서 1/3컵
버 섯	50	상추
상 추	70	
숙 주	70	익혀서 1/3컵
쑥 갓	70	익혀서 1/3컵
양배추	70	익혀서 2/5컵
죽 순	70	
콩나물	70	익혀서 2/5컵
피 망	70	중 2개
호 박	70	지름 6.5cm × 두께 2.5cm
깍두기	50	
포기김치	50	
김	2	
물미역	70	
오 이	70	
연 근*	40	6쪽

* 당질 6g 이상 함유하고 있으므로 섭취 시 주의해야 할 채소

(4) 과일군

당질 12g, 50kcal

과일군은 2단위 정도 섭취하면 적정하다.

식품명	무게(g)	목측량	식품명	무게(g)	목측량
단 감	50	中 1/2개	사과(후지)	80	中 1/3개
연 시	80	小 1개	수 박	50	中 1쪽
귤	120	中1개	자 두	150	특大 1개
금 귤	60	7개	사과주스	100	1/2컵
오렌지	100	大 1/2개	오렌지주스(무가당)	100	1/2컵
말린 대추	15	5개	토마토주스	100	1/2컵
생대추	50		참 외	150	中 1/2개
딸 기	150	中 70개	토마토	350	小 2개
배	110	大 1/4개	방울토마토	300	
바나나	50	中 1/2개	파인애플	200	
백 도	150	小 1개	포 도	80	小 19개
천 도	150	小 2개	거봉포도	80	11개
살 구	150				

(5) 우유군

당질 10g, 단백질 6g, 지방 7g, 125kcal

① 일반우유

식품명	무게(g)	목측량	식품명	무게(g)	목측량
우 유	200	1컵	탈지분유	25	5 큰술
락토 우유	200	1컵	전지분유	25	5 큰술
두 유	200	1컵	조제분유	25	5 큰술

② 저지방우유

당질 10g, 단백질 6g, 지방 2g, 80kcal

식품명	무게(g)	목측량
저지방 우유	200	1컵

(5) 지방군

지방 5g, 45kcal

식품명	무게(g)	목측량	식품명	무게(g)	목측량
들기름	5	1 작은술	쇼트닝*	5	1 작은술
옥수수기름	5	1 작은술	마요네즈	5	1 작은술
콩기름	5	1 작은술	땅 콩	8	8개(1큰술)
참기름	5	1 작은술	잣	8	50알(1큰술)
마아가린	5	1 작은술	호두	8	中 1.5개
버 터*	5	1 작은술			

* 포화지방산이 많은 식품

외식 · 간식의 열량

음식명	1인분			음식명	1인분		
	눈대중	중량(g)	열량 (kcal)		눈대중	중량(g)	열량 (kcal)
쌀 밥	1 그릇	210	300	비빔냉면	1 그릇	400	600
잡곡밥	1 그릇	210	300	회냉면	1 그릇	450	650
비빔밥	1 그릇	410	600	라면(건면)	1 그릇	500(120)	520
돌솥비빔밥	1 그릇	400	510	쫄 면	1 그릇	400	600
콩나물 비빔밥	1 그릇	310	410	떡 국	1 그릇	650	650
김치볶음밥	1 그릇	400	590	만두국	1 그릇	600	650
오므라이스	1 그릇	450	690	군만두	3개	90	230
카레라이스	1 그릇	450	680	물만두	5개	70	140
자장밥	1 그릇	450	700	쇠고기미역국	1 그릇	250	90
오징어덮밥	1 그릇	500	500	콩나물국	1 그릇	250	50
회덮밥	1 그릇	400	530	북어국	1 그릇	250	110
생선초밥	10개	150	300	시금치된장국	1 그릇	250	70
유부초밥	10개	150	480	아욱된장국	1 그릇	250	80
김 밥	1줄	290	460	설렁탕	1 그릇	600	350
채소죽	1 그릇	210	200	갈비탕	1 그릇	700	450
닭 죽	1 그릇	210	300	삼계탕	1 그릇	800	1000
국수장국	1 그릇	550	420	추어탕	1 그릇	600	300
콩국수	1 그릇	550	500	육개장	1 그릇	600	350
칼국수	1 그릇	550	500	꽃게탕	1 그릇	750	320
수제비	1 그릇	550	500	두부된장찌개	1 그릇	250	100
스파게티	1 그릇	400	650	순두부찌개	1 그릇	300	180
자장면	1 그릇	450	700	돈육김치찌개	1 그릇	300	190
짬 뽕	1 그릇	550	700	부대찌개	1 그릇	700	400
우 동	1 그릇	600	470	크림수프	1 그릇	150	170
메밀국수	1 그릇	300	220	낙지볶음	1 접시	70	110
물냉면	1 그릇	600	580	오징어볶음	1 접시	70	120

외식 · 간식의 열량

음식명	1인분			음식명	1인분		
	눈대중	중량(g)	열량 (kcal)		눈대중	중량(g)	열량 (kcal)
쥐어채 볶음	1 접시	20	60	시금치나물	1 접시	50	40
달걀프라이	1개	50	100	오이생채	1 접시	50	20
삶은 달걀	1개	50	80	도라지나물	1 접시	50	60
달걀말이	10 조각	60	110	도토리묵무침	1 접시	80	50
두부구이	4쪽	50	60	청포묵무침	1 접시	80	100
김구이	10매	5	15	잡 채	1 접시	90	150
삼겹살구이	1 인분	200	620	옥수수샐러드	1 접시	70	110
돼지불고기	1 인분	200	450	양배추샐러드	1 접시	50	70
소고기불고기	1 인분	200	300	배추김치	1 접시	50	15
한우등심구이	1 인분	200	300	깍두기	1 접시	50	20
수입등심구이	1 인분	200	450	오이소박이	3 토막	100	20
수입갈비구이	1 인분	200	610	설 탕	1T	15	60
돼지갈비찜	1 인분	200	350	꿀	1T	19	56
녹두빈대떡	1장	110	230	간 장	1T	13	5
애호박전	4개	80	90	된 장	1T	25	35
동태전	2개	80	150	고추장	1T	27	34
오징어튀김	2개	80	140	식 초	1T	10	1
채소튀김	1개	80	130	깨소금	1T	5	30
고구마튀김	2개	80	150	참기름	1T	15	138
닭강정	2 토막	85	180	식용유	1T	12	110
포크커틀릿	1 인분	90	320	버 터	1T	20	150
생선커틀릿	1 인분	90	180	마요네즈	1T	18	118
고구마 맛탕	2 조각	70	100	딸기잼	1T	24	70
탕수육	1 인분	190	370	케 첩	1T	18	20
햄버그스테이크	1 인분	260	530	햇 반	1 인분	300	430
콩나물무침	1 접시	70	50	3분 카레	1 인분	200	175

외식 · 간식의 열량

음식명	1인분			음식명	1인분		
	눈대중	중량(mL, g)	열량(kcal)		눈대중	중량(mL, g)	열량(kcal)
롤케이크	1 조각	100	330	식혜, 수정과	1 캔	238	125
과일생크림케이크	1 조각	80	220	녹차, 홍차, 둥글레차	1 잔	200mL	0
치즈케이크	1 조각	100	330	생강차, 인삼차	1 잔	200mL	70
절 편	4 개	120	270	율무차	1 잔	200	100
증 편	2 조각	80	160	코코아	1 잔	200	110
인절미	5 개	75	170	우 유	1 팩	200	125
포도(캠벨)	1 송이	390	240	저지방우유	1 팩	200	100
딸기(소)	6 개	100	30	초코우유	1 팩	200	170
바나나	1 개	135	100	바나나우유	1 통	240	175
방울토마토	5 알	100	30	베지밀	1 팩	200	110
키 위	1 개	70	30	치 즈	1 장	18	64
사 과	1 개	250	130	아이스크림(유지방 8%)	1 개	60	108
배	1 개	360	150	파르페	1 인분	200mL	340
감	1 개	160	90	커피(블랙)	1 잔	200	0
곶 감	1 개	30	60	커피(설탕)	1 잔	200	30
콜라, 사이다	1 캔	250	100	커피(설탕, 프림)	1 잔	200	50
콜라(라이트)	1 캔	250	30	캔 커피	1 캔	180mL	80
환타(포도)	1 캔	250	125	마시는 요구르트	1 병	65m	50
데미소다(사과)	1 캔	250	100	짜먹는 요구르트	1 개	40	50
쌀음료(아침햇살)	1 병	180	100	떠먹는 요구르트	1 개	110	125
오렌지주스(무가당)	1 병	180	75	소 주	1 잔	50	70
오렌지주스(가당)	1 잔	200	120	소 주	1 병	360mL	504
토마토주스	1 병	180	45	맥 주	1 병	500mL	215
갈아 만든 배	1 캔	238	100	맥 주	1 캔	330mL	140
미에로 화이바	1 병	100	40	막걸리	1 대접	350	190
포카리스웨트	1 캔	245	60	포도주	1 잔	70	50

외식 · 간식의 열량

음식명	1인분			음식명	1인분		
	눈대중	중량(g)	열량(kcal)		눈대중	중량(g)	열량(kcal)
3분 자장	1 인분	140	370	프렌치토스트	1 장	70	200
김치 사발면	1 통	112	450	마른오징어	1 마리	85	300
새우탕 큰사발	1 통	115	520	땅 콩	1 접시	50	290
짜파게티	1 개	140	370	쥐포(구운 것)	2 개	45	150
신라면	1 개	120	520	새우깡	1 봉	90	460
참치통조림	1 개	150	450	감자깡	1 봉	55	260
김밥 햄	1 개	350	710	포카칩	1 봉	80	460
파인애플통조림	2 조각	140	110	조리퐁	1 봉	87	390
햄버거	1 개	150	350	꿀 꽈배기	1 봉	75	350
불고기버거	1 개	150	370	치토스	1 봉	65	360
치즈버거	1 개	150	420	빼빼로	1 상자	45	150
치킨다리	1 조각	90	180	고래밥	1 상자	47	210
치킨너겟	2 조각	30	100	크래커	5 쪽	25	100
핫 윙	2 조각	70	200	스니커즈	1 개	59	290
팝 콘	1 접시	20	110	허쉬 초콜릿	1 개	50	270
감자튀김	1 봉	100	320	사 탕	1 개	20	180
비스킷	1 개	60	220	초코파이	1 개	37	170
콘 샐러드	1 통	100	130	콘플레이크	1 그릇	40	150
피자(R)	1 조각	100	270	껌	1 매	2.8g	9
핫도그	1 개	80	180	자일리톨 껌	1 매	2.3g	5
붕어빵	1 개	50	100	식빵	1 쪽	35	100
와 플	2 조각	100	250	바게트	3 조각	30	90
호 떡	1 개	90	300	곰보빵	1 개	60	230
순 대	8 조각	100	140	팥 빵	1 개	95	250
떡볶이	1 인분	200	420	크림빵	1 개	70	190
꼬치오뎅	2 개	80	110	링 도넛	1 개	60	230

나트륨이 많은 식품과 적은 식품

식품류	나트륨이 적은 식품	나트륨이 많은 식품
음료수	우유, 과즙, 보리차, 홍차, 커피, 탄산을 넣은 음료수	통조림에 소금이 들어있는 채소 주스나 토마토 주스
곡 류	쌀, 보리, 조, 옥수수, 소금을 넣지 않고 만든 곡류 음식	소금을 넣고 조리한 곡류 음식
빵 류		소금을 넣고 만든 빵류, 베이킹파우더나 소다를 넣은 빵
달 걀		소금을 넣은 달걀
국 류	소금, 된장, 해조류, 소금이 든 생선, 두부 등을 넣지 않은 국	소금, 된장, 해조류, 멸치, 두부를 넣은 것
육 류	쇠고기, 간, 돼지고기	통조림, 소금에 절인 고기나 생선, 베이컨, 햄, 장조림
생선류	신선한 생선, 소금을 가하지 않은 말린 생선	조린 생선이나 고기 또는 두부, 치즈, 냉동 생선류
지 방	참기름, 식물성 기름	버터, 마가린
감 자	감자, 고구마	김치, 깍두기, 장아찌
채소류		
과일류	모든 과일류	
당 류	백설탕, 흑설탕, 잼, 젤리, 커스터드	케이크, 베이킹파우더나 소다를 넣은 과자
기 타	고추, 후춧가루, 식초 등을 양념으로 사용한 것	마요네즈(소금을 넣은 것), 조미료

2 각 나라의 식생활 실천지침

영국의 식생활 실천지침

- 음식을 즐겁게 먹자.
- 여러 가지 음식을 함께 먹자.
- 건강한 체중 유지를 위해 적정량을 먹자.
- 전분과 섬유소가 많은 식품을 먹자.
- 지방을 너무 많이 섭취하지 말자.
- 단 음식을 너무 자주 먹지 말자.
- 자기가 먹은 음식에 포함된 비타민과 무기질에 신경을 쓰자
- 술을 마시는 경우에는 절주하자.

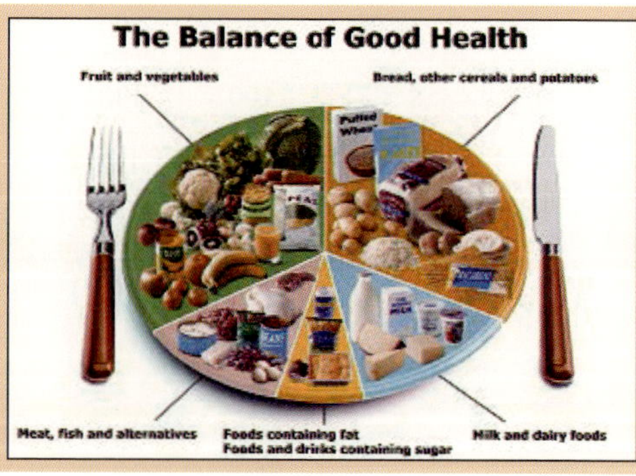

미국의 식생활 실천지침

정기적인 신체 활동과 현명한 식사를 하는 생활 습관을 갖자.

- 적정 체중을 목표로 하자.
  (1) 건강체중을 목표로 하자.
  (2) 매일 운동하자.

- 건강한 기반을 만들자.
  (3) 식품 피라미드에 따라 식품을 선택하자.
  (4) 여러 가지 곡류 특히 전곡 식품을 매일 먹자.
  (5) 여러 가지 과일과 채소를 매일 먹자.
  (6) 식품을 안전하게 보관하자.

- 현명한 선택
  (7) 포화지방과 콜레스테롤이 적고 지방 함량이 낮은 식사를 하자.
  (8) 음료와 식사를 통한 설탕 섭취를 제한하자.
  (9) 염분이 적은 조리와 식사를 하자.
  (10) 술은 적당량만 마시자.

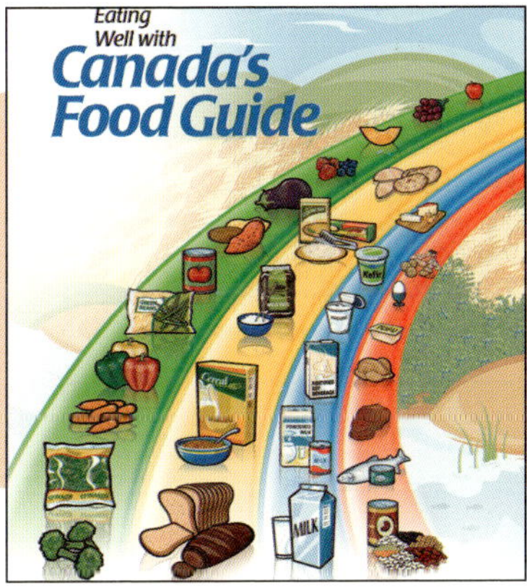

캐나다의 식생활 실천지침

- 다양한 음식을 즐기자.
- 시리얼, 빵, 기타 곡류 제품, 채소류와 과일류에 특히 신경을 쓰자.
- 저지방 낙농 제품, 기름기가 적은 육류 및 적은 양 또는 전혀 지방을 사용하지 않고 조리된 음식을 먹자.
- 정기적인 운동, 활동과 건강한 식사로 건강한 체중을 유지하자.
- 소금, 알코올과 카페인을 제한하자.

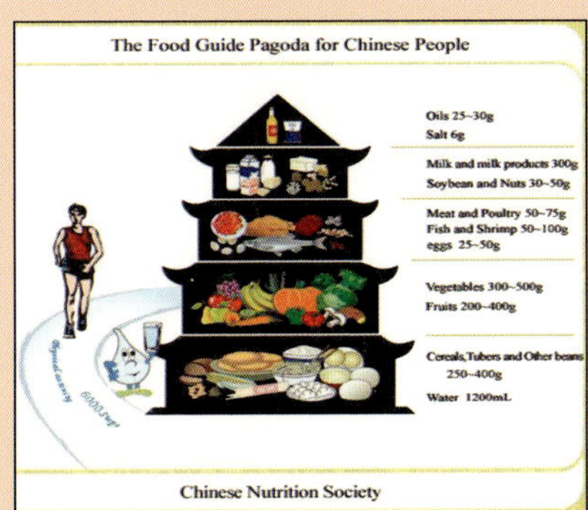

중국의 식생활 실천지침

균형 잡힌 식사, 이상적인 영양 그리고 건강증진을 위한 식생활 지침

- 곡류를 주식으로 하고 다양한 식품을 섭취하자.
- 충분한 양의 채소, 과일과 감사류를 섭취하자.
- 유류, 콩과식물 및 그 제품을 매일 섭취하자.
- 적절한 양의 어류, 가금류, 알류 그리고 기름기 적은 육류를 섭취하고 기름진 육류와 동물성 지방의 섭취를 줄이자.
- 건강한 체중유지를 위해 섭취량과 운동량의 균형을 이루자.
- 염분이 적고 지방이 적은 식사를 하자.
- 술을 마시는 경우에는 그 양을 제한하자.
- 비위생적이고 상한 음식을 먹지 말자.

지중해 식생활 실천지침

- 녹색(green) 채소 : 짙은 녹색 잎 채소는 해독 역할을 하는 비타민이 풍부하다. 이는 암과 심장질환으로부터 우리 몸을 지키는 데 도움을 주며 눈의 손상을 예방해 준다. 또 칼슘, 철 및 엽산의 뛰어난 공급원으로 엽산은 태아의 신경관(척수) 장애(결손) 위험을 감소시킬 수 있다.
- 콩과 식물(legume) : 병아리콩, 카넬리니콩, 붉은 강낭콩은 엽산과 철분이 풍부하다. 또 단백질이 풍부하며, 지방이 낮고 콜레스테롤이 전혀 없어 고기를 대신할 수 있다. 또한 용해성 섬유소의 훌륭한 공급원이다. 용해성 섬유소는 혈중 콜레스테롤의 수치를 줄인다.
- 마늘(garlic) : 마늘은 소량만 먹어도 혈중 콜레스테롤을 낮춘다. 지방이나 설탕을 넣지 않고 채소 향료를 넣는 지중해 요리법의 전통적인 조미료이다.
- 올리브 오일(olive oil) : 수 세기 동안, 올리브 오일은 지중해 요리에서 사용한 지방이었다. 포화지방인 동물성 식품 버터, 라드와 달리, 올리브 오일은 단일 불포화 지방으로 죽상동맥경화증(atherosclerosis)

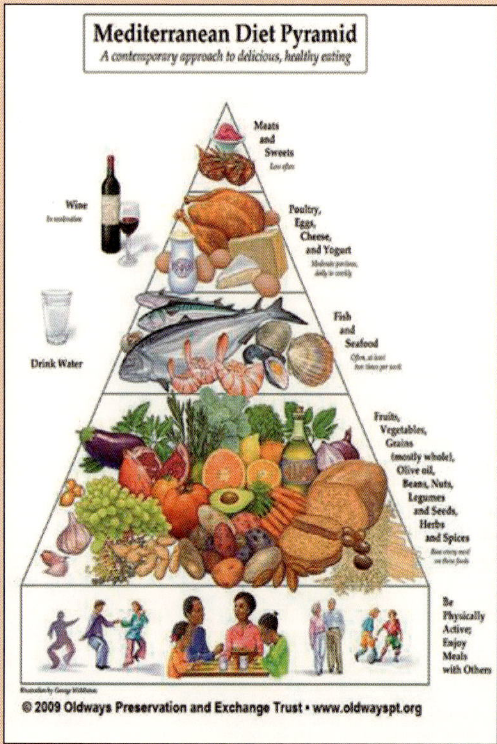

일본의 식생활 실천지침

- 식사를 즐기자.
- 하루의 식사리듬에서 건강한 생활리듬을 유지하자.
- 주식, 주채, 부채를 기본으로 식사의 균형을 맞추자.
- 밥 등 곡류를 매끼마다 섭취하자.
- 채소류 · 과일, 우유 · 유제품, 콩, 생선 등을 골고루 섭취하자.
- 식염이나 지방을 적게 섭취하자.
- 적정 체중을 알고 매일의 활동에 알맞은 식사량을 섭취하자.
- 식문화에 맞추어 지역 생산물을 구매하고, 가끔은 새로운 요리를 만들어 먹자.
- 조리나 보존을 잘하여 낭비나 폐기를 적게 하자.
- 자신의 식생활을 되돌아 보자.

3 혈액의 생화학적 검사(정상범위)

혈액검사		소변검사	
Glucose	70~100mg/100mL	포도당	0.5~1.5g/일
GOT	8~30unit/L	단백질	10~100mg/dL
GPT	8~30unit/L	Urea nitrogen	12~20g/day
총 혈장단백질	6~8g/100mL	크레아티닌	1.0~2.0g/day
혈청 알부민	3.3~5.2g/100mL	요산	250~750mg/day
Cholesterol	130~200mg/100mL	Na	40~220mEq
HDL~cholesterol	M 40~50mg/100mL	K	25~120mEq
	F: 45~65mg/100mL	Cl	110~250mEq
LDL~cholesterol	100~129mg/100mL		
Triglyceride	150mg/100mL 이하	Ca	100~250mg/day
Phospholipid	M 150~250mg/100mL	P	0.3~1.3g/day
	F: 150~190mg/100mL	Mg	60~120mg/day
Total Lipid	400~800mg/100mL	크레아틴	M:0~40mg/day
Fe	50~170µg/100mL		F:0~100mg/day
Na	135~145mEq/L	크레아틴 제거율	M:110~150mL/min
K	3.5~5.5mEq/L		F:105~132mL/min
Ca	9~11mg/100mL		
P	2.5~4.5mg/100mL		
Mg	1.9~2.5mg/100mL		
Bun	10~15mg/100mg		
크레아틴	M: 0.2~0.6mg/100mL		
	F: 0.6~1.0mg/100mL		
요산	3~7mg/100mL		
헤모글로빈(Hb)	M: 13~18g/100mL		
	F: 12~16g/100mL		
헤마토크리트(Hct)	M: 38~52%		
	F: 36~48%		
C-peptide	5~10U/mL		
Homocysteine	12mol/L		

찾아보기

참고 문헌

- 구재옥 외 6인, “고급영양학”, 파워북, 2017.
- 권순자 외 6인, “식생활관리”, 파워북, 2016.
- 김나연 외 9인, “알기 쉬운 생화학”, 지구문화사, 2020.
- 김덕희 외 7인, “베이직 영양학”, 지구문화사, 2016.
- 김미현 외 6인, “NEW 임상영양학”, 지구문화사, 2013.
- 김선효 외 5인, “식생활과 건강”, 파워북, 2015.
- 김유리 외 5인, “영양판정”, 파워북, 2016.
- 김정상 외 4인, “생각이 필요한 영양화학”, 수학사, 2020.
- 김정숙 외 7인, “NEW 식품학”, 지구문화사, 2019.
- 김혜영 외 16인, “식이요법”, 지구문화사, 2011.
- 김혜영 외 9인, “최신 영양학”, 효일, 2016.
- 농촌진흥청, “국립농업과학원 식품성분표 제 9 개정판”, 농촌진흥청, 2016.
- 대한가정의학회, “한국인의 평생건강관리”, 고려의학, 2007.
- 대한간학회, “비알코올 지방간질환 진료가이드라인”, 대한간학회, 2013.
- 대한간학회, “알코올 간질환 진료 가이드라인”, 대한간학회, 2013.
- 대한감염학회, “감염관리 최신지견 감염관리 전문과정 자료집”, 대하남염학회, 2017.
- 대한고혈압학회, “우리나라 성인의 고혈압 진단기준”, 2018.
- 대한골대사학회, “골다공증 진단 및 치료지침”, 대한골대사학회, 2018.
- 대한당뇨병학회, “당뇨병 식품교환표 활용지침 제 4판”, 대한당뇨병학회, 2010.
- 대한당뇨병학회, “당뇨병 진료지침”, 대한당뇨병학회, 2020.
- 대한당뇨병학회, “당뇨병 팩트 시트 2020”, 대한당뇨병학회, 2020 .
- 대한비만학회, “비만 진료지침 2018”, 대한비만학회, 2018.
- 대한소화기학회, “간염”, 군자출판사, 2007.
- 대한영양사협회, “식사계획을 위한 식품교환표 개정판”, 2010.
- 대한영양사협회, “영양사가 알려주는 신장질환식 상차림”
- 대한의학회, “고혈압 임상진료지침”, 대한의학회, 2018.
- 대한의학회, “이상지질혈증 치료지침”, 대한의학회, 2015.
- 류경 외 4인, “지속가능한 식생활관리”, 파워북, 2017.
- 문수재 외 10인, “알기쉬운 영양학”, 수학사, 2016.
- 변기원 외 4인, “고급영양학”, 교문사, 2017.

- 보건복지부, “중앙암등록본부 국립암센터 국가 암등록 사업 연례보고서”, 보건복지부, 2016.
- 보건복지부, “한국영양학회 2020 한국인 영양소 섭취기준”, 2020.
- 보건복지부, 질병관리본부, 대한소아과학회, “2017 소아청소년 성장도표”, 보건복지부, 2017.
- 서광희 외 5인, “NEW 고급영양학”, 지구문화사, 2013.
- 서광희 외 5인, “NEW 영양학”, 지구문화사, 2018.
- 서광희, 강주의, 김지영, 도민희, 백진경, 원혜숙, 이복희 정지영, “에센스 고급영양학”, 지구문화사, 2019.
- 서정숙 외 3인, “NEW 영양학”, 지구문화사, 2010.
- 서정숙 외 4인, “영양판정 및 실습”, 파워북, 2018.
- 승정자 외 5인, “칼로리 핸드북”, 교문사, 2006.
- 양은주 외 5인, “새로 쓰는 임상영양학”, 교문사, 2019.
- 오세인 외 4인, “알기 쉬운 영양학”, 효일, 2017.
- 윤미은 외 4인, “NEW 보건영양학”, 지구문화사, 2013.
- 이기열 감수 박영심, 명춘옥, 남혜원, 이기완, “식사요법”, 수학사, 2012.
- 이상태, “NEW 식품영양학”, 지구문화사, 2015.
- 이승림 외 3인, “재미있는 영양학”, 효일, 2017.
- 이연숙, 구재옥, 임현숙, 강영희, 권종숙, “이해하기 쉬운 인체생리학”, 파워북, 2011.
- 이영미 외 3인, “영양판정 실습편”, 효일, 2017.
- 임경숙 외 6인, “임상영양학”, 교문사, 2019.
- 임병우 외 2인, “기초면역학”, 효일, 2016.
- 전덕영 외 11인, “재미있는 식품과 영양”, 수학사, 2019.
- 전형주 외 5인, “식사요법”, 효일, 2017.
- 정영진 외 5인, “식생활과 다이어트”, 파워북, 2013.
- 통계청, “ 2020년 사망원인 통계결과”, 2018
- 한국영양학회, “식품 영양소 함량 자료집”, 2009.
- 한정순 외 3인, “NEW 생애주기 영양학”, 지구문화사, 2016.
- 한정순 외 3인, “현대인을 위한 식생활과 건강”, 지구문화사, 2017.
- 한정순 외 6인, “NEW 간호와 영양”, 메디시언, 2016.
- 한정순 외 7인, “NEW 생애주기 영양학”, 지구문화사, 2016.
- 한정순 외 편역, “현대인을 위한 신개념 생활과 건강 편역서”, 정담미디어, 2015.
- 한정순, “NEW 간호와 영양”, 지구문화사, 2010.
- 허재옥 외 10인, “고급영양학”, 수학사, 2019.
- 허재욕 외 9인, “기초영양학”, 수학사, 2016.

- American dietetic Association, Nutrition Care Manual 2015.
- Dale B. Hahn, Wayne A. Payne, Ellen B. Mauer, "Focus on health 11th edition", McGraw Hil,l 2013.
- DeBruyne, Pinna, Whithney, "Nutrition and Diet Therapy", 7th ed, p. 308, 313 2015
- J.A.Beto and V.K.Bansal, "Medical nutrition therapy in chronic kidney failure: Integrating clinical practice guidelines, Journal of the American Dietetic Association 104 (2004): 404-409.)"
- Michelle McGuire, Kathy A Beerman, "National sciences from fundamentals to food. 3rd edition", Wadsworth. 2013.
- Pamela C. Champe, Richard A. Harvey, "Lippincott's illustrated reviews Biochemistry 4th edition", the Point, 2008.
- Richard A. Harvey, Thao Doan, Roger Melvold, Susan Viselli, Carl Waltenbaugh, "Lippincott's Illustrated Reviews Immunology 2nd edition", 2014.
- http://health.mw.go.kr (국가건강정보포털)
- http://hfcc.or.kr (한국소비자연맹)
- http://www.cancer.go.kr (국가암정보센터)
- http://www.cdc.go.kr (질병관리본부 홈페이지.)

현대인의 개정 제4판
식생활과 건강

2013년 2월 20일 초 판 발행
2014년 2월 20일 개정판 발행
2016년 3월 1일 개정2판 발행
2019년 3월 1일 개정3판 발행
2022년 9일 1일 개정4판 발행

저 자 한정순 · 김석지 · 김태순 · 송은주
발행인 주병오 · 주민기
발행처 지구문화 JIGU CULTURE

경기도 파주시 회동길 209
파주출판문화정보산업단지

영업팀 (031) 955 – 7566 · 7577
편집팀 (031) 955 – 7731
FAX (031) 955 – 7730
홈페이지 www.ji-gu.co.kr
전자우편 jigupub@hanmail.net
등록번호 1979년 7월 13일 제 9–57호

ISBN 978–89–7006–156–6 값 22,000원